KB085689

# 베이비
# 위스퍼

## 패밀리편

행복한 가정을 완성하는
## 베이비 위스퍼 패밀리편

| | |
|---|---|
| 지은이 | 멜린다 블로우, 트레이시 호그 |
| 옮긴이 | 노혜숙 |
| 펴낸이 | 최승구 |
| 펴낸곳 | 세종서적(주) |

| | |
|---|---|
| 편집인 | 박숙정 |
| 편집국장 | 주지현 |
| 기획·편집 | 윤혜자 권해진 윤효진 김소영 |
| 디자인 | 조정윤 |
| 마케팅 | 김형진 양봉호 신정희 |
| 경영지원 | 홍성우 |

| | |
|---|---|
| 출판등록 | 1992년 3월 4일 제4-172호 |
| 주소 | 서울시 광진구 천호대로 132길 15 3층 |
| 전화 | 영업 (02)778-4179, 편집 (02)775-7011 |
| 팩스 | (02)776-4013 |
| 홈페이지 | www.sejongbooks.co.kr |
| 블로그 | sejongbook.blog.me |
| 페이스북 | www.facebook.com/sejongbooks |

초판 1쇄 인쇄 2015년 2월 23일

초판 1쇄 발행 2015년 2월 28일

ISBN 978-89-8407-471-2 04590

ISBN 978-89-8407-106-3 (세트)

이 도서의 국립중앙도서관 출판시도서목록(CIP)은 서지정보유통지원시스템
홈페이지(http://seoji.nl.go.kr)와 국가자료공동목록시스템(http://www.nl.go.kr/kolisnet)에서
이용하실 수 있습니다. (CIP제어번호: CIP2015004480)

• 잘못 만들어진 책은 바꾸어드립니다.

• 값은 뒤표지에 있습니다.

행복한 가정을 완성하는

# 베이비
# 위스퍼

## 패밀리편

**멜린다 블로우 · 트레이시 호그** 지음
노혜숙 옮김

세종
서적

헨리, 샘, 찰리에게
사랑과 존경을 담아 이 책을 바칩니다.

# 차례

# 가족이 중요해

우리는
모든 것을 다 가질 수는 없지만
모든 것을 함께한다.

작자 미상

다음 글은 트레이시 호그가 암에 맞서 용감하게 싸우다 마흔넷의 나이로 세상을 떠나기 전에 쓴 것이다. 그녀는 『베이비 위스퍼 골드』가 출간되는 것을 보지 못하고 떠났지만, 그전에 여러 달 동안 '가족 이야기'에 대한 책을 구상하며 보냈다.

## 2004년 8월, 캘리포니아 주 셔먼 오크스

의사들은 암이 재발했다고 말한다. 그러고 보니 가족에 대한 책이 그 어느 때보다 중요하게 느껴진다. 사실 나 역시 가족이 없다면 어떻게 될지 모르겠다. 우리는 가족에 의지해서 살아간다. 아니, 적어도 의지할 가족이 필요하다. 다행히 내게도 그런 가족이 있다. 내가 버틸 수 있는 것은 가족과 가족이나 다름없는 사람들 덕분이다. 가족은 소중하다.

나는 베이비 위스퍼러이지 가족 치료사가 아니다. 심리학을 전공하지도 않았다. 하지만 많은 가정을 방문했다. 그들은 나를 반갑게 맞아주었다. 나는 그들의 손님방이나 육아실에서 지내며 함께 식사를 하고 장을 보러 가기도 했다. 아기 이름을 짓는다거나 세례식이나 유대교의 할례 의식처럼 중요한 행사에도 초대를 받았다. 또한 걷잡을 수 없는 상황일 때도 그 자리에 있었다. 지치고 혼란스러운 초보 엄마들은 물건을 잘못 사왔다며 남편을 나무라거나, 옷장을 정리해주는 친정엄마에게 도와주는 척만 한다며 화를 냈다.

나는 그 모든 것을 듣고 보았다. 나는 항상 아이 편에 서 있었지만, 부모들에게 아이만 생각해서는 안 된다고 역설해왔다. 전작에서도 '가족 전체'를 생각하는 접근 방식에 대해 설명한 바 있다. 아이는 집안의 왕이 아니라 가족의 일부이다. 모든 것을 아이 위주로 생각하기보다 아이가 가족의 일원이 될 수 있도록 가르쳐야 한다. 아이에 대한 결정을 내릴 때도 가족 전체를 고려해야 한다.

하지만 부모들은 종종 가족이 아닌, 아이 자체에 초점을 맞추거나 '아이를 키우는 부모'라는 자신의 역할에 지나치게 집중한다. 그래서 아이가 어떤 도전이나 어려움을 이겨내지 못하면 부모 자신에게 잘못이 있다고 생각하고 더 잘 해주지 못하는 것을 안타까워한다. 하지만 죄책감은 부모와 자식 모두에게 도움이 되지 않는다는 것을 기억하자. 오히려 문제를 해결하는 데 방해가 될 뿐이다. 자책하느라 눈앞에서 일어나고 있는 일을 보지 못하는 경우가 많기 때문이다. 죄책감은 우리 삶 역시 힘들게 만든다. 맹세코, 요즘 부모들에게 더 이상의 스트레스는 필요하지 않다.

여기서 짚고 넘어가야 할 점이 있다. 아이는 부모가 원하는 대로 되지 않는다. 물론 부모의 육아는 중요하다. 그렇지 않다면 내가 왜 육아서를 세 권이나 썼겠는가? 하지만 우리는 또한 큰 그림을 볼 수 있어야 한다. 조니가 장난감트럭으로 친구 머리를 때리거나, 5학년인 클라리사가 립스틱을 칠하기 시작하거나, 열네 살짜리 애덤이 갑자기 고집불통으로 변하는 원인이 가정교육에만 있는 것은 아니다. 아이들의 행동은 개인적인 기질과 주변에서 일어나는 다른 모든 일들과도 관계가 있다.

나는 이 책을 육아서라고 생각하지 않지만 아마 대개는 부모들이 읽을 것이다. 부모가 된 지 얼마 되지 않았을수록* 더욱 좋다. 새로운 아이디어에 좀 더 마음이 열려 있을 것이고, 가정을 꾸려가기 위한 기초 작업을 튼

튼히 할 수 있을 것이다. 하지만 아빠가 된 지 한참 지났다고 해도 걱정할 것은 없다. '가족 전체'로 초점을 돌리는 것은 언제라도 할 수 있는 일이며, 꼭 해야 하는 일이다.

내가 독자들에게 바라는 것은 적어도 부분과 함께 전체를 보라는 것이다. 우선 일상 속에서 간과하기 쉬운 가족 구성원들의 말 한마디, 끄덕임, 몸짓 같은 아주 작은 것들에 주의를 기울이는 것으로 시작하기 바란다. 그런 사소한 것들에서 당신의 가족과 그 구성원들을 위해 보다 나은 선택을 할 수 있는 단서를 발견할 것이고, 매일 일어나는 문제들을 해결할 수 있을 것이다. 또한 가족 전체에 초점을 맞추는 접근법은 부모들이 종종 느끼는 죄책감에서 벗어나게 해준다.

하지만 우리의 목표는 절대로 완벽한 가족이 아니다. 우리의 목표는 어떤 상황에서도 서로에게 힘이 되는 가족이다.

이 책에서 제안하는 방법들을 모두 실천한다고 해도 삶은 때로 힘들고 불편할 것이다. 어떤 날은 아주 잘하고 있다고 느낄 것이고, 어떤 날은 잘하고 있는지 의심스러울 것이다! 아무리 훌륭한 가족이라고 해도 언제 어떤 일이 일어날지 알 수 없다. 나의 할머니가 종종 말씀하셨듯이, 중요한 것은 우리에게 일어나는 사건이 아니라 우리가 대처하는 방식에 있다. 가족이 서로를 위해 함께한다면 모든 것을 좀 더 수월하게 넘길 수 있다.

한 지붕 아래서 함께 생활하는 어른과 아이는 모두 한 가족이 될 자격이 있다.

---

* 재혼을 해서 새로운 가정을 꾸렸다면 가족이 된 지는 얼마 되지 않았어도 아이들은 나이가 많을 수 있다.

이 책에서 '부모'라고 부르는 대상은 아이를 돌보는 모든 사람을 가리킨다. 친부모, 의붓부모, 한 부모, 양부모, 조부모, 고모, 이모 등 당신과 당신이 돌보는 아이는 '한 가족'이다. 동성 커플과 그들의 아이들도 한 가족이다. 재혼을 하면 색다른 분위기의 복합가족이 탄생한다. 아이의 부모가 한집에 살지 않아도 그들은 여전히 한 가족이다. 멜린다는 이혼 후 아이를 함께 양육하는 가정을 '별거 가족'이라고 부른다.

나는 다양한 형태의 가족들을 만나보았다. 이혼한 부부와 의붓형제들이 추수감사절에 모두 모여 식탁에 둘러앉아 있는 광경도 보았다. 그렇게 할 수 있는 그들에게 신의 축복이 있기를! 부모와 아이들과 조부모 3대가 한 지붕 아래 사는 가정에도 가보았다. 사실, 나 자신도 '일반적'이라고 할 수 없는 가정에서 자랐다. 나는 할머니와 할아버지의 손에서 자랐다. 나의 어머니 또한 조부모 슬하에서 자랐다. 그리고 내가 미국에서 일을 시작했을 때, 어머니는 내 딸들을 돌봐주었다. 하지만 그 모든 상황이 나에게는 '정상'으로 여겨진다. 우리 가족은 아무도 누가 직계가족이고 누가 친척인지 따지지 않는다. 항상 많은 사랑이 오간다. 이모, 삼촌, 사촌, 모두가 함께 참여한다. 그리고 그것은 우리 모두를 더 건강하게 한다.

이것은 '베이비 위스퍼' 시리즈의 네 번째 책이고, 어느 면에서는 가장 중요한 책이기도 하다. 아이들에게 가족은 세상 전부나 다름없다. 그리고 가족 간의 유대감은 아이들에게 세상을 헤쳐나가는 힘을 준다. 성인도 마찬가지다. 우리는 누구나 같은 편이 되어줄 사람들을 필요로 한다. 이 책이 아이들뿐 아니라 가족 모두에게 초점을 맞추고 있는 것은 그런 이유에서다.

트레이시 호그

나는 트레이시의 좌뇌였다. 1999년 우리가 처음 만났을 때부터 분명 그렇게 느꼈다. 나는 그녀의 대필자로서 심사를 받기 위해 캘리포니아로 날아갔다. 나 역시 그녀에 대한 소문이 진짜인지 의심하고 있었다. 할리우드의 고객들은 그녀를 극찬했지만 수많은 육아 전문가들을 만나본 나는 그녀라고 해서 얼마나 다를까, 더 나은 점이 뭐가 있을까 싶었다.

하지만 도착하고 얼마 지나지 않아 알 수 있었다. 그녀는 나를 공항에서 곧장 밸리에 있는 어느 집으로 데려갔다. 그곳에서 우리는 3주 된 아기를 달래느라 진땀을 빼고 있는 엄마를 만났다.

"아기를 저에게 주세요." 트레이시는 아기를 받아서 금세 진정시키고 아기와 함께 울고 있던 엄마를 위로했다. 나는 트레이시를 따라다니며 그녀가 엄마들과 통화하는 내용을 들을 수 있었고, 함께 일하는 동안 그녀에게 "어떻게 그걸 알았나요?", "왜 그런 방법이 효과 있다고 생각하죠?"와 같은 질문을 수없이 했다. 트레이시는 모르는 것이 없었고 화제를 계속 바꾸었기 때문에 받아쓰기가 여간 힘들지 않았다. 모유 수유에 대해 설명하다가 어느새 수면 문제로 방향을 돌리곤 했다.

트레이시가 돌보는 아기들은 무럭무럭 잘 자랐다. 엄마들은 그녀를 숭배했다. 왜 안 그러겠는가? 그녀는 현실에 살고 있는 메리 포핀스였다. 그녀는 상냥하고 든든하고 재미있고 따뜻했다. 사람들은 그런 그녀에게 마음을 열었고, 그럴 수밖에 없었다. 그녀는 엄마들에게 귀를 기울이고 어떤 문제든 말끔히 해결해주었다. 그녀가 "내 아기들"이라고 말하는 이유는 아기들을 직접 보살폈을 뿐 아니라 그 가족들과 관계를 맺었기 때문이다.

아흐레째 되던 날, 나는 트레이시와 마주 앉아 그녀가 하는 이야기를 들으며 메모를 하고 있었다. 규칙적인 일과의 중요성에 대한 그녀의 이야기를 들으며 "아시다시피, 아기들도 어른들과 똑같아요. 먹는 것(Eat)으로 하루를 시작하고……." 나는 무심코 여백에 대문자 E를 썼다. 그녀는 이야기를 계속했고, "어떤 활동(Activity)을 시킬 때는 단지 창밖을 내다보게 하는 것이라고 해도……"라는 부분에서 나는 E 옆에 대문자 A를 적었으며, "그 다음에 아기가 잘 수 있게(Sleep) 내려놓아야 해요"라는 말을 들으며 S를 썼다. 빙고! 그렇게 해서 'E.A.S.Y'가 탄생했다[마지막 글자 Y는 모든 산모(You)에게 필요한 엄마 자신을 위한 시간을 의미한다].

그 후 6년여에 걸쳐 나는 트레이시를 직접 만나기도 하고 전화와 이메일을 주고받으며 그녀가 들려주는 경험과 지식을 나 자신의 생각으로 정리했다. 우리는 최고의 공동 작업을 했고, 서로가 없으면 책이 나올 수 없다는 것을 알고 있었다.

우리는 트레이시의 철학을 가족 범위로 확대해서 적용해보자는 생각을 했다. 그녀는 오랫동안 아이들의 눈높이로 세상을 바라봤지만, 지나치게 아이들에만 초점을 맞추는 요즘 부모들의 시각을 바꾸어야 할 때가 되었다고 판단했다.

앞의 책들이 대부분 트레이시의 경험에서 나온 결과물이라면, 이 책은 주로 내가 쓴 글과 연구를 활용했다. 나는 수많은 부모를 인터뷰했고 거의 평생을 인간관계에 대해 연구하면서 보냈다. 트레이시와 나는 많은 이야기를 나누었다. 우리는 관심사나 개인적 배경이 달랐지만, 가족이 모든 것의 시작이자 끝이라는 것을 알고 있었다. 2004년 우리는 '베이비 위스퍼'의 육아 원칙을 확대해서 가족 전체를 지원하고 강화할 수 있는, 단순하면서 실용적인 조언을 제공하자는 계획을 세웠다. 그리고 이제야 그 아이디어를 실행에 옮긴다.

이 책의 주제는 '베이비 위스퍼' 시리즈와 마찬가지로 기본적으로 조율하고 연결하는 문제에 대한 것이다. 다만 아이가 아닌 가족 모두에 초점을 맞추었을 뿐이다. 전반부에서는 가족 전체에 초점을 맞추어 지금까지와 다르게 보는 법을 조명할 것이고, 후반부에서는 가족 모두를 생각하는 새로운 관점을 적용해서 일상이나 갑작스러운 변화에 대처할 수 있도록 도와줄 것이다.

이 책에는 독자들이 자신의 가족에 대해 생각해볼 수 있도록 하는 질문들이 여기저기 배치되어 있다. 당신의 가족은 어떻게 구성되고 어떻게 움직이고 있는지, 어떤 장단점을 가지고 있는지, 그리고 어떻게 하면 가정이 가족 모두에게 안전하고 든든한 곳이 될 수 있는지 생각해보도록 고안한 것이다.

'가족수첩'을 따로 준비해서 질문에 대한 답을 적어본다면 더 많은 것을 배울 수 있을 것이다. 태블릿PC에 저장하거나 별책인 '가족수첩'에 적어도 된다. 글을 쓰는 행위는 우리의 인식을 높여서 문제 해결에 필요한 의지를 강화해준다. 또 다른 장점은 가족의 성장과 변화가 생생한 기록으로 남게 되며 우리 자신에 대해 모르고 있던 새로운 사실을 알게 된다는 것이다. 배우자와 함께 의논해서 적거나 각자 답을 적은 뒤 비교해볼 수도 있다.

이 책에서 제안하는 것들은 최근에 발표된 사회과학 연구들이며, 무엇

## 가족수첩 준비하기

트레이시는 새로운 가정을 방문해서 일과를 수립하거나 어떤 문제를 해결할 때마다 부모들에게 관찰한 것을 기록하게 했다. 진행 과정을 추적하기 위한 목적도 있지만, 습관에 대한 인식을 높이기 위한 것이기도 했다. 여기서도 독자들에게 가족수첩을 준비해서 다음과 같이 하기를 제안한다.

♥ 이 책에서 한 질문에 대한 답을 적는다.
♥ 가족에게 초점을 맞춘 뒤 새로 보고 느낀 것을 기록한다.
♥ 전과 다른 방법이나 변화를 시도하려는 목표와 마음가짐을 적는다.

기록을 하면 의도가 분명해지므로, 새로운 방향을 향해 움직이기가 수월해진다.

보다도 트레이시가 직접 몸으로 부딪치며 터득한 것이다. 이전에 트레이시가 돌본 아이들의 부모를 인터뷰한 적이 있다.

예를 들어 할리우드의 프로듀서 비올라 그랜트는 첫아들을 낳고 트레이시의 도움을 받았다. "어디서 들었는지 모르겠지만, 의사는 제가 아이를 낳고 얼마 되지 않아 집으로 손님을 초대한 것을 알고 호되게 야단을 쳤어요. 아기 옆에서 꼼짝도 하지 말고 누워 있으라고 하더군요. 며칠 후, 트레이시를 처음 만난 자리에서 의사가 시키는 대로 해야 하는 거냐고 하소연했어요. 저는 매우 사회적인 사람이에요. 저는 생활방식을 바꾸고 싶지도 않았고, 사람들에게 우리 아기를 보여주고 싶었어요. 그랬더니 트레이시가 그러더군요. '걱정 마세요. 아기는 당신이 이끌어가는 생활에 적응할 거예요. 그것이 당신의 가정이 움직이는 방식이에요. 당신이 편안하고 가정이 편안하면, 아기는 잘 따라올 겁니다.' 그 말이 맞았어요. 우리 아이들은 지금 열 살과 열세 살인데 자기 생각을 분명히 이야기할 줄 압니다. 훌륭한 가족 구성원으로 자랐어요. 가족의 중심이 아니라 일원으로 말이죠."

이런 이야기들을 듣다보면 트레이시가 짧은 생애 동안 사람들에게 얼마나 많은 영향을 끼쳤는지, 그리고 모두가 그녀를 얼마나 그리워하는지 알게 된다. 내 머릿속에는 영원히 그녀의 독특한 요크셔 억양이 남아 있을 것이다. 나는 일상 속에서 그녀에게 배운 상식을 실천하고 있으며 지금 아들 셋을 키우는 딸에게도 전수해주고 있다. 과거에 나는 그녀의 트레이드마크인 영국식 유머 감각을 곁들여 그녀의 '목소리'를 종이 위에 그대로 붙잡아두려고 했다. 하지만 이제 그녀가 옆에 없으므로 더 이상 그녀처럼 글을 쓰는 것은 적절하지 않은 것 같다.

다만 분명한 사실은 이 책의 모든 내용이 '베이비 위스퍼'를 바탕으로 하고 있다는 것이며, 이 점에 대해 나를 포함한 우리 모두는 언제나 트레이시 호그에게 감사할 것이다.

멜린다 블로우

**1장**

# 아이 중심에서
# 가족 중심으로
# 초점 바꾸기

가족이란,
아이뿐 아니라
남자, 여자, 때로는 동물, 그리고
흔한 감기로 이루어진 집단이다.

오그든 내시

# 가족의 탄생

올해 마흔아홉 살인 사라 그린은 15년 전 첫아이가 태어났을 때, 부모가 되는다는 것은 단지 아이를 키우는 일이 전부가 아니라는 사실을 직감했다. "케이티가 태어난 순간부터 남편과 저와 케이티가 한 가족이라는 사실을 유념했어요. 완전히 새로운 관계였고, 그 관계를 보호해야 한다고 생각했죠." 그녀는 이렇게 회상한다.

사라는 처음 며칠 동안 집으로 찾아오는 사람들을 모두 돌려보냈다. 그녀와 남편 마이크는 어떤 가족이 되어야 하는지에 대해 생각하기 시작했고, 그동안 친척들을 기다리게 했다. 그들은 조만간 부모, 형제, 의사, 교사, 코치, 다른 부모들, 목사 등을 만나겠지만, 당장은 다른 사람의 평가나 조언을 듣고 싶지 않았다.

"그 때문에 친척들과 다소 문제가 생겼어요. 그들은 우리가 왜 그러는지 이해하지 못했죠." 하지만 그런 자신의 입장을 고수한 보람이 있었다. "우리 세 사람이 각자 무엇을 원하고 필요로 하는지에 대해 생각했어요. 그래서 나중에 사람들이 찾아와서 도움을 주고자 했을 때, 그들이 해줄 수 있는 일이 무엇인지 말해줄 수 있었죠."

사라는 베이비 위스퍼러의 소질을 타고났다. 사라는 케이티의 욕구를 존중하고 이해하는 시간을 가졌다. 케이티를 '아기'라고 부르지 않고 새로운 가족의 일원이자 고유한 존재로 인정했으며, 케이티가 울 때마다 곧바로 달려가지 않고 잠시 심호흡하면서 속도를 늦추고 주의를 기울였다. 그

## 베이비 위스퍼러의 10계명

베이비 위스퍼링은 다음과 같은 중요한 원칙들을 기본으로 한다. 이 원칙들은 '패밀리 위스퍼링'에도 똑같이 적용될 수 있다.

1. 존중한다.
2. 인내심을 갖는다.
3. 주의를 기울인다.
4. 아이를 있는 그대로 인정하고 이해한다.
5. 가족 구성원 모두가 중요하다.
6. 속도를 늦춘다.
7. 귀를 기울이고 관찰한다.
8. 실수를 허용하고 실수에서 배운다.
9. 유머 감각을 유지한다.
10. 완벽을 추구하지 않는다. '정답'은 없다.

러자 얼마 안 가 케이티가 우는 의미를 이해하기 시작했고, 시행착오를 거치며 케이티의 신호를 수월하게 읽을 수 있었다.

그 매혹적인 작은 존재는 처음에 모든 사람의 관심을 독차지했다. 하지만 사라는 아이를 정성껏 보살피며 엄마가 되는 법을 배우고 있는 와중에도 케이티가 언제까지나 중심 무대를 차지할 수는 없으며, 그래서도 안 된다는 것을 알고 있었다. 무엇보다 중요하고 어려운 문제는 케이티를 그들 부부의 생활방식에 합류시키는 것이었다. 어떻게 하면 가정을 꾸려가는 일에 세 사람이 모두 생산적으로 참여하는 방향으로 초점을 바꿀 수 있을까?

이것이 이번 장에서 다룰 주제다.


## 패밀리 위스퍼러처럼 생각하기

우리는 전작에서 "베이비 위스퍼링은 아이의 입장에서 조율하고 관찰하며 귀 기울이고 이해하는 것을 의미한다"라고 말했다. 이번에는 더 큰 그림을 보라고 부탁하고자 한다. 앞 문장에서 아이를 빼고 그 자리에 가족 전체를 넣으면 다음과 같은 문장이 된다.

패밀리 위스퍼링은 가족 전체의 입장에서 조율하고 관찰하며 귀 기울이고 이해하는 것을 의미한다.

우리는 전작에서 아이에게 주파수를 맞추고 귀 기울이는 법에 대해 이야기했다. 이 책에서는 베이비 위스퍼링의 원칙을 바탕으로 아이가 아닌 가족에게 주파수를 맞추고, '아이 중심'에서 '가족 중심'으로 바꾸는 방법에 대해 이야기할 것이다. 패밀리 위스퍼링의 '핵심'이 되는 다음 문장을 기억해두기 바란다.

아이뿐 아니라, 가족 전체가 중요하다.

가족 중심의 사고란 시야를 넓혀서 아이가 아닌 가족 전체에 초점을 맞추고 우리 자신을 포함한 가족을 하나의 단위로 보는 것을 말한다. 그 목표는 아이와 어른 모두가 존중받는 안전한 가정을 창조하는 것이다. 물론 부모는 아이들을 돌보고 지도해야 한다. 하지만 아이만이 아닌 가족 모두의 욕구를 고려해야 하며, 가정을 꾸려가는 일에도 각자의 나이와 능력에 맞추어 협조하도록 해야 한다.

그렇다면 가족 중심의 사고란 어떤 것일까? 이 장을 시작할 때 만난 사라 그린은 아기가 태어났을 때 직관적으로 가족 중심의 사고가 필요하다는 것을 알았다. 그녀는 자신의 품에 안겨 있는 귀여운 아기에게서 눈을 떼지 못했지만(아이 중심), 또한 새로 태어난 아기뿐 아니라 가족 모두의 행복이 중요하다고 생각했다(가족 중심). 그리고 3년 후 둘째 아이 벤이 태어났을 때, 다시 한 번 가족 전체가 변해야 한다는 사실을 인식했다. 사라와 마이크는 아이들 각자의 장단점을 알고 거기에 맞추려고 노력했지만(아이 중심), 중요한 사건과 예기치 못한 변화가 일어날 때마다 가족이라는 프리즘을 통해 볼 수 있었다. 예를 들어 사라가 재취직하거나, 케이티가 사춘기에 접어드는 일, 벤이 친한 친구와 갈등을 겪는 일, 마이크가 실직하는 일 등이 일어날 때마다 한 사람의 변화가 모두에게 영향을 준다는 것을 염두에 두었다(가족 중심).

또 다른 예로, 1980년대 초에 가정을 꾸린 가족의 이야기를 해보겠다. 둘 다 공중보건의사인 낸시 사전트와 스티븐 클라인은 사우스웨스트의 인디언 보호구역에서 살고 있었다. 네 살과 두 살배기인 엘리와 데이비드에게 쌍둥이 동생이 태어날 예정이었다. 지난 몇 년 동안 부부는 동네 병원에서 일하며 함께 아이들을 돌봤다. 그것은 가족 모두를 고려한 결정이

## 인내심과 의식

부모는 속도를 늦추고 침착하게 행동하는 모습을 아이들에게 보여주어야 한다. 낙심하지 말자. 대부분의 부모들이 이 부분에서 도움을 필요로 한다. 하지만 연습할수록 점점 잘하게 될 것이다.

### 인내심(Patience)
가정을 꾸리고 살면 매일 가족 드라마가 펼쳐진다. 어떤 문제는 생각처럼 쉽사리 해결되지 않는다. 오래 참고 기다려야 한다. 인내심은 힘든 시련이나 뜻밖의 변화를 통과하는 동안 꿋꿋이 견딜 수 있게 한다. 또한 누구나 때로는 마음이 흔들리거나 실패할 수 있다는 것을 기억하자.

### 의식(Consciousness)
무슨 일을 하든지 의식을 가진 채라면, 자신과 타인을 이해해서 서로가 편안해질 방법을 생각할 수 있다. 의식이란 전체를 염두에 두고 생각하고 계획하며 분석하는 능력이다. 가르치기보다는 배운다는 마음가짐이 필요하다.

었다(가족 중심). 아이들에게 다양한 문화를 접하게 해주어야 한다고 생각해, 두 사람은 보호구역에서 직장을 찾았다.

그들은 쌍둥이 남매인 세스와 레이철이 태어났을 때 이스트코스트에 사는 친척들을 불러서 도움을 받았다(가족 중심). "친척들의 도움을 많이 받았어요. 하지만 얼마 후에는 모두 각자의 집으로 돌아갔습니다. 우리 두 사람 중 한 명은 항상 집에 있었지만 베이비시터가 필요했죠."

그것은 낸시뿐 아니라 가족 모두를 위한 결정이었다(가족 중심). 낸시는 큰딸 엘리에게 우체국에 구인광고를 붙이자고 제안했다. 엘리는 도화지에 크레용으로 가족의 얼굴을 그렸고, 낸시는 아래쪽에 세로로 절취선을 만들고 전화번호를 적었다.

그 광고 덕분에 낸시는 동부로 돌아갈 때까지 함께 지낼 수 있는 북미 원주민 여성을 고용할 수 있었다(가족 중심). 그들은 보호구역에서 원주민들과 사는 것에 만족했지만, 동시에 아이들을 더 좋은 학교에 보내기를 원했다(아이 중심). 또한 노부모를 부양하면서 아이들에게 조부모와 가까워지는 기회를 주고 싶기도 했다(가족 중심). 그들은 주민들의 공동체 의식이 높은 마을을 선택했고, 그곳에서 행동주의와 선행을 중시하는, 비슷한 가치관을 가진 가족들을 만날 수 있었다(가족 중심).

## 초점 바꾸기가 어려운 이유

물론 매일 일어나는 일들을 가족 중심으로 운용하는 것이 쉬운 일은 아니다. 육아가 아닌 가족에 대한 책을 작업하던 우리 역시 이야기를 하다보면 어느새 아이 중심으로 화제가 흘러가곤 다. 왜 그러는 것일까?

- ♥ 우리는 개인주의에 익숙하다.
- ♥ 지나치게 아이에게 초점을 맞춘다.
- ♥ 아이에게 일을 시키지 않는다.

이제부터 이 세 가지 문제점에 대해 좀 더 자세히 들여다보고, 왜 우리가 가족 중심으로 사고를 전환해야 하는지 설명하겠다.

우리는 개인주의에 익숙하다. 자기계발서들은 우리에게 마음만 먹으면 뭐든지 할 수 있다고 말한다. 힘들수록 더욱 분발하라고 한다. '열심히 노력하면' 원하는 목표를 이룰 수 있거나 어떤 문제든 해결할 수 있는 것처럼 이야기한다. '제대로' 하고 '최선'을 다하면 모든 것이 가능한 것처럼, 마치 미래가 전적으로 우리 손에 달려 있는 것처럼 말이다. 우리는 이런 철학을 육아를 포함한 모든 일에 적용하는 경향이 있다. 하지만 세상일이 우리 마음대로 되지 않는 것처럼 가정을 꾸리는 것도 마찬가지다.

> 가족 중심의 사고로 바꾸어야 하는 이유: 모든 관계는 서로 영향을 주고받는다. 일방적인 관계는 없다.

배우자나 자식이라고 하더라도 마음대로 할 수는 없다. 우리는 그들에게 영향을 주고 그들 또한 우리에게 영향을 준다. 가족은 매일 상호작용하고 때로는 충돌하기도 한다. 모든 대화는 양방통행이며 공동 작업이다. 예를 들어 아이가 학교에서 괴롭힘당한 이야기를 털어놓는다고 하자. 당신의 내면에서 어떤 반응이 일어나는가? 그 이야기를 들으면서 자신의 어린 시절을 떠올릴지도 모른다. 아이를 지키지 못한 것 같아서 실망스러울지도 모른다. 아니면 아이를 품에 안고 위로해줄 수도 있다. "너무 속상해하지 마. 네 나이 때 아이들은 그럴 수 있어." 어떤 식으로 하든지, 당신의 반응과 행동에 따라 아이의 반응과 행동이 달라질 것이다. 관계는 이와 같은 매일의 상호작용을 통해 두 사람이 창조하는 공동 작업이다.

만일 가족을 단지 개인의 그룹으로 생각한다면 한 가지 본질적인 사실을 놓치는 것이다. 가족은 우리가 세상에 나갈 준비를 하고 성장할 수 있도록 도와주는 관계로 이루어져 있다. 저마다 독자적으로 행동하고 있다고 생각할지 모르지만, 실제로 우리가 하는 모든 것은 타인과의 상호 공동 작업이다.

세상에 태어나는 날부터 느끼고 생각하고 행동하는 모든 것은 타인과의 상호작용에 의해 형성된다. 단지 우리의 몸과 마음을 다른 사람의 것과 분리된 실체로 보는 것에 익숙해서, 우리의 의식 역시 관계 속에서 만들어지는 공동 작업이라는 사실을 인정하기 어려울 뿐이다.

가족이 서로 주고받는 것은 우리의 존재 방식을 결정한다. 혼자서 어떤 결과를 이루어낼 수 있다는 사고방식은 우리의 이해력과 연결 능력을 제한하고 최악의 경우 가족 간의 단절을 불러온다.

지나치게 아이 중심으로 변했다. 1990년대에 영국에서 미국으로 이주한 트레이시는 미국의 아이들이 집에서 왕 노릇을 하고 있다는 것을 눈치챘다. 한 엄마가 정해진 일과 없이 "아기를 따라가고 있다"고 하자, 트레이시는 펄쩍 뛰면서 말했다. "아기를 따라간다고요? 아기는 가르쳐야 해요." 그리고 한 엄마가 (발리에서 하는 것처럼) 처음 석 달 동안은 아기를 품에서 내려놓지 않겠다고 말하자, 트레이시는 "그런데요, 우리가 사는 곳은 발리가 아니에요"라고 말했다.

부모들은 아이들을 슬픔이나 실수, 실패로부터 보호하기 위해 필사적이다. 트레이시의 '엄마와 나' 수업에서는 〈거미가 줄을 타고 올라갑니다(The Itsy Bitsy Spider)〉라는 동요에 맞추어 아이들이 율동을 하는 동안 엄마들이 아이 뒤에 앉아 있었다. 아이들이 노래를 부르든 멍하니 앉아 있든 엄마들은 모두들 박수를 치며 환호성을 질렀다 "와, 우리 아기 잘하네!"

10년 전 우리가 '행복 전염병'이라고 명명했던 현상은 과잉 육아라는 결실을 맺었다. 한쪽 끝에는 전전긍긍하는 헬리콥터 맘이 있고, 다른 쪽 끝에는 무시무시한 타이거 맘이 있다. 서로 아주 달라 보이지만 양쪽 모두 가족이 아닌, 아이에게 집중한다는 점에서 똑같다. 그 결과 「뉴욕타임스」 한 기자의 말처럼, "우리 시대에는 그 어느 때보다 부모들이 아이들에게 바짝 초점을 들이대고 있다."

사실 부모들이 아이들의 안전과 성공에 더욱 집착하게 된 데는 아이들을 보호해주고 능력을 향상시켜준다는 상품과 프로그램의 홍수도 한몫을 한다. 어떤 부모는 자기도 모르게 강좌나 프로그램을 소개하며 바람잡이 노릇을 하기도 한다. 저널리스트 낸시 깁스는 2009년 『타임(Time)』지 커버스토리에서 '과잉 육아'의 광기를 다음과 같이 기술했다.

부모들은 아이들을 위해 유기농 컵케이크와 저자극성 비누를 사고, 다섯 살 아이에게 가정교사를 붙여서 '연필 잡는 법'을 가르치고, 나무 위에 지은 집에 광대역 인터넷을 연결한다. 그네를 달았다가 아이 무릎이 몇 번 까지자 바로 철거한다. 학교와 운동장, 경기장 위를 맴도는 엄마들에게 교사들은 '헬리콥터 맘'이라는 이름을 지어주었다. 이 현상은 연령, 인종, 종교를 불문하고 모든 부모에게 퍼져나갔다. 부모들은 아이의 성공에 집착한 나머지 육아를 마치 상품을 개발하는 일처럼 생각하고 있다.

이와 같은 극심한 아이 중심 사고는 아이들의 레슨, 운동, 가족여행, 과외에 돈을 쓸 수 있는 중산층 이상의 가정에서는 일반적인 편이다. 하지만 우리는 인터뷰를 하면서 저소득 가정의 부모들 역시 초조해하고 있다는 것을 알았다. 한 엄마는 아이에게 비싼 운동화와 전자기기를 사줄 형편이 안 된다며 안타까워했다. "우리 아이들에게 다른 아이들이 가진 것을 줄 수 없어서 가슴 아파요." 그러더니 급기야 크리스마스 몇 주 전에 자동차담보대출을 받았다. 선물을 받은 여덟 명의 아이는 잠시 행복했지만, 나중에 그 가족은 자동차를 압류하겠다는 대부업체의 협박에 시달려야 했다.

부모가 모든 시간과 에너지를 아이에게만 쏟는다면 가정의 균형을 유지하기가 불가능하다. 저널리스트 주디스 워너는 『엄마는 미친 짓이다 (Perfect Madness)』에서 파김치가 된 부모들의 이야기를 들려주었다. 그녀가 인터뷰한 엄마들은 "새로운 압력에 짓눌려 있는" 희생자들이었다. 부부 관계는 흔들리고, 아이들은 세상이 자신을 중심으로 돌아간다는 생각에 과도한 부담감을 느낀다. 형제들은 '물건'을 차지하려고 싸운다. 그 결과, 가정은 힘을 잃고 시들기 시작한다.

모든 가정이 그런 것은 아니지만 대부분이 그렇다. 일부 부모들—분명 트레이시의 고객 중 다수—은 아이들을 더 큰 전체의 일부로 본다. 하지만 많은 부모가 어디로 가는지도 모르면서 동분서주하고 있다.

"미국에 사는 친구들과 친척들이 안쓰러워요." 몇 년 전, 그레그 펄먼은 아내 에이미, 열한 살이었던 딸 새디와 함께 유럽으로 이주했다. "미국에서는 부모가 아이들을 위해 해야 할 일이 계속 늘어납니다. 생일 파티를 준비하느라 여기저기 뛰어다녀야 하고, 반드시 사야 한다는 장난감은 수없이 많지요. 게다가 끊임없이 안전에 대해 걱정합니다. 어떤 사람들은 그게 얼마나 부담스러운지조차 느끼지 못하는 것 같더군요. 하지만 미국을 떠난 뒤 큰 차이를 느꼈습니다. 그건 마치 군비경쟁 같아요."

가족 중심의 사고로 전환해야 하는 이유: 아이들은 주목받는 것보다 가족의 일원이라는 의식을 더 필요로 한다.

수십 년간 아이들의 자긍심 높여주기 운동을 해온 교육자들과 심리학자들은 우월감은 건강한 관계나 행복한 삶에 도움이 되지 않는다는 결론에 도달했다. 물론 부모들은 자녀를 돌보고 지도해야 한다. 아이들을 이해하기 위해 노력하고 안전하게 지켜주어야 한다. 그렇다고 아이를 우주의 중심에 놓아야 하는 것은 아니다. 오히려 그 반대다.

만일 부모가 아이를 보살피고, 도와주고, 주위를 맴돌고, 제안하고, 일정을 계획하고, 상기시키고, 요구하고, 칭찬하면서 일거수일투족을 관리하고 감독한다면 어떻게 아이 스스로 더 큰 세상의 일부가 되는 법을 배울 수 있겠는가? 아이가 가정에서 주어진 역할을 하지 않는다면 언제, 어떻게 스스로 자립하는 법을 배우겠는가? 어떻게 타인들과 나누고 협력하는 법을 배우겠는가?

아이들이 유능하고 당당한 성인으로 자라기를 원한다면 가족의 일원이 되도록 해야 한다. 독립적인 개인일 뿐 아니라 공동체에 관여하는 '이해당사자'가 되도록 해야 한다. 가족의 일원으로서 공동의 선에 기여하는 것은 사회인으로서 갖추어야 하는 기본적인 조건이다. 그리고 이것은 아이들이 대학에 들어가기 전에 반드시 습득해야 한다.

**아이들에게 일을 시키지 않는다.** 오늘날의 부모들이 가족 중심 사고를 하기 어려운 이유가 또 있다. 우리는 아이들이 어떤 식으로든 가정에 도움을 줄 수 있다는 생각조차 하지 않는다. 예전에는 그렇지 않았다. 수세기 동안 아이들은 가족을 돕는 일꾼이었다. 어린아이들도 도움을 줄 수 있었다. 그래서 아이가 많은 가족일수록 생산성과 소득이 높았다.

한때 아이들은 농장이나 거리나 공장에서 오랜 시간 일해야 했다. 아이들에게 공장일을 시키는 이유를 물었더니, 한 엄마가 대답했다. "모두들 일을 합니다. 다른 아이들은 가족을 돕고 있어요. 우리 아이들도 그렇고요." 아이들이 왜 일찍 학업을 그만두고 일을 하느냐는 질문에 또 다른 엄마는 당연한 것을 왜 묻느냐는 표정으로 말했다. "아이들이 일할 나이가 되었잖아요?"

아이들에 대한 인식은 50여 년에 걸쳐 변화해왔다. 가족에 도움을 주던 아이들은 언제부터인가 '경제적으로 무가치한' 존재가 되더니, 급기야 '값을 매길 수 없이 귀한' 존재가 되었다. 그 과정에서 부모들은 더 많은 돈을 벌었고, 가족은 더 작아진 한편 대량생산은 본격화되었다. 1930년대가 되면서 열네 살 이하의 아이들은 대부분 학교에 다니게 되었다. 부모들은 아이들에게 일을 시키지 않았다. 집안일을 거드는 것은 단지 인격 형성을 위한 것이었다. 1934년 『페어런츠(Parents)』지에는 아이들에게 일을 시키는 부모들을 비난하는 기사가 실렸다. "아이들에게 책임이라는 무거운 짐을 지우지 않도록 해야 한다. 그 무게에 짓눌려 아이가 크게 자라지 못할 수 있다."

## 자긍심 저하

"아이들의 자긍심을 높여주려고 한 운동은 오히려 자긍심을 저하시키는 뜻밖의 결과를 가져왔다"라고 심리학자 마틴 셀리그만은 『긍정심리학 (*Authentic Happiness*)』에서 말한다. "아이들을 편안하게 해주려다가 몰두하는 기쁨을 느끼지 못하게 만들었다. 낭패감을 주지 않으려다가 숙달하는 것을 어렵게 만들었다. 슬픔과 불안감을 덜어주려다가 더 쉽게 우울증에 빠지게 만들었다. 값싼 성공을 격려하다가 값비싼 실패를 치르는 세대를 만들어냈다."

오늘날 아이들은 '값을 매길 수 없이 귀한' 존재가 되면서 그 어느 때보다 지위가 높아졌다. 이제 인격 형성에 대해서는 언급조차 하지 않는다. 이러한 흐름에 맞서 아이들 스스로 용돈을 벌어서 쓰게 하는 부모들도 있기는 하지만, 대부분은 아이들의 무임승차를 아주 자연스러운 것으로 여긴다. 부부가 맞벌이를 하는 중산층 가정을 대상으로 조사한 바에 따르면, 아이들은 학교에서 집에 돌아와 잠들기 전까지의 시간 중 40퍼센트를 여가에 쓴다. 나머지 시간 역시 숙제나 목욕, 옷 입기, 의사소통과 같은 사적인 일로 소비한다. 결론을 말하자면, 아이들은 집에서 아무 일도 하지 않는다. 그에 비해 아빠들이 여가에 보내는 시간은 25퍼센트, 엄마들은 20퍼센트가 되지 않는다. 많은 아내들이 남편과 가사 분담이 되지 않는다고 불평하지만, 아이들에게는 아무것도 요구하지 않는 모순적인 모습을 보인다.

우리의 사고방식을 가족 중심으로 전환해야 하는 이유: 가족이 번창하기 위해서는 구성원들의 역할 분담이 필요하기 때문이다.

가족은 인류를 구성하는 기본 단위다. 건강한 사회와 친절하고 자비로운 세상을 만들기 위해서는 어른이나 아이 모두가 가족을 위해 시간과 에너지를 투자해야 한다. 가족은 선량한 시민 정신과 삶을 배우는 '체험장'이다. 가족 안에서 우리는 더 큰 세상의 일부가 되고, 누군가가 의지할 수 있는 사람이 된다. 가정에서 부모가 이러한 본보기를 보여주면 아이들은 자연스럽게 보고 배운다. 열심히 일하고, 타인에게 베풀고, 좌절과 실패를 극복하면서 인성이 발달한다. 3장에서 설명하겠지만, 참여는 우리를 성장하게 한다.

만일 아이에게서 초점을 돌려 가족 전체를 조명해야 한다는 말이 석연치 않게 들린다면, 어린 시절 응석받이로 자란 성인들을 연구한 자료를 보자. 그들은 어릴 때 물질적으로 풍족했고, 심부름하는 일도 없었고, 가정 내 규칙 역시 거의 없었다. 무엇보다 그들은 책임감을 배울 기회가 없었다. 그들 중 3분의 1은 청년기가 되어서도 사회성이 부족했고, 상당수는 과식과 과소비 문제를 안고 있었다. 그들이 부모가 되면 아이들을 똑같이 응석받이로 키운다.

아이들에게 아무 일도 시키지 않으면 부모도 어려움을 겪는다. 주디스 워너의 책 속 엄마들은 피곤하고 불안하고 죄의식을 가지고 있었으며 다른 방법을 생각하지 못하는 듯했다.

그러나 방법은 있다. 가족 전체에 초점을 맞추는 것이다. 가족을 서로 존중하고 인정하고 배려하며, 모두가 운영에 참여하고 협력해야 하는 일종의 협동조합으로 생각하는 것이다. 아이들도 더 건강하고 화목한 가정을 만드는 일에 참여함으로써 생활력이 길러질 것이고, 자긍심 역시 높아질 것이다.

가족에 초점을 맞추면 그동안 알지 못했던 아이들의 놀라운 모습을 보게 된다.


## 가족 중심으로 생각하기 연습

가족 중심의 사고를 유지하기는 쉽지 않다. 세상 자체가 아이들을 중심으로 돌아가기 때문이다. 게다가 어른이나 아이 모두가 시간에 쫓기면서 생활하다보니 당장 코앞에 닥친 일을 처리하기도 바쁘다. 그런데 가족 전체에 초점을 맞춘다니……. 이제부터 우리가 가야 하는 길이 고속도로처럼 쭉 뻗고 평탄할 것이라고 장담할 수는 없다. 하지만 이 책이 첫발을 디딜 수 있도록 도와줄 것이다. 우선 첫발을 내딛는 것이 중요하다.

당신의 가족을 묘사하는 것으로 시작해보자. 어떤 표현이 떠오르는가?

다음은 "당신의 가족은 어떤 모습인가요?"라는 질문에 대한 부모들의 대답이다.


- ♥ 뉴욕에 사는 엄마(결혼, 아들 하나) : 모험을 즐긴다. 개방적이다. 함께 참여한다. 대화를 많이 한다. 변덕스럽다. 헌신적이다. 특별하다.
- ♥ 시카고에 사는 아빠(이혼, 아들 하나 딸 하나) : 다들 제각각이다. 아이들을 자주 보지 못한다. 복잡하다. 사랑스럽다. 소원하다. 노력한다. 성공을 강조한다.
- ♥ 캘리포니아에 사는 엄마(싱글, 딸 하나) : 다정하다. 정신없이 바쁘다. 운동을 많이 한다. 안전한 요새처럼 느껴진다.

♥ 형제가 많았던 어린 시절을 회상한 매사추세츠의 레즈비언(커플) : 문제가정. 아일랜드에서 이주해온 노동자 계층. 북적거리고 경쟁적이었다. 아버지가 폭군이었다.

♥ 플로리다에 사는 아빠(결혼, 아들 둘) : 똘똘 뭉친다. 형제가 함께 놀고 서로 아껴주는 최고의 친구다. 서로를 배려한다. 특별한 활동을 하지 않아도 함께 있으면 즐겁다.

이렇게 간단한 묘사로는 가족 구성원들 간의 관계에 대해 많이 알 수 없다. 그래도 가족을 표현하는 말들을 나열해보는 것은 가족을 한 단위로 생각하는 출발점이 될 수 있다.

당신 자신의 가족을 객관적으로 보는 것은 어려울 수 있지만, 가족수첩 '당신의 가족은 어떤 모습인가?'(40쪽 참고)에 나오는 질문들에 답을 해보면 당신이 중요하게 생각하는 가치, 가족이 함께 하는 활동, 그리고 문제점이 무엇인지 알게 될 것이다.

가족 구성원들을 하나로 묶어서 답을 하기가 곤란할지도 모른다. 예를 들어 가족이 모두 운동을 하고 스포츠에 대해 많은 이야기를 나눈다고 하자. 함께 경기를 보러 가고, TV에서 스포츠 중계를 보고, 운동을 하러 나간다. 엄마나 아빠가 아이가 속해 있는 팀의 코치를 한다. 이런 경우에는 가족이 함께 하는 활동을 스포츠라고 답할 수 있다. 또한 스포츠맨십을 가족의 가치관에 포함시킬 수 있다. 반면, 야구를 좋아하는 아이를 위해 가족이 함께 매주 어린이 야구 경기를 보러 간다면, 서로의 흥미를 응원해주는 것을 가족의 가치관이라고 할 수 있지만 스포츠를 가족의 활동이라고는 할 수 없을 것이다. 이런 식으로 생각하면서 답을 해보면 당신의 가족이 어떻게 움직이고 있는지 좀 더 분명히 알게 될 것이다.

이것은 배우자와 아이들과 함께 할 수 있다. 가벼운 마음으로 당신의 생각을 이야기하는 것으로 시작해보자. "우리 가족은 꾸물거리느라고 제 시간에 집에서 출발하는 적이 없어", "우리 가족은 다른 집들보다 먼저 핼러윈 축제를 준비하는 것 같아." 그러고 나서 질문해보자. "이런 우리 가족에 대해 어떻게 생각해?" 그리고 가족들이 하는 말을 받아 적는다. 서로 전혀 다른 이야기를 하더라도 놀라지 말자.

서로 생각이 다르더라도 걱정하지 말자. 2장에서는 가족을 구성하는 '3요소'가 당신의 가족 안에서 어떤 식으로 상호작용하고 있는지 알아볼 것이다.

**가족수첩: 당신의 가족은 어떤 모습인가?**

일주일 동안 하루에 한두 번씩 당신의 가족을 객관적인 눈으로 바라보면서 보이는 대로 기술해보자. 가족의 가치관, 함께하는 활동, 문제점에 대해 각각 10개 이상의 형용사나 관용구로 표현해보자. 생각나는 대로 자유롭게 표현하면 된다.

♥ 가족의 가치관　우리 가족은 어떤 윤리의식을 가지고 있는가? 무엇을 중요하게 생각하는가? (예: 종교생활, 리더십, 경쟁, 선행, 돈, 절약, 외모, 잘 먹는 것, 규칙, 자립심 등)

♥ 가족의 활동　우리 가족은 어떤 활동을 좋아하는가? 언제 행복하게 느끼는가? 가장 아름다운 추억은 무엇인가? 재충전이 필요할 때 주로 무엇을 하는가? (예: 야외활동, 운동, 영화, 여행, 해변 산책, 악기 연주, 사회봉사, 책읽기, 여행, 집에서 함께 노는 것, 자원봉사, 함께 요리하는 것 등)

♥ 가족의 단점　우리 가족의 아킬레스건은 무엇인가? (예: 한 사람이 모든 것을 관리한다. 각자 알아서 한다. 함께하는 시간이 부족하다. 속마음을 털어놓지 않는다. 부담을 준다. 자주 다툰다. 함부로 행동한다. 친구나 가까이 사는 친척이 없다. 우유부단하다. 융통성이 없다. 각자 너무 바쁘다 등)

2장

# 가족의 세 가지
# 구성 요소

모든 것을 단순화시켜서 정답을 구하겠다는
욕심을 버리고 다면적으로 생각하자.
모든 일에는 복합적인 원인과 결과가 있다.
당황하지 말고 삶이 복잡하다는 사실을 인정하자.

M. 스콧 펙

# 아이들이 다 같을 수는 없다

수완이 좋고 유능하며 열정적으로 일하는 연예전문 변호사 제인 웬트워스는 천사 아기* 케이틀린을 낳고 세상에 둘도 없는 단짝을 만났다. 제인은 다시 직장에 다니기 시작하면서 종종 케이틀린을 데리고 다녔고, 남편 바트에게 입이 마르도록 딸 칭찬을 했다. "우리 아기는 정말 얌전해서 어디든 데리고 다닐 수 있어요." 그렇게 그녀는 3년 내내 사무실과 체육관, 친구들과의 점심 약속에 케이틀린과 함께 다녔다.

케이틀린이 유치원에 들어갈 무렵 제인은 다시 임신을 했고, 둘째 아이 노아가 태어났다. 하지만 노아는 케이틀린과 다르게 많이 우는 까다로운 아기였고, 소리에 매우 민감했다. 한마디로 제인과 궁합이 맞지 않았다.

우리의 전작들을 읽었다면 부모와 아이의 '궁합'에 대한 이야기를 기억할 것이다. 한 심리학자는 엄마와 아이의 궁합이 맞지 않는 것이 아이들의 행동 문제의 원인이 될 수 있다고 말한다. 예를 들어 엄마는 활달한데 아이가 예민하다면, 물과 기름처럼 겉돌게 된다. 가족 중심으로 생각하면 두 사람의 궁합은 나머지 가족에게도 영향을 미친다.

어떤 가정이든 둘째 아이가 태어나면 여러 면에서 부담이 훨씬 커진다.

---

* 트레이시는 부모들의 아기에 대한 이해를 돕기 위해 타고난 기질에 따라 '수월한 천사 아기, 정석을 따라가는 모범생 아기, 민감하고 예민한 아기, 활동적이고 씩씩한 아기, 고집 센 심술쟁이 아기'라는 다섯 가지 유형으로 아기들을 분류했다. 하지만 이 유형들은 종종 두 가지 이상 중복될 수 있으므로, 트레이시는 아이들을 유형별로 분류하는 것에 대해 경고한 바 있다. 아이들은 갓난아기 때의 기질이 남아 있을 수는 있지만 자라면서 환경에 따라 계속 변화한다.

게다가 첫째 아이와 다르게 부모와 궁합이 맞지 않는다면 더욱 힘들게 느껴진다. 제인은 법률사무소를 운영하듯이 일상생활도 효율적이고 체계적인 방식으로 관리하는 것에 익숙했다. 그런 그녀에게 노아는 '착한' 아기와 거리가 멀었다.

처음 보는 순간 사랑에 빠지게 만드는 아이가 있다. 하지만 노아는 분명 그런 아기가 아니었다. 본인의 성격과 기대, 그리고 이제 초보 엄마가 아니라는 생각까지 겹쳐 제인은 자신이 너무 부족한 엄마라는 좌절감에 빠졌다. 이런 문제는 아이의 어린 시절에 끝나지 않고 계속 이어진다.

하지만 기질은 운명이 아니다. 관계는 엄마와 자녀 사이에만 달려 있지 않다. 다른 가족 구성원과 그들을 둘러싸고 일어나는 모든 일이 영향을 미친다.

바트는 성공한 그래픽디자이너로, 아내를 이해하고 배려하는 남편이자 아이들에게는 더없이 자상한 아빠다. 그는 노아가 태어난 뒤 일찍 퇴근해서 귀가했다. 한시라도 빨리 아들과 친해지고 싶은 마음과 함께 '가족은 나를 필요로 한다'는 인식이 있었기 때문이다.

첫째인 케이틀린의 원만한 성격도 도움이 되었다. 케이틀린은 유치원에서 잘 지냈고, 집에서는 노아의 '꼬마 엄마'처럼 행동했다. 정서가 안정적이고 어른스러운 케이틀린은 노아를 애지중지하며 보살폈고, 어느새 누구보다 노아를 잘 웃게 만드는 사람이 되었다. 케이틀린과 부모의 관계도 점점 더 긴밀해졌다.

또한 근처에 살고 있는 제인의 친정엄마와 여동생이 아이들을 돌봐주었고, 친구들은 요리를 해서 들고 오거나 심부름을 해주었다. 그들의 도움으로 제인은 낮잠을 잘 수 있었고, 무엇보다 노아의 기질을 원망하지 않을 수 있었다. 그녀는 친정아버지가 즐겨 하던 "이 또한 지나가리라"라는 말을 되뇌며 노아에게 서서히 마음을 열었다.

그러다가 부부는 노아가 보채는 이유 중 하나가 위식도역류라는 사실을 알게 되어, 곧 전문의들의 도움을 받았다. 여러 달 동안 지속되었던 첫 위기는 주변 사람들의 적절한 조언과 도움으로 무사히 지나갔다.

10년이 지난 뒤에도 노아는 여전히 수줍음이 많고, 가끔 친구들의 놀림을 받기도 하지만, 교사들이 총애하는 '괴짜 천재'로 거듭났다. 케이틀린은 계속 동생을 열심히 응원하고 있다. 제인은 그동안 특히 과도기를 겪을 때마다 노아와 케이틀린이 다르다는 사실을 상기했다. 그녀는 아들이 남다른 재능과 성향을 타고났다는 사실을 인정해야 했다. 노아는 새로운 상황에 익숙해지기까지 다소 시간이 걸리지만 대체로 잘 지내고 있다.

## 세 가지 요소 중 하나라도 달랐다면?

가정생활은 끊임없이 변화하는 역동적인 드라마다. 만일 웬트워스 가족의 구성원들, 상호작용, 배경 중에 하나라도 달랐다면 노아가 몰고 온 폭풍은 더욱 견디기 힘들었을 수 있으며, 그들의 드라마는 전혀 다른 방향으로 전개되었을 것이다.

예를 들어 그 가족의 구성원들이 다른 기질을 가지고 있었다고 상상해보자. 제인이 주변 사람들의 도움을 거부하는 성향이었거나 우울증에 걸리기 쉬운 사람이었다면 어땠을까? 그녀는 노아를 키우면서 절망에 빠졌을지도 모른다. 노아가 기운이 넘치는 아이였다면, 제인은 그의 기질을 무시하거나 누나인 케이틀린처럼 만들려고 하다가 힘겨루기를 했을지도 모른다. 그랬다면 모자 관계가 위태로워졌을 것이고, 가족 모두가 힘들어졌을 것이다.

이것이 제인과 노아만의 이야기가 아님을 잊지 말자. 아내가 항상 피곤해하고 화를 내는 것 때문에 남편이 실망하고 낙담했다면 어떻게 되었을까? 누나가 동생을 질투하면서 심술을 부렸다면?

가족 드라마는 개인뿐 아니라 그들이 만들어내는 관계와 상호작용에 따라 달라진다. 만일 제인과 바트 부부의 사이가 좋지 않았다면? 두 사람이 각자 직장일로 바빠서 가족과 보내는 시간이 부족했다면? 그랬다면 노아가 태어나기 전부터 가족관계는 삐걱거렸을지도 모른다.

마지막으로, 이 가족의 배경이 되는 무대를 생각해보자. 만일 가정형편이 어려워 병원을 갈 수 없었다거나, 가까이 살고 있는 친척들이나 도움을 주는 친구들이 없었다면? 물론 제인과 바트가 함께 시간을 보내지 않는 바람에 둘째가 생기지 못했을 수도 있다! 이런 가정을 하는 이유는 가족관계가 매우 복잡하다는 것을 강조하기 위해서이다. 따라서 우리는 '3요소 시점'이라고 부르는 관점으로 가족을 바라볼 필요가 있다.


## 3요소의 상호작용

가정생활을 한 편의 드라마라고 보면, 개인(가족 구성원)과 관계(상호작용), 배경(이야기가 전개되는 무대와 환경)이라는 3요소가 어떤 식으로든 항상 작용하고 있다. 우리가 이 요소들을 인식해야 하는 이유는 그 집합적인 영향을 이해하기 위해서이다. 이 요소들이 일상생활에서 어떻게 작용하는 지를 인식한다면, 매 순간 적절하게 반응함으로써 보다 나은 결과를 얻어 낼 수 있기 때문이다(48쪽 '3요소 시점을 통해 한눈에 보기' 참고).

노아가 태어나고 케이틀린이 유치원에 다니기 시작하자 웬트워스 가족의 '무대 위' 상황이 변하면서, 드라마는 새로운 방향으로 전개되었다. 모든 변화가 그렇다. 가장이 직장을 잃거나, 누군가가 사고를 당하거나, 수해 또는 화재로 집을 잃는 일이 생기면, 가족 모두가 흔들릴 수 있다. 하지만 '3요소 시점'에서 바라보면, 그 진원지와 함께 요소들 간의 상호작용도 볼 수 있다.

'3요소 시점'으로는 사소한 일상의 맥락도 좀 더 분명하게 볼 수 있다. 해리는 요즘 남동생 올리버에게 툭하면 화를 낸다. 4학년이 되면서 공부할 것이 많아졌기 때문이다. 엄마 역시 요즘 심기가 불편하다. 두 아이가 싸우는 일이 잦아졌기 때문이다. 이렇게 가족 전체로 시야를 넓혀서 보면, 가정 내에서 가족 구성원이 하는 행동과 반응, 적응 여부를 이해할 수 있다.

> 가족의 3요소는 함께 작용하면서 당신의 가족을 지금과 같은 모습으로 만든다.

그러면 가족을 구성하는 3요소에 대해 하나씩 좀 더 자세히 알아보자.

## 개인

사람은 저마다 다른 역할, 과거, 기질, 몸, 생각을 가지고 있다. 그러한 개인적 조건들은 가족이 서로 대화하고 행동하고 반응하는 방식에 영향을

## 3요소 시점을 통해 한눈에 보기

눈송이가 제각기 다른 모양을 하고 있는 것처럼, 가정 역시 '전형'이 따로 있는 것은 아니다. 하지만 자신의 가족을 좀 더 분명하게 볼 수 있는 방법이 있다. 이 페이지의 귀퉁이를 접어두었다가 필요할 때 펼쳐보자. 한발 물러서서 '3요소 시점'으로 관찰하며 다음 질문을 해보자.

### 개인

♥ 기질  우리 가족은 각자 어떤 식으로 서로 관계하고, 세상을 바라보고, 행동하고 반응하며, 변화에 적응하는가?

♥ 과거  우리 가족은 과거 경험에서 무엇을 배웠는가? 인종, 국적, 민족, 출신 지역, 종교는 개인적 믿음 체계에 어떻게 작용하는가?

♥ 욕구  욕구는 개인적인 상황(건강, 흥미, 취미)에 따라 달라진다. 우리 가족은 각각 자원(시간, 에너지, 관심, 돈)을 어느 정도 필요로 하는가?

### 관계

♥ 부부  부부가 어떤 식으로 대화하고, 결정하고, 역할 분담을 하고, 함께 시간을 보내는가? 별거하고 있다면 공동 육아를 하고 있는가?

♥ 부모와 아이  서로 존중하고 감사하는가? 아이를 있는 그대로 이해하고 사랑하면서 동시에 적절한 지도를 하고 있는가?

♥ 형제  서로 사랑하고 도와주는가? 서로 경쟁하는가? 아니면 서로 감싸주는가?

♥ 그 밖의 관계  만일 조부모, 친지가 어떤 도움(육아나 경제적 도움)을 준다면, 그들과의 관계는 우리 가족에 어떤 영향을 주는가? 가족처럼 가깝게 지내는 사람이나 고용인(보모나 가정부)이 있는가? 그들의 존재가 주는 장단점은 무엇인가?

준다. 각자의 '나'가 모여서 '우리'를 이루는 것이 가족이다. 가족은 각각의 구성원이 함께하기에 존재한다.

가족 구성원들은 각자 가족 전체에 미치는 영향력을 가지고 있다. 가족 구성원들의 몸과 마음이 건강하고 훌륭한 인격을 갖추고 있다면 당연히 행복한 가정이 될 가능성이 높다. 하지만 '3요소 시점'을 통해서 보면 개인의 특성은 일부에 지나지 않는다는 것을 알 수 있다.

## 관계

관계는 두 사람이 함께 만드는 것이다. 가족 구성원을 단지 개인으로만 보아서는 안 된다. 가족이 개인을 만들기도 하기 때문이다. 사랑스러운 아내는 스크루지의 차디찬 마음도 녹일 수 있다. 부모자식 간의 돈독한 유대관계는 인생의 고된 시련도 극복할 수 있는 힘이 된다.

모든 가족은 다수의 관계로 이루어져 있다. 부부관계, 부모와 자녀의 관계, 형제관계, 그리고 친척들과의 관계도 포함된다. 이러한 관계들은 어떤 식으로든 계속 발전한다. 또한 어떤 관계가 또 다른 관계에 영향을 주고 변화시킨다. 형제관계가 나쁘면 부부관계도 흔들릴 수 있다. 부부관계가 나쁘면 아이들과 친척들과의 관계에도 영향을 미친다.

관계가 무엇보다 중요하다. 관계가 좋으면 서로를 위해 기꺼이 최선을 다한다. 당연히 가족관계가 좋으면 가족 구성원 각각의 건강, 행복, 생산성, 성공으로 이어진다.

## 배경

가족은 진공관 안에서 존재하는 것이 아니다. 가족 구성원들은 각자 다양한 무대에서 각자의 역할을 하고 다양한 사람들을 만나면서 그들의 생각과 경험에서 영향을 받는다. 예를 들어 아이의 학교와 부모의 직장이 어떤 식으로 가족에 영향을 주는지 생각해보자. 과도한 숙제나 야근은 개인의 건강을 악화시킬 뿐 아니라 가족이 함께할 시간을 앗아가 가족관계에도 나쁜 영향을 준다. 이웃, 사회, 국가와 같은 물리적 배경도 가정을 꾸려가는 방식에 영향을 준다.

또한 역사와 문화처럼 더 큰 배경—경제나 새로운 법률, 전쟁과 같은

## 배경이 다르면 문제점도 다르다

중산층과 노동자층, 빈곤층의 가정을 10년 넘게 추적한 사회학자 아네트 라로의 연구에 따르면, '중산층과 다른 계층들 사이에 문화적 차이'가 있는 것은 분명하지만, 중산층 가족이 반드시 '더 행복한' 것은 아니었다.

♥ 중산층 가정의 아이들은 부모의 지도 아래 활동에 참여했다. 부모들은 아이들을 동등하게 대했으며, 대화하고 설명하고 토론했다. 아이들의 학교 성적은 우수했다. 그들의 언어 능력과 사회성은 나중에 도움이 되었다. 하지만 부모와 아이 모두가 지쳐 있었다. 아이들은 끊임없이 부모와 입씨름을 했고, 형제들은 덜 유복한 가정의 아이들보다 더 자주 싸웠으며, 특별한 행사가 있을 때만 친척들을 만났다.

♥ 노동자층과 빈곤층의 부모들은 기본적인 의식주 문제를 해결하느라고 바빠서 아이들에게 성취를 자극할 여유가 없었다. 대신 그들은 '가족이라는 의식'이 강했고, 함께 보내는 시간이 많았다. 형제들은 사이가 좋았고 친척들과 자주 왕래했다. 어른들과 아이들 사이의 경계가 분명했다. 부모는 지시를 내리고 아이들은 순종적이었다.

세상사나 트렌드, 동시대 사람들의 사고방식 — 에 간접적으로 영향을 받는다. 선과 악, 남자와 여자, 아이와 부부, 가족관계에 대한 우리의 생각을 통제할 수 있다. 특히, 요즘처럼 대중매체를 통해 이미지와 정보가 하루 24시간 계속해서 쏟아지는 시대에는 문화적 배경의 힘을 무시할 수 없다.

배경은 가족의 두 요소에 영향을 미친다. 예를 들어 2011년에 대다수 미국인들은 경제적으로 '궁핍하게' 또는 '근근이' 살고 있다고 말했다. 절반 가까운 사람들은 1년 사이에 가정형편이 어려워졌다고 했다. 재정 문제와 함께 실직을 경험한 몇몇 가정의 충격은 걱정스러울 정도였다. 부모의 실직은 가정의 배경에 매우 큰 충격을 주었다. 많은 부모가 좌절을 경험했고, 그 결과 부모 자식 간의 유대는 약화되었다. 그리고 1년 뒤에 다시 조사해보니 아이들의 몸과 마음 또한 지쳐 있다는 신호가 발견되었다. 함께 나누고 자원하고 협조하고 배려하는 능력이 저하되었으며, 학업과 대인관계에서 어려움을 겪고 있었다.

경제적 어려움은 가족관계와 개인의 능력에 모두 나쁜 영향을 미친다. 하지만 같은 연구는 가족이 그러한 배경의 영향을 극복할 수 있다는 것 역시 보여준다. 어떤 가족들은 경제적인 어려움에도 불구하고 관계가 더욱 돈독해졌다. 그런 가족에게는 다른 가족들이 가지고 있지 않은 뭔가 특별한 것이 있는 것일까? 그들은 처음부터 시련을 견디고 살아남는 훌륭한 대처 능력과 돈독한 가족관계를 유지하고 있었던 것일까?


## 가족 중심의 사고를 하려면 연습이 필요하다

가족 전체에 초점을 맞추고 유지하는 비결은 '인식'이다. 매일 일어나는 일에 관심을 가지고 '3요소 시점'을 통해 살펴보자. 연습할수록 점점 더 자연스럽게 가족 중심의 사고를 하게 되고, 마침내 복잡하게 얽혀 있는 상황이 쉽게 눈에 들어올 것이다.

가족 드라마는 언제나 가족 구성원들(개인)과 그들이 서로를 대하고
대화하는 방식(관계), 그리고 그 모든 일이 일어나는 무대(배경)에 의
해 영향을 받는다.

가상이나 현실의 다른 가족들을 관찰하는 것으로 연습을 시작해보자.
환자의 건강을 전체적으로 살피는 의사가 되었다고 가정해보자. 사람들
의 몸과 마음에서 무슨 일이 일어나고 있는지 알려면 그들이 누구를 만나
고, 어디를 가고, 하루를 어떻게 보내는지 고려해서 판단해야 한다.

TV를 보면서 '3요소 시점'에서 생각해보자. TV 속 가족 이야기에 가족
중심 사고를 적용해보면 가족을 구성하는 세 가지 요소가 상호작용하는
방식이 눈에 들어올 것이다. TV 가족 드라마는 시청자들에게 즐거움을
주는 것을 목적으로 하지만, 다른 한편으로 가족의 역할과 관계, 부모와
아이들이 직면하는 문제들에 대해 많은 것을 이야기해준다. 〈모던 패밀리
(Modern Family)〉, 〈더 미들(The Middle)〉, 〈페어런트후드(Parenthood)〉와 같
은 인기 드라마들은 자폐증, 10대의 성, 학교 폭력, 경제 문제, 알코올 의
존증, 게이 부부, 섭식 장애, 우울증, 불륜과 같은 요즘 우리 주변에서 흔
히 볼 수 있는 문제들을 다루고 있다.

부모와 자녀가 함께 또는 따로 어떤 드라마를 시청하고 있는지 알아보
자. 대중매체는 그 자체가 강력한 배경이다. 우리는 TV에서 가상이나 현
실의 인물들이 하는 행동을 보면서 알게 모르게 영향을 받는다.

배우자나 아이는 TV를 보면서 어떤 생각을 할까? 1장에서 만났던 그
레그 펄먼은 열한 살 새디의 TV 시청을 지나치게 제한하지 않는다. 파리
에 살고 있다는 특수한 배경 때문이다. 프랑스어로 더빙한 미국 드라마를

보면 프랑스어를 익힐 수 있었다. 새디는 책임감이 강하고 대체로 온순한 아이여서 아빠가 잔소리하기 전에 알아서 숙제를 하고 집안일을 거든다. 하지만 그레그는 몇몇 드라마가 새디의 행동에 영향을 준다는 것을 알고 있다.

"어떤 드라마를 보고 나면 새디의 행동이 거칠어지고 막무가내가 됩니다. 그런 드라마에는 대부분 고지식한 어른들과 재미 삼아 그들을 골려먹는 아이들이 나오지요."

아이들과 함께 TV를 보면서 해로운 메시지를 보완해주자. 줄거리를 분석해보고 불쾌한 내용에 대해 토론하는 것도 좋다. '3요소'를 인식하도록 도와주는 것으로 시작하자. 열여섯 살과 열한 살인 두 아이를 키우는 사라 그린은 "우리 가족은 〈모던 패밀리〉를 다 같이 시청해요. 그 드라마에 나오는 사람들은 서로를 사랑하고 존중합니다. 그리고 웃기면서도 공감할 수 있는 이야기를 보여주죠. 우리는 그 드라마를 보면서 등장인물의 성격과 관계에 대해 이야기해요. 우리 집에 아이가 하나 더 있다면 던피 가족과 아주 흡사할 거예요"라고 말한다.

'가족의 멘토'를 찾아보자. 인생과 가족에 대해 보다 장기적인 안목을 가진 사람들에게서 지혜를 배우자. 트레이시의 멘토는 외할머니 낸이었다. 낸은 항상 가족의 일원으로 사는 것이 가장 중요한 역할이라고 가르쳤다. 나의 멘토는 지금 아흔둘인 이모할머니 루스이다. 루스는 "사람은 변하지 않는 법이란다. 나이가 들수록 더 확고해지지", "가족을 위해 희생해야 한다"와 같은 말을 자주 했다. 루스는 단기 기억력이 점차 쇠퇴하고 있지만, 여전히 자신과 나의 어린 시절을 기억한다. 과거의 추억들과 빛바랜 사진첩들은 그녀에게 가족의 역사를 상기시켜주는 소중한 보물이다.

## 〈모던 패밀리〉: 모두가 공감할 수 있는 이야기

〈모던 패밀리〉는 친척 관계에 있는 세 가족의 이야기이다. 한 가정에는 아버지 제이 프리쳇과 그보다 한참 나이가 젊고 혈기왕성하며 섹시한 라틴계의 두 번째 아내 글로리아 델가도, 그녀의 현명한 열네 살 아들 매니, 그리고 (2013년도 시즌에서) 제이와 글로리아 사이에서 태어난 아기가 있고, 또 다른 가정에는 제이의 아들인 미첼과 그의 동반자인 캐머런 터커와 베트남에서 입양한 딸 릴리가 살고 있다. 그리고 세 번째 가정은 제이의 딸인 클레어, 그녀의 남편 필 던피, 그리고 그들의 세 자녀 헤일리, 알렉스, 루크로 이루어져 있다. 헤일리는 인기가 많고 알렉스는 똑똑하고 막내 루크는 괴짜다. 개성이 뚜렷한 이들의 관계가 흥미롭게 얽히고설키면서 자유, 책임, 가사 전쟁, 정절, 정직, 질투, 고부관계와 같은 문제들이 가족이라는 렌즈를 통해 펼쳐진다. 등장인물들은 어떤 말이나 행동을 하고 나서 직접 카메라를 쳐다보며 자신이 실제로 느끼는 감정을 이야기한다.

이처럼 부모나 조부모의 추억을 듣는 것은 아이들에게 훌륭한 경험이 된다. 또한 감정적 애착이 덜한 이모나 삼촌은 종종 가족을 객관적으로 평가해주는 훌륭한 멘토가 될 수 있다. 가족의 오랜 친구 역시 그렇다. 인생의 위기를 극복하는 나름의 철학과 폭넓은 식견을 가지고 있는 사람이나 의식 있고 신중한 선택을 하는 사람이라면 누구나 가족의 멘토가 될수 있다. 나이가 약간 어린 사람이라도 상관없다. 서로를 믿고 허심탄회하게 가족에 대해 이야기할 수 있는 사람이면 된다. 다른 가족들이 가지고 있는 문제에 대해 들어보자. 문제가 없는 가정은 없다.

다른 가족들을 관찰해보자. 트레이시는 어릴 때 외할머니인 낸과 종종 산책이나 쇼핑을 하러 가곤 했다. 그때마다 낸은 트레이시에게 이런저런 질문을 던지곤 했다. 예를 들어 길을 건너다가 빨간 드레스를 입은 아름다운 여성을 보면 "저 여자는 고향이 어디일까?", "어디에 가는 길일까?", "왜 저런 옷을 입었을까?", "집에서 남편이 기다리고 있을까? 아이들은 뭐하고 있을까?" 하고 물었다. 그러면 트레이시는 그 여자의 표정, 몸짓, 동행인, 장소, 입은 옷 등을 살펴보며 답을 찾았다. 그 경험은 트레이시가 사람들의 선택과 생활방식을 이해하는 데 도움이 되었다. 다른 가족들을 관찰하는 것은 가족의 3요소에 대해 생각하는 연습이 될 수 있다.

## 가족수첩: 3요소 시점을 통해 바라보기

1장에서는 가족의 가치관, 활동, 문제점에 대해 생각해보았다. 이제 시야를 확대해서 개인, 관계, 배경이라는 세 가지 요소가 가족에게 어떤 식으로 작용하는지 생각해보자. 저녁식사 직전이나 일요일 아침식사 같은 가족이 모두 모이는 시간에 어떤 요소가 어떤 식으로 개인의 행동과 반응에 작용하는지 생각해보자.

### 개인

당신 가족의 구성원들을 열거해보자. 함께 생활하거나 가사를 도와주는 사람까지 포함한다. 예를 들어 당신이 직장에서 일하는 동안 아이를 돌봐주는 시어머니, 공동 양육을 하는 전남편, 주말에 방문하는 의붓자녀가 있을 수 있다. 그다음에는 '3요소 시점을 통해 한눈에 보기'(48쪽)에 나오는 질문을 참고해 그들의 성격, 과거, 현재 상태를 몇 가지 단어나 관용구를 사용해서 기술해보자. 그들은 가족 드라마에서 각자 어떤 역할을 하고, 어떤 영향을 주고 있는가? (이 연습은 어디까지나 당신의 생각을 이야기하는 것이다. 가족 구성원들은 각자 다른 생각을 가지고 있을 것이다.)

### 관계

부부, 부모와 자식, 형제, 친인척, 친지 사이의 관계들은 당신 가족에게 어떤 영향을 주는가? 어떤 관계가 가장 좋다고 느끼는가? 어떤 관계를 가장 어렵게 느끼는가? 어떤 관계에 문제가 있는가?

## 배경

당신의 가족은 거주지를 포함해서 어떤 환경에서 지내고 있는가? 밖에서 일어나는 일들이나 시대적 환경은 당신의 가족에게 어떤 영향을 주는가? 현재의 문화는 어떤 영향을 주는가? 대중매체가 전달하는 메시지와 이미지는 어떤 영향을 주는가?

## 3요소

때로는 세 가지 요소 중 한 가지가 중심 무대를 차지할 수 있다. 예를 들어 아이가 아프거나, 엄마가 실직을 하거나, 관계의 문제(부부간의 갈등 등)가 생길 수 있다. 또는 어떤 배경(당신이 다니는 회사가 합병을 하거나, 아이들의 등교 시간이 변경되는 경우)의 변화가 가족 모두에게 영향을 미칠 수 있다. 당신의 가족에게 지금 어떤 일이 일어나고 있는가? 세 가지 요소 중 하나가 좀 더 중요하게 작용하고 있는가? 전에도 어느 한 가지 요소가 전면에 부각된 적이 있었는가?

**3장**

# 개인의
# 성장과 참여

지금의 내가 있는 것은 함께하는
우리가 있기 때문이다.

우분투(UBUNTU)의 뜻


우분투 정신을 가진 사람은 마음을 열고
기꺼이 손을 내밀며,
자신이 더 큰 전체에 속해 있다는 생각에서 오는
자신감으로 유능하고 훌륭한 사람들을 시기하지 않는다.
다른 사람들이 굴욕이나 고문이나
억압을 당하는 것을 자신이 겪는 일처럼 생각한다.

데즈먼드 투투 주교

# 우리 가족에게 갑자기 위기가 닥친다면?

코빈과 래리 부부, 그리고 세 자녀로 구성된 하이타워 가족은 아메리칸드림을 실현했다. 그들은 소비를 부추기는 쇼핑 카탈로그가 매일 우편함을 가득 채우는 동네에서 안락하고 쾌적하게 살았다. 코빈은 유기농업체의 대리점을 운영하며 높은 수익을 내고 있었으며, IT 전문가인 래리는 아직 취학 전의 두 자녀를 돌보며 집에서 일했다.

몇 년이 훌쩍 지나 2008년이 되었다. 경기가 바닥으로 떨어지면서 코빈의 수입이 이전에 비해 90퍼센트 정도 줄어들었다. 처음에는 절약해서 살기로 했지만 1년이 지나자 저축한 돈이 다 떨어졌다. 코빈은 블로그에 이런 글을 올렸다. "우리는 집에 있는 물건들을 이베이를 통해 팔기 시작했다. 그리고 두 달 후에는 생수 배달, 건강보험, 도서 구입, 케이블TV, 유기농산물 배달, 인터넷 등 반드시 필요하지 않은 것들은 없이 지내기로 결정했다."

그들은 기찻길과 노숙자 쉼터에서 멀지 않은, 금방이라도 무너질 듯한 낡은 집으로 이사했지만, 결국 집세조차 낼 수 없는 지경에 이르렀다. 마침내 코빈은 아내에게 '진담 반 농담 반으로' 자동차를 파는 것이 어떠냐고 제안했다. 코빈은 그 당시를 회상하며 말한다. "그러면 도움이 될 것 같았어요. 그렇게 하는 것이 옳다고 생각했죠."

부부는 그 결정을 열 살, 세 살, 두 살인 아이들에게 일종의 모험처럼 이야기했다. "천만다행으로 아이들은 긍정적으로 받아들였어요." 코빈이 말한다. "처음에 우리 가족이 함께 자전거를 탔을 때 큰아들이 외치더군요. '끝내준다! 이런 기분 처음이야.'"

식량 배급표를 받고, 대형 마트에서 버리는 유통기한이 지난 음식을 들고 오고, 주변 텃밭에 채소를 길러 먹는 가난은 결코 좋을 수 없다. 막차를 놓치고 세 아이와 함께 빗속을 터벅터벅 걸어서 집으로 돌아가는 것은 결코 낭만적이지 않다. 하지만 이것은 단지 한 가족이 갑자기 빈민층으로 전락한 이야기가 아니다.

하이타워 가족의 상황을 '3요소 시점'에서 바라보면 가족 구성원들이 힘을 합쳐 시련을 극복하는 모습이 보인다. 코빈은 "사실 우리가 변화한 것은 그렇게 할 수밖에 없었기 때문이죠"라고 말한다.


## 협조적이고 헌신적인 인성은 어떻게 계발되는가?

실제로 가족 구성원들이 협조적이고 헌신적이라면 그 가족은 똘똘 뭉쳐서 어떤 어려움도 이겨낼 수 있다. 그들은 '성장하고 참여'한다.

'성장'은 부모와 아이들이 함께 성숙해지고 유능해지는 것을 의미한다. 하지만 가족은 또한 '참여'를 필요로 한다. 그 구성원들이 서로 지원하고 참여하면서 받는 것만큼 베풀어야 한다. 다른 사람에게 미루어서는 안 된다.

> 성장과 참여는 가족의 연결고리이다.

우리는 나이가 듦에 따라 더 큰 대의에 참여하고 기여할 수 있게 되며, 참여를 통해 자신감과 능력을 기르고, 성숙 발전한다. 우리는 독립뿐 아니라 상호 의존을 통해 더 나은 사람이 된다. 다섯 살이 아니라 쉰 살이 되어도 마찬가지이다.

## 네 가지 덕목 R.E.A.L.

그러면 어떻게 해야 우분투 정신을 발전시킬 수 있을까? R.E.A.L.을 기억하자. R.E.A.L.은 책임감(Resposibility), 공감(Empathy), 진정성(Authenticity), 사랑으로 인도함(Leading with love)이라는 네 가지 덕목을 의미하는 머리글자이다. R.E.A.L.은 우리의 삶에서 일어나는 일에 반응하고 행동하는 방식을 안내하는 실용적인 나침반이며, 이 네 가지 덕목을 갖춘다면 보다 나은 대인관계를 맺고 보다 큰 대의에 기여할 수 있을 것이다.

하이타워 가족은 경제적 어려움을 극복하는 과정에서 R.E.A.L.을 배울 수 있었다. 코빈은 스스로 책임감(R)이 강하다고 말한다. "어려움 속에서도 저는 용기를 잃거나 나약해져서 자기연민에 빠지지 않았어요. 그럴 수 있었다는 것이 정말 뿌듯해요."

폭우 속을 달리면서 그들은 서로에게 말했다. "비 좀 맞아도 돼. 우리는 튼튼하잖아?" 아이들은 마트에서 산 무거운 짐을 들고 먼 거리를 가거나 자전거에 무거운 식료품을 싣고 달리는 것에 불평하지 않았다. 아이들 역시 기꺼이 참여하고 그러면서 함께 성장했다.

하이타워 가족은 서로에게 관심을 기울이고 보살핀다. 상대방의 입장

## R.E.A.L.은 우리의 기본 욕구를 충족시켜준다

| 네 가지<br>기본 욕구 | 욕구 충족에<br>필요한 덕목 | 각각의 덕목은 어떻게 작용하는가 |
|---|---|---|
| 소속 | 책임감 | 자신을 필요로 하는 사람들과 협력할 때는 자신보다 더 큰 뭔가를 위해 기여한다. |
| 인정 | 공감 | 사랑하는 사람들과 연결하고 그들에게 우리가 중요한 존재라는 것을 알면 인정받는 느낌이 든다. |
| 안전 | 진정성 | 다른 사람들이 우리에게 진실을 말하고 우리 자신을 있는 그대로 받아들인다고 믿을 때 안정감을 느낀다. |
| 보살핌 | 사랑으로 인도 | 사랑, 친절, 친밀감을 주고받을 때 성장하고 변화에 적응한다. |

에서 생각하고 공감(E)을 표현한다. 코빈은 자신과 래리에 대해 이야기한다. "우리 부부는 서로 존중하고 동정하고 인내하면서 충돌을 피해가는 법을 알고 있습니다."

그들은 아이들에게 언제나 솔직하게 이야기하며 진정성(A)을 보여주었다. 그래서 아이들은 아무 의심 없이 새로운 상황을 모험으로 받아들였다. 그리고 그들이 처한 상황을 숨기지 않고 있는 그대로 이야기하며, 어쩌다 아이들 앞에서 다투는 일이 있으면 반드시 화해하는 모습을 보여주었다.

하이타워 부부는 언제나 밝고 긍정적인 모습을 보여주려고 노력한다. 다시 말해 그들은 자신에게서 보다 나은 측면을 불러내 가족을 사랑으로 인도(L)한다. 래리는 최저임금을 받으며 일해야 했다. 코빈은 그에 대해서 말한다. "남편은 자신이 하는 일에 대해 불평한 적이 거의 없어요. 내가 물어보면 '오늘은 힘들었어'라고 한마디 할 뿐이었죠."

R.E.A.L.은 목표가 아니라 가족 구성원으로서 당연히 갖추어야 하는 마음가짐이다. 부모가 R.E.A.L.을 보여주면 아이들은 부모를 보면서 배운다. 그리고 시간이 지나면서 양쪽 모두 서로에게 점점 더 잘하게 된다. 가족으로부터 인정받으면 도움이 필요할 때 기꺼이 손을 내밀고 먼저 나서서 행동하게 된다.

또한 모든 가족은 변화한다는 사실을 기억하자. 따라서 개인, 관계, 배경에 변화가 생길 때마다 그로 인한 후폭풍을 견딜 수 있어야 한다. 그럴 때일수록 이 네 가지 미덕이 중요하다. 가족이 R.E.A.L.을 갖춘다면 일상적인 문제, 불쾌한 충돌, 크고 작은 변화 중 무엇을 만나더라도 최악을 최선으로 만들 수 있다. 역경을 딛고 일어나 끝까지 싸워서 이겨낼 수 있다.


## 우리 가족의 R.E.A.L. 갖추기

그렇다면 어떻게 R.E.A.L.을 갖출 수 있을까? 이제부터 R.E.A.L.의 네 가지 덕목에 대해 각각 다음과 같은 측면을 중심으로 살펴볼 것이다.

♥ 보상  책임감, 공감, 진정성, 사랑으로 인도함이 가족을 건강하게 하는 이유를 설명한다.

♥ 문제점  힘들고 지쳐 있을 때는 긍정적인 모습을 보여주기 어렵다. 또한 우리가 속해 있는 문화 자체가 우리를 힘들게 하기도 한다.

♥ 연습  우리의 목표는 네 가지 덕목을 가족들과의 상호작용에 활용하는 것이다. 따라서 각각의 덕목을 얼마나 갖추고 있는지 알아보고 연습해야 한다. 점검표와 질문을 통해 부모로서 책임감, 공감, 진정성을 보여주고 사랑으로 이끌어가는 능력을 어느 정도 갖추고 있는지 확인해보자.

> 자신이 무엇을 할 수 있고 무엇을 해야 하는지 알 때 비로소 본보기를 보여줄 수 있다.

R.E.A.L.을 갖추기 위해서는 의지, 정직성, 솔선수범이 필요하다. 처음에는 외롭거나 원망하는 마음이 들 수 있다. '왜 나 혼자 책임을 지고 상대방을 이해하고 진실해져야 하지?', '왜 내가 먼저 친절을 베풀어야 하지?'라는 의문도 들 수 있다. 하지만 이런 감정은 잠시 뒤로하고 연습을 계속하자.

배우자에게 R.E.A.L.에 대해 설명하자. 이 책을 함께 읽으면 더 좋다. 하지만 네 가지 덕목을 갖추는 것은 각자가 해야 하는 일이라는 것을 기억하자. 누가 시켜서 할 수 있는 일이 아니기 때문이다. 다른 가족에게 R.E.A.L.을 가르치는 것이 아니라 본보기를 보이는 것을 목표로 해야 한다. R.E.A.L.을 실천하면 더 행복해질 수 있다는 것을 보여주자.

당신이 먼저 노력하는 모습을 보여주면 배우자와 아이들도 따라할 것이다. 시간이 걸릴 수 있지만 점차 당신의 머리와 가슴이 다르게 반응하고 행동할 것이다.

## 책임감

### 보상

책임감이란 주어진 역할을 수행하고, 장기적 목표를 향해 나아가며, 올바른 일을 하고자 하는 의지를 말한다. 책임감이 강한 사람은 발 벗고 나서서 문제를 해결한다. 책임지는 것은 힘든 일이지만 그 과정에서 인격이 길러진다. 책임감은 훌륭한 시민이 되기 위해 갖추어야 할 기본적인 덕목이다.

책임감의 동의어인 '성실성(Conscientiousness)'은 인생의 성공과 관련 있다고 하는 5대 특성(외향성, 친절함, 솔직함, 정서적 안정, 성실성) 중 하나이다. 성실한 사람은 학교에서나 직장에서나 사람들과의 관계에서나 훌륭한 성과를 얻는다. 또한 오래도록 행복한 결혼생활을 유지하는 것과도 관련이 있다.

책임감이란 단지 애완동물 우리를 치우거나 쓰레기를 내다버리는 것이 아니라, 무엇이 필요한지 살피고 생각하는 것이다. 화분의 흙이 말랐다거나 화장실에 휴지가 떨어진 것을 알아차리는 것 같은 작은 일들도 포함된다. 책임감이 있는 사람은 우유를 다 먹으면 새로 사서 냉장고에 넣어두거나 우유가 떨어졌다고 알린다. 누가 청하지 않아도 "제가 도와드릴게요"라고 말한다. 보상이 돌아오지 않아도 기꺼이 그렇게 한다.

책임감이 강한 사람은 어려움을 극복하는 투지를 가지고 있다. 역경에

굴하지 않고 실행하며 인내하고 노력한다. 그러면서 때로는 실망하고 실패할 수 있으며 노력과 헌신은 결과보다 중요하다는 것을 배운다. 비틀스 멤버였던 폴 매카트니의 딸 스텔라는 「뉴욕타임스」와의 인터뷰에서 패션 디자이너로 사회에 첫발을 내디딜 때 아버지의 도움을 받을 생각을 하지 않았느냐는 질문에 이렇게 대답했다. "우리 가족은 그런 식으로 하지 않아요. 스스로 일어서야 해요."

## 문제점

가사 분담을 공평하게 하는 가정은 그리 많지 않다. 대개는 부부 중 한 사람이 더 많이 일하며, 아이들은 거의 아무것도 하지 않는다. 가사 분담 문제는 섹스와 돈 다음으로 부부갈등의 원인이 된다.

당신은 속으로 '우리 가족은 가사 분담은커녕 옷을 벗어서 빨래 바구니에 넣지도 않는다'고 생각할지도 모르겠다. 하지만 당신의 가족만 그런 것이 아니다. 정도의 차이는 있지만 대부분의 가정에서 남편이나 아내가 가사를 회피하거나 아이들이 손가락 하나 꼼짝하지 않는다며 난색을 표했다. 억지로 뭔가를 시키려고 하다가는 가정이 아닌 전쟁터가 되고 만다. 이 문제는 부부싸움으로 끝나지 않는다. 이런 가정에서 자란 아이들이 결혼하면 똑같이 행동하기 때문에 지난 몇 세대에 걸쳐 '가사 분담 전쟁'이 계속되어온 것이다. 이 문제는 8장에서 자세히 다루겠다.

## 연습

가사 분담으로 인한 전쟁의 빈도를 줄이는 방법에 대해 알아보기 전에 먼저 당신은 가정에서의 책임에 대해 어떤 생각을 가지고 있는지 돌아보자.

'충분히 하고 있다' 또는 '대부분을 하고 있다'고 느끼는가? 돈벌이, 가사, 청구서 납부, 육아, 정원일, 가계부 쓰기, 도시락 싸기 등 가정을 꾸리기 위해 필요한 모든 일을 포함시켜서 생각해보자.

당신 혼자서 그 모든 일을 하고 있는가? 충분히 하고 있으므로 더 이상은 할 수 없다거나 할 필요가 없다고 생각하는가? 어떤 역할을 자진해서 하고 있는가, 아니면 어쩔 수 없이 하는가? 다음에 나오는 점검표 A와 점검표 B 중에 당신에게 해당되는 점검표를 선택해서 답을 해보자.

## 점검표 A: 내가 가사를 도맡아서 하는 이유

배우자와 아이들을 염두에 두고 당신에게 해당되는 문항에 체크해보자.

☐ 1. 내가 직접 하는 것이 더 빠르다.
☐ 2. 입씨름을 하고 싶지 않다.
☐ 3. 내가 더 잘한다.
☐ 4. 다른 사람을 힘들게 하고 싶지 않다.
☐ 5. 다른 사람이 하고 있는 것을 보고 있으면 답답하다.
☐ 6. 남편/아내가 못 하는 척하거나 배우려고 하지 않는다.
☐ 7. 나는 어릴 때부터 가사를 도맡아서 해왔다.
☐ 8. 하루 종일 일이나 공부를 하고 돌아온 배우자/아이들에게 미안하다.
☐ 9. 가족들이 나를 미워할 것 같다.
☐ 10. 내가 원하는 기준에 미치지 못할 것 같아서 시키지 않는다.

당신이 선택한 점검표에 대한 다음의 설명을 읽어보자. 당신의 문제가 무엇인지 알았으면, 또 다른 점검표에 대한 설명을 마저 읽고 배우자의 입장을 알아보자.

**점검표 A**

'내가 가사를 도맡아서 하는 이유'에서 다섯 가지 이상의 문항에 체크했다면 당신은 더 이상 책임감을 느낄 필요가 없다. 당신에게 필요한 것은 뒤로 물러서서 자신의 역할에 대해 다시 생각해보고 가족의 도움을 받는 것이다.

또한 당신이 체크한 문항들을 다시 읽어보자. 혼자서 모든 일을 하는 이유는 스스로 원해서인가, 아니면 어쩔 수 없어서인가? 가족의 도움을 받지 않는 다른 이유—동정심, 두려움, 방어—가 있는가? 아니면 당신이 더 빨리 더 잘할 수 있다고 생각하기 때문인가? 어떤 이유로든, 과중한 책임으로 인한 대가를 치르고 있는 것은 아닌지 생각해보자. 잘못하면 결국 가족을 원망하는 마음이 생길 수도 있다(아니면 이미 원망하고 있을지도 모른다). 무엇보다 나쁜 것은 가족 구성원들이 참여할 기회를 빼앗고 있는 것이다.

당신을 위한 모범답안

♥ 배우자와 아이들이 가사를 분담하기를 원하는 환경을 조성하라. 당신은 가족들과 책임을 분담할 마음의 준비가 되어 있는가? 아이에게는 요구하지 않으면서 배우자에게만 잔소리를 하지는 않는가? 그리고 자기도 모르게 스스로 과중한 책임을 지고 있지 않은지 냉정하게

생각해보라. 만일 가족이 다 함께 가사에 참여하기를 원한다면 책임을 나누어야 한다.

♥ **배우자와 아이들의 제안을 받아들여라.** 당신의 기준에 맞추려고 하지 말고 그들의 방식으로 참여하게 하자. 그들이 하는 것을 보면서 초조해지거나 화가 난다면 당신 자신에게 물어보자. "이 일을 내 방식대로 하는 것이 중요한 걸까?" 사소한 부분까지 일일이 참견하지 말고 당신의 방식대로 하는 것이 정말 중요한지 생각해보라.

♥ **속도를 늦춰라.** 혼자서 모든 것을 하는 사람은 종종 일을 서둘러 끝내려고 하는 경향이 있다. 아이가 울 때, 서둘러 안아주기보다는 잠시 멈추어 생각하는 베이비 위스퍼의 S.L.O.W. 원칙—멈추고(Stop), 듣고(Listen), 관찰하고(Observe), 무슨 일이 일어나고 있는지 알아내는(What's up)—은 여기서도 필요하다.

♥ **도움을 청하라.** 자신이 가족에게 도움이 된다고 생각하면 모두들 기꺼이 참여할 것이다. "우리 가족은 네가 없으면 안 돼"라고 말하는 것은 "나 혼자 다 하려니까 힘들어 죽겠다"라고 불평하는 것과 완전히 다르다. 전자는 가족을 생각하는 말이고, 후자는 원망하는 말이기 때문이다.

### 점검표 B

'내가 가사에 좀 더 참여하지 않는 이유'라는 점검표를 선택했다면 아마 당신은 집에서 해야 하는 일을 하지 않고 있다는 비난을 받고 있을 것이다(아니면 비난을 느끼고 있을 것이다). 얼마나 많은 문항에 체크했는가? 홀수의 문항들은 당신의 성격, 어릴 적 가정교육, 현재의 상황에 문제가 있다

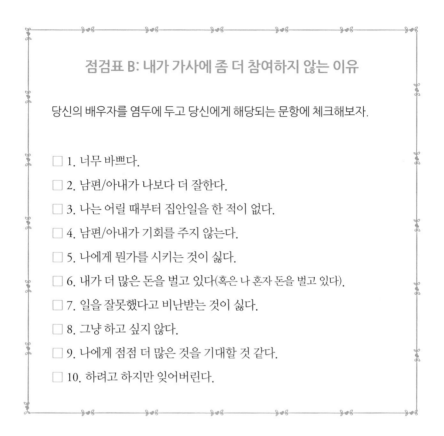

## 점검표 B: 내가 가사에 좀 더 참여하지 않는 이유

당신의 배우자를 염두에 두고 당신에게 해당되는 문항에 체크해보자.

☐ 1. 너무 바쁘다.

☐ 2. 남편/아내가 나보다 더 잘한다.

☐ 3. 나는 어릴 때부터 집안일을 한 적이 없다.

☐ 4. 남편/아내가 기회를 주지 않는다.

☐ 5. 나에게 뭔가를 시키는 것이 싫다.

☐ 6. 내가 더 많은 돈을 벌고 있다(혹은 나 혼자 돈을 벌고 있다).

☐ 7. 일을 잘못했다고 비난받는 것이 싫다.

☐ 8. 그냥 하고 싶지 않다.

☐ 9. 나에게 점점 더 많은 것을 기대할 것 같다.

☐ 10. 하려고 하지만 잊어버린다.

는 것을 말해준다. 짝수의 문항들은 당신의 문제가 배우자의 요구나 기대와 관련 있다는 것을 말해준다. 당신이 체크한 문항들을 다시 읽어보자.

당신을 위한 모범답안

♥ 가족의 일원이 어떤 의미인지 생각해보라. 바쁜 일과에 쫓기듯이 사는 것을 좋아하는 사람은 없다. 가족 중에 어느 한 사람이 부당하게 모든 책임을 져야 한다면 결국 그 피해는 가족 모두에게 돌아간다.

만일 가족 모두가 참여해야 한다는 생각을 지지한다면 하고 싶지 않은 일이라도 나서서 해야 한다!

♥ 책임을 지는 것은 우리 자신, 가족과의 관계, 그리고 가정을 위한 선택이라는 사실을 기억하라. 당신은 자신이 얼마나 가사에 참여하고 있는지 알고 있을 것이다. 비난을 듣는 것도 당신이 선택한 것이다.

♥ 무조건 하라. 직장이나 조직에서 업무를 하듯이 가사도 책임감을 가지고 해야 한다. 힘들고 불편해도 함께 해야 한다. 운동할 때는 피곤함과 지루함을 이겨내고 반복적으로 연습해서 근육을 키워야 하듯 가사 분담도 원칙과 추진력을 필요로 한다.

## 공감

### 보상

공감은 다른 사람의 입장에서 생각할 줄 아는 능력을 말한다. 공감은 사랑과 관련 있기 때문에, 주로 사랑하는 사람에게 가장 잘 공감한다. 하지만 어떤 사고 또는 자연재해 현장을 목격하거나 슬픈 영화를 볼 때처럼 낯선 사람들에게도 공감을 느낄 수 있다.

공감 능력은 선천적인 부분도 있고 후천적인 부분도 있다. 인간에게 공감 능력이 없었다면 인류는 지금까지 생존하지 못했을 것이다. 인간은 다른 동물들보다 무력하게 태어나며 자립할 수 있을 때까지 오랜 시간이 걸린다. 하지만 아기는 울음으로 공감과 반응을 이끌어내고, 그러면서 자신의 행동이 다른 사람들에게 영향을 미칠 수 있음을 알게 된다.

사람 사이의 연결은 공감을 기반으로 한다. 우리는 관찰, 생각, 기억, 지식, 추리의 복잡한 상호작용을 통해 타인의 생각과 감정을 이해한다. 그리고 공감을 통해 상대방의 입장을 이해하고 다툼과 의견 충돌을 줄일 수 있다. 공감 능력은 서로를 이해하고 인내할 수 있게 한다. 가족 중에 누군가 기대에 어긋나는 말이나 행동을 해도 그것을 개인적인 감정으로 받아들이지 않을 수 있다. 상대방을 이해하면 기꺼이 협조하게 된다.

## 문제점

공감 능력은 타고나기도 하지만 연습으로 익힐 수도 있기 때문에 아이들에게 본보기를 보이고 가르쳐야 한다. 각자 바쁘게 움직이다보면 가족도 서로에 대한 관심과 배려가 부족해질 수 있다. 예를 들어 배우자가 지치고 우울한 표정으로 집에 들어오면, 당신도 힘든 하루를 보냈다고 하더라도 일단 심호흡을 하고 한 걸음 뒤로 물러서라. 당신이 부탁한 식료품을 사오지 않았다고 비난하는 대신, "괜찮아요. 없으면 없는 대로 먹으면 되죠"라고 말하자. 하지만 이런 반응을 보이려면 자제력과 의식과 연습이 필요하다.

또한 부모의 과보호와 경쟁심은 아이들에게 도움이 되지 않는다. 승자독식의 세상을 사는 요즘 부모들은 때로 아이의 승리나 패배를 자신의 것처럼 느끼기도 한다. 아이의 감정과 동화되어 불안감이나 불편함을 느끼면 판단력이 흐려질 수 있다. 게다가 부모의 연민이나 동정심은 아이를 나약하게 만들 수 있다. 아이들은 실망감, 실수, 상실, 실패를 삶의 일부로 인정하는 법을 배워야 한다. 부모가 감싸고돌면 아이는 다음에 오는 충격을 견디기가 점점 더 어려워진다.

## 연습

당신의 공감 능력이 어느 정도인지 알아보자. 선천적으로 공감을 잘 하는 사람이 있는 반면, 기질적으로 조급하고 성급해 공감 능력이 낮은 사람이 있다. 주어진 환경도 공감 능력에 영향을 미친다. 출신 배경, 가정교육, 사람들과의 관계가 유전적 요소를 활성화시킬 수 있기 때문이다. 76쪽의 '당신의 공감 능력은 어느 정도인가?'라는 질문에 답을 해보면 당신의 EQ 수준이 어느 정도인지 대충 짐작할 수 있을 것이다.

앞에 나왔던 공감 능력 검사 결과와 상관없이, 사람은 누구나 어느 정도 공감 능력을 가지고 있다. 다만 사람에 따라 더 공감이 잘되거나 특별히 힘들게 느껴지는 상황이 있다. 아이가 떼를 쓰고 울거나 무례하게 행동하거나 형제들이 싸우거나 배우자가 매일 늦게 귀가하는 것을 인정하고 이해하는 것은 누구에게나 쉬운 일이 아니다. 특히 다른 곳에 정신이 팔려 있거나 우울하거나 불안할 때는 공감 능력이 저하된다. 또한 사회성이 부족하거나 까다롭고 고집이 센 사람은 공감 능력이 낮은 경향이 있다.

사람은 누구나 부주의하게 행동할 때가 있다. 그럴 때는 단지 잠깐 실수한 것인지, 뭔가가 과거의 감정을 불러일으킨 것인지, 공감 능력이 부족한 것인지 돌아볼 필요가 있다. 어떤 사람이 격한 감정을 표현할 때 당신이 느끼는 반응에 주목해보자. 예를 들어 아들이 학교 합주반 선발에 탈락했다며 울고 있다고 하자. 그때 당신이 반응하는 방식은 그 순간에 느끼는 감정과 지금까지 배우고 경험한 것에 따라 달라질 수 있다. 당신은 아들이 탈락한 것을 부당하다고 느낄지 모른다. 열심히 연습하고 노력했으니 당연히 단원이 되어야 하는 것 아닌가? 또는 아이의 감정에 지나치게 동화된 나머지 당신의 어린 시절이 기억나면서 갑자기 화가 날 수도

# 당신의 공감 능력은 어느 정도인가?

다음 질문들은 공감 전문가 사이먼 배런코언이 감성지수$^{EQ}$를 알아보기 위해 고안한 검사 방법으로, 원래 60 문항으로 되어 있다. 그중 3분의 1은 공감 능력과 무관하다. '공감 능력이 높다' 문항 중 3분의 1에 '동의한다' 또는 '어느 정도 동의한다'고 답한다면 공감 능력이 높은 것이다. 그리고 '공감 능력이 낮다' 문항 중 3분의 1에 '동의한다' 또는 '어느 정도 동의한다'고 답한다면 공감 능력이 낮은 것이다. 이 검사는 온라인(http://www.guardian.co.uk/life/table/0,, 937442.html)으로 해볼 수 있다. 아래는 공감 능력과 관련된 문항만 발췌한 것이다. 어느 쪽에 더 많은 답을 하는지 알아보자.

## 공감 능력이 높다

□ 다른 사람이 대화에 끼어들기를 원하면 금방 알아차릴 수 있다.

□ 사람들을 보살피는 일을 좋아한다.

□ 누군가가 하는 말의 숨은 의도를 금방 알아차린다.

□ 타인의 입장에서 생각하는 것이 어렵지 않다.

□ 타인의 감정을 짐작할 수 있다.

□ 어떤 사람이 어색하거나 불편해하는 것을 금방 알 수 있다

□ 사람들과 자연스럽게 어울린다.

□ 남이 느끼고 생각하는 것을 잘 이해한다는 말을 자주 듣는다.

□ 내 이야기를 상대방이 재미있어하는지 아닌지 쉽게 알 수 있다.

□ 대화할 때 나보다는 상대방의 경험에 대해 더 많이 이야기한다.

□ 동물 학대를 보면 화가 난다.

□ 뉴스에서 고통받는 사람들을 보면 화가 난다.

□ 친구들이 자주 고민을 털어놓는다.

□ 상대방이 말하지 않아도 내가 방해가 되는지 알 수 있다.

□ 다른 사람의 감정을 직감적으로 바로 이해할 수 있다.

- ☐ 상대방이 무슨 말을 하려는 것인지 쉽게 파악한다.
- ☐ 사회규범을 자연스럽게 이해한다.
- ☐ 다른 사람들이 어떤 행동을 할지 짐작할 수 있다.
- ☐ 친구의 문제에 감정적으로 휘말리는 경향이 있다.
- ☐ 상대방의 관점에 동의하지 않는다고 해도 이해는 할 수 있다.

## 공감 능력이 낮다

- ☐ 내 생각을 사람들이 이해하기 쉽게 설명하기가 어렵다.
- ☐ 사회적 상황에서 어떻게 행동해야 하는지 잘 모른다.
- ☐ 사람들은 내 행동이 너무 지나친 경우가 종종 있다고 말한다.
- ☐ 친구들과 만날 때 늦는 것을 별로 개의치 않는다.
- ☐ 어떤 행동이 무례한 것인지 판단하기 어려울 때가 종종 있다.
- ☐ 대화를 하다보면, 상대방보다 내 생각에 초점을 맞출 때가 잦다.
- ☐ 어릴 때 벌레의 몸통을 떼어내면서 놀았다.
- ☐ 때때로 사람들이 괴로워하는 이유를 이해하기 어렵다.
- ☐ 내가 하는 말에 상대방이 화를 내면 그에게 문제가 있다고 생각한다.
- ☐ 누군가 자신의 머리 모양이 어떠냐고 물으면, 별로일 때도 그냥 솔직하게 대답한다.
- ☐ 사람들이 어떤 말에 화를 내는 이유를 모를 때가 있다.
- ☐ 어떤 사람들은 나를 무례하다고 여긴다.
- ☐ 다른 사람들의 감정을 생각하지 않고 결정을 내릴 수 있다.
- ☐ 사람들은 때로 내 장난이 너무 지나치다고 말한다.
- ☐ 다른 사람들이 종종 내가 무감각하다고 말하는데, 그 이유를 모를 때가 있다.
- ☐ 내가 다니는 모임에 처음 온 사람을 보더라도, 알아서 어울리겠거니 하고 내버려둔다.
- ☐ 영화를 볼 때 보통 감정적으로 초연하다.

있다. 과거가 아닌 현재의 상황에 집중하라. 다행히 적절한 공감 능력은 연습을 통해 발달시킬 수 있다.

당신을 위한 모범답안

♥ 상대방의 입장을 이해하려고 노력하라. 그렇다고 상처를 주는 행동을 묵인하라는 것은 아니다. 존중의 기준을 낮추거나 동정하라는 것도 아니다. 다만 잠시 테이프를 멈추라는 것이다. 그러고 나서 상대방과 다시 연결하면 수위를 낮출 수 있을 것이다.

그린 부부의 열두 살 딸 케이티는 가족 드라마의 주인공이다. 요즘 케이티는 시도 때도 없이 훌쩍거리거나 꼬박꼬박 말대꾸를 한다. 엄마인 사라는 딸이 버릇없이 행동할 때 두 가지 반응 중 하나를 선택할 수 있다. 하나는 벌컥 화를 내면서 야단을 치는 것이다. 이렇게 하면 케이티는 10대 아이들이 그렇듯이 반항을 할 것이고, 상황은 악화될 것이다. 다른 하나는 엄마 자신의 부정적인 반응을 돌아보고, 심호흡을 하면서 천천히 생각하는 것이다. 그 자리에서 아이의 버릇을 고치겠다고 윽박지를 것인지, 아이 입장에서 생각해볼 것인지 선택할 수 있다.

"잠시 멈추어서 생각해보면 아이를 이해할 수 있어요. 제게는 사소한 문제일지 모르지만 아이들 세계에서는 중요한 문제인 거죠." 그래서 사라는 케이티가 가족에게 화풀이하는 것은 절대 용납할 수 없다는 것을 분명히 하면서, 동시에 아이를 지나치게 몰아세우기보다는 빠져나갈 수 있는 '여지'를 마련해준다. "정말 화가 났겠구나. 누구라도 그럴 때는 화가 나고 혼란스러울 거야. 그렇다고 엄마에게 소리를 지르면 안 되지. 일단 마음을 진정시키고 나서 나중에 이야기하자."

♥ 각자의 자리를 지켜라. 공감 능력은 상대방과 적절한 거리를 유지하는 것도 포함된다. 심리학자 데이비드 슈나치는 부부들을 위한 워크숍에게 두 사람이 각자 다른 배에 타고 강을 건너가는 상상을 하라고 조언한다. 가족 역시 각자 배를 타고 함께 여행하는 작은 함대라고 생각하자.

배우자와 아이들의 인생은 당신의 인생이 아니다.

어떤 부모는 "단지 도와주려고 하는 것뿐이에요!"라고 자신의 행동을 합리화할지 모른다. 하지만 공감은 '뭔가를 해주는 것'이라기보다는 '함께하는 것'이다. 성급한 판단을 내리기보다는 상대방에게 귀를 기울이고 상대방의 입장에서 생각해보자. 이것은 존중과 사랑 위에 확고한 관계를 수립하기 위해 반드시 필요한 기본적인 태도이다. 상대방이 자신을 돌아보고 보다 나은 선택을 하도록 할 수 있다면 결국 서로에게 좋은 일이다. 그는 자기 옆에 누군가 있다는 것을 알고 용기를 내어 계속 새로운 모험에 도전할 것이다.

♥ 공감의 본보기를 보여준다. 아이들은 네 살 전까지 공감 능력이 거의 발달하지 않는다(80~82쪽 참고). 하지만 부모가 간단하게 본보기를 보여주는 것으로 공감 능력을 길러줄 수 있다. 누군가 슬퍼하고 있을 때 관심을 보여주자. 현실이나 미디어에서 보이는 약자들 편에 서자. TV 드라마나 뉴스를 보면서 어떤 문제에 공감하는지 토론하자. 예를 들어 수술을 받고 퇴원한 이웃집 할머니에게 더 건강해 보인다는 인

# 공감 능력 발달 단계: 1세에서 10세까지

아이의 발달 단계에 맞추어 공감 능력을 길러줄 수 있는 방법을 생각해보자.

| 아이의 발달 수준 | 부모가 도와줄 수 있는 방법 |
|---|---|

**1~3세 영아기**

아기들은 태어난 지 24시간 안에 눈을 맞추고 사람 얼굴을 쳐다본다. 이것은 보호자로부터 감정이입을 이끌어낸다. 기본적인 공감 능력은 18개월 이후에 나타난다. 타인의 고통을 인지하기 시작하고 자신에게 안정감을 주는 인형이나 담요 같은 물건에 애착을 형성한다. 자부심과 수치심을 느낄 수 있지만 자제력은 부족하다.

아이의 욕구를 충족시키고 안전한 환경을 만들어준다. 이야기하고 노래를 불러주고 안아준다. 말을 알아듣지 못한다고 해도 보이는 것들을 설명해준다. 소리를 지르거나 나무라지 않는다. 지나치게 칭찬하지 않는다. 감정에 대해 설명하고 다른 사람들이 어떻게 느끼는지 말해준다. 그림과 사진에서 행복한 표정이나 슬픈 표정을 보여주면서 감정 표현에 대해 알려준다.

**4~5세 유아기**

감정 폭발이 줄어들고 자제력과 참을성이 생긴다. 과자를 줄 때까지 기다릴 수 있고, 옳고 그름을 구분하며 혼자 놀 수 있다. 자아에 대한 기본적인 이해를 가지고 있다. 표현하는 능력이 부족하다. 다른 사람들을 즐겁게 해주려고 하지만 타인의 관점을 이해하려면 대체로 네 살은 되어야 한다.

지금까지 해온 것처럼 계속 예의 바르게 행동할 것을 상기시킨다. 버릇없이 행동하거나 칭얼거리면 반응을 보이지 말자. 상상력을 사용해서 역할놀이를 한다. 전철을 타고 가면서 다른 승객들은 어떤 기분을 느끼고 있을지 이야기한다. 인내심과 기다림이 필요한 게임을 한다. 다른 아이를 때리는 행동을 하면 그 아이가 어떤 느낌일지 이야기한다. 책과 TV를 보면서 보살핌에 대해 이야기한다. "저 아이는 동생을 어떻게 도와주었을까?" 어려도 남을 도와주면 기분이 좋아진다는 개념을 이해할 수 있다. 아이가 공감하는 행동을 하는 순간을 포착해서 칭찬한다.

| 아이의 발달 수준 | 부모가 도와줄 수 있는 방법 |
|---|---|

4
~
5세

"엄마가 장을 보느라고 무척 피곤했는데, 네가 짐을 들어주어 정말 고맙구나. 엄마를 도와주니까 너도 기분 좋지?"

대여섯 살이 되면 타인의 관점을 인식할 수 있다. 하지만 상대방 입장에서 생각하는 능력은 아직 부족하다. 여덟 살에서 열 살쯤에는 무심코 하는 행동과 의도적인 행동의 차이를 알 수 있다. 열 살에서 열한 살쯤에는 다른 사람들의 입장을 이해하지만 항상 친절하게 행동하거나 도움을 주고자 하지는 않는다. 능력의 차이를 인식하고 자긍심이 발달한다. 문제를 해결하고 대안을 찾는 능력이 발달한다.

6
~
10세

초등학교 저학년기

점차 더 많은 것을 요구하라. 가족을 도우면서 아이는 새로운 능력과 관대함을 배울 수 있다. 방해나 무례한 행동은 용납하지 않으며, 칭찬을 남발하지 않고, 아이가 옳은 일을 했을 때만 한다. 부모가 곁에 없을 때 일어나는 일에서 아이가 느끼는 두려움을 이해하고 존중한다. 아이가 느끼는 감정이 어떤 것인지 알려주고 "선생님이 너에게 깃발을 들라고 했을 때 자랑스러웠겠구나", "로비의 초대를 받지 못해서 실망했겠구나" 등 일상의 대화 속에서 감정에 대해 이야기한다.

충동을 조절하고 즉각적인 만족을 유보하는 연습을 시킨다. 아이가 느끼는 실망감이나 상실감에 귀를 기울이되 서둘러 위로를 하거나 해결책을 제시하지 않는다. 아이에게 일어난 일들뿐 아니라 당신도 하루를 어떻게 보냈는지 이야기하자. 아이가 주변 사람들에게 관심을 갖도록 상기시키자. "할머니, 파리 여행은 어땠어요?" 일상적인 대화에도 공감을 표현한다. 동생이 아직 말을 잘 하지 못할 때 옆에서 도와주는 것을 보면 칭찬해준다. "정말 친절하구나. 엘리아가 힘들어하는 것을 알고 도와주는구나." 후원단체에 기부할 돈을 저축하거나 봉사단체에 참여하는 기회를 제공하자.

사말을 건네거나, 보이지 않는 곳에서 서비스를 해주는 사람들에게 감사하는 마음을 표현하는 것 같은 작은 관심이 누군가에게는 큰 힘이 될 수 있으며 또한 우리를 성숙하게 한다.

기회가 있을 때마다 연습하면 시간이 가면서 점차 공감 능력이 향상된다.

## 진정성

### 보상

트레이시는 종종 "사람은 언행이 일치해야 한다"는 말을 했다. 그녀는 약속을 틀림없이 지키는 정도가 아니라 진정성 그 자체였다. 다른 사람들이 뭐라고 하든 뚜렷한 주관을 가지고 살려면 용기와 실천, 정직이 필요하다. 항상 완벽한 진정성을 보여줄 수는 없지만 진실해지기 위해 노력해야 한다.

진정성은 원만한 인간관계와 삶에 대한 긍정적인 태도와 관련이 있다. 진실한 사람은 긍정적인 감정을 많이 느끼고 부정적인 감정은 적게 느끼는 경향이 있다. 영국의 한 연구팀은 진정성을 "전반적으로 행복한 삶을 살아가기 위해 필요한 특성 중 하나"라고 결론지었다. '진정성 수준'이 높은 사람들은 또한 성공하는 사람들의 다섯 가지 특성을 갖추고 있다. 활달하고 유쾌하고 양심적이고 마음이 열려 있고 정서가 안정적이다. 또 다른 연구에서는 진정성을 마음의 건강과 관련지었다. 진정성을 가진 사람들은 보다 독립적이고, 자기 자신을 있는 그대로 받아들이며, 적응을 잘 할 뿐 아니라, 개인적으로 발전하고, 인생의 목적을 가지고 있으며, 대인 관계가 원만하다는 것이다.

그렇다고 해서 삶을 향상시키는 긍정적인 특성이 진정성에서 비롯되는 것은 아니다. 진정성이 행복으로 연결되는 것인지, 아니면 행복이 진실해질 수 있는 용기를 주는 것인지는 아무도 모른다. 아마 둘 다 맞을 것이다. 어떤 식으로든 진정성은 행복 방정식에 중요한 요소이며, 가족의 경우에는 특히 더 그렇다.

학자들은 화목한 가정의 조건으로 솔직한 대화를 항상 꼽는다. 한 연구자는 진정성에 대해 "진정성은 단지 거짓말을 하지 않는 것이 아니라 거짓된 삶을 살지 않는 것"이라고 말했다. 진정성을 가진 사람은 화를 내기도 하고 실수도 하는 인간적인 모습을 보여준다. 그리고 부모로서 잘못한 일이 있으면 아이들에게 사과하기도 한다. 그럼으로써 가족 모두가 자신을 있는 그대로 보여줄 수 있는 환경을 조성한다.

## 문제점

진정성을 유지하기란 쉬운 일이 아니다. 어른들에게는 어릴 때부터 가정 교육과 문화로부터 배운 '당황하는 모습을 보이지 마라', '약점을 잡히지 마라', '진심을 드러내지 마라'와 같은 규칙들을 가지고 있다. 어른들은 체면을 중시한다. '번듯한' 직업을 가지고 있는지, '그들'의 마음에 들게 옷을 갖추어 입었는지 신경 쓴다. 그러나 부모가 진실한 모습을 보이지 않으면, 아이들이 부모와 똑같이 살게 만드는 결과를 낳는다.

아마 당신은 욕구를 밖으로 드러내지 않는 가정에서 자랐을지도 모른다. 그래서 감정이나 생각을 자유롭게 표현하지 못했을 수도 있다. 따라서 감정은 중요하지 않다거나 감정을 표현하는 것은 적절하지 않다고 믿고 있을지도 모른다. 진실을 말하면, 상대방의 마음을 아프게 하거나 질투나 불화를 야기할 수 있다고 두려워할 수도 있다. 가장 사랑하는 친구들과 함께 있을 때도 당신의 머릿속에서는 한 무리의 악마들이 속삭인다. "창피당하지 않으려면 속마음을 털어놓지 마! 네 본모습을 보여주면 너를 사랑하지도 받아주지도 않을 거야. 너를 거부하고 버릴 거라고!"

우리가 진실을 말하지 않는 이유는 어린 시절의 기억 때문만이 아니다. 물질만능주의 세상에서 살다보면 우리가 정말 원하고 필요로 하는 것이 무엇인지 모를 수 있다. 모든 것을 갖춰야 한다는 메시지가 쉴 새 없이 쏟아져 들어오기 때문이다.

하지만 모든 것을 가진 사람이 반드시 행복한 것은 아니다. 사람들을 행복하게 해주는 것이 무엇인지 연구한 자료들을 보면 돈은 그다지 중요하지 않은 것 같다. 한 연구는 물질적 목표를 추구하는 것은 우울하고 불안한 감정뿐 아니라 친밀한 관계를 맺지 못하는 것과 관계있음을 보여준다. 진정성 있는 삶을 살기 위해서는 우리 자신에게 이런 질문을 해볼 필요가 있다.

'이것은 정말 내가 우리 가족에게 원하는 것인가, 아니면 가족은 어떠해야 한다는 누군가의 생각을 따라가고 있는 것인가?'

## 연습

먼저 85쪽의 질문에 답하고 나서 계속 읽어 내려가자. 당신이 답한 결과를 보면 진정성의 수준을 알 수 있을 것이다.

## 당신은 얼마나 진정성 있는 삶을 살고 있는가?

다음 문항들은 연구자들이 사용하는 진정성 검사에서 발췌한 것이다. '과학적'인 방법은 아니지만 당신이 어느 정도 진정성을 가지고 생활하는지 이해하는 데 도움이 될 것이다. 각 문항에 1점(나와는 전혀 다르다)에서 7점(나를 아주 잘 묘사하고 있다)까지 점수를 매긴 뒤 86쪽에서 당신의 점수가 무엇을 말해주는지 확인해보자.

_____ 1. 사람들에게 잘 보이려고 애쓰기보다 나 자신으로 사는 것이 낫다고 생각한다.

_____ 2. 내가 느끼는 감정을 잘 모르겠다.

_____ 3. 다른 사람들의 의견에 많은 영향을 받는다.

_____ 4. 나는 보통 다른 사람들이 시키는 대로 한다.

_____ 5. 항상 다른 사람들의 기대에 부응해야 한다는 부담감을 느낀다.

_____ 6. 다른 사람들에게서 많은 영향을 받는다.

_____ 7. 나 자신을 잘 모르는 것 같다.

_____ 8. 나는 항상 내가 믿는 것을 지킨다.

_____ 9. 대체로 나 자신에게 솔직하다.

_____ 10. '진정한 나 자신'과 멀리 있다고 느낀다.

_____ 11. 나의 가치관과 믿음에 일치하는 삶을 살고 있다.

_____ 12. 나 자신으로부터 분리된 느낌이 든다.

2번, 7번, 10번, 12번은 사람들이 얼마나 자기 자신과 유리된 삶을 살고 있는지 측정한다. 만일 이들 문항에 1~3점을 준다면 자기 자신과 어느 정도 가깝게 살고 있는 것이다. 5~7점을 준다면 자기 자신과 동떨어진 상태에 있으므로 생각과 행동이 항상 일치하지 않을 것이다. 사람은 충격을 받으면 자신과 분리되기도 한다. 또한 절망에 빠진 아이들은 자신의 욕구에 귀를 기울이지 않는다. 자신과 분리되어 있는 사람들은 대체로 스트레스와 불안감의 수준이 높다.

1번, 8번, 9번, 11번은 우리의 외적 자아가 내적 자아와 어느 정도 일치하는지를 측정한다. 아무에게나 속마음을 털어놓거나 항상 진실만 말하는 사람은 없다. 하지만 이 문항들에 5~7점을 줬다면, 당신은 자신의 감정과 생각, 가치관, 믿음과 일치하는 말과 행동을 한다고 볼 수 있다.

3번, 4번, 5번, 6번은 당신이 외부의 영향을 어느 정도 받고 있는지, 무심코 다른 사람들의 생각에 따라 살고 있는 것은 아닌지 측정한다. 사람들은 대부분 다수가 하는 대로 따라간다. 때로는 대립을 피하기 위해 어쩔 수 없이 그럴 수도 있다. 이 문항들에 5~7점을 줬다면, 다른 사람들의 의지나 의견에 쉽게 굴복하지 않도록 노력할 필요가 있다. 심지가 굳지 못하고 쉽사리 마음이 흔들리는 사람들은 대체로 자긍심이 낮고 우울증에 잘 빠진다.

우리가 어릴 때부터 어떤 짐을 지고 살아왔는지 돌아보는 것도 도움이 될 수 있다. 예를 들어 길다 벤슨의 아버지는 사업에 수차례 실패하고 좌절감에 빠져 살면서 종종 아내와 아이에게 화풀이를 했다. 길다는 불행했던 어린 시절을 회상한다. "아빠는 엄마를 함부로 대했고, 나를 조롱하고 창피를 주었죠. 저는 누구의 관심이나 사랑을 받을 자격이 없다고 느끼면서 자랐어요."

길다는 결혼한 후에도 그러한 열등감에서 벗어나지 못했다. 그녀는 자신을 위해 뭔가 하는 것에 죄책감을 느끼고 부끄러워했다. 새 옷을 사면 남편이 알지 못하도록 즉시 태그를 떼어내고 쇼핑백을 숨기곤 했다. 그녀는 남편이 원하는 여자로 살려고 노력하면서 자신보다 남편의 욕구를 중요하게 생각했다. 남편의 손님에게 저녁상을 차려서 대접하고도 설거지를 혼자 했고, 그동안 남편은 소파에 앉아서 쉬게 했다. 그녀는 심지어 헤어스타일마저 남편이 원하는 것을 따랐다.

"남편이 저를 떠났을 때는 엄청난 충격을 받았어요. 하지만 그 덕분에 실상을 알게 되었습니다. 저는 평생 거짓된 삶을 살았어요." 심리치료사의 도움으로 길다는 이제 더 이상 어린 시절의 '적'을 머릿속에 넣고 다닐 필요가 없다는 것을 깨달았다. 혼자 일곱 살이 된 아이를 키우며 살고 있는 그녀는 아직도 어린 시절의 악마들과 싸우고 있지만, 이제는 그들의 말에 쉽게 넘어가지 않는다.

당신을 위한 모범답안

♥ 일상생활에서 당신이 진실을 말하는 순간에 주목하자. 『거짓말 (Lying)』의 저자인 샘 해리스는 진실하게 사는 것은 손에 거울을 들고 놓지 않는 것과 같다고 말한다. 왜냐하면 진실하게 살기 위해서는 매 순간 자신을 돌아봐야 하기 때문이다.

사실, 우리가 매일 부딪치는 상황, 도전, 결정에 항상 진실한 반응을 보이기는 쉽지 않다.

문득 불편한 생각이 스치고 지나간다. '요즘 술을 먹으면 자주 필

름이 끊어진다. 술을 너무 많이 마시는 것 아닌가?'

아들의 떼쓰기가 점점 심해지고 있다. '교사가 ADHD 검사를 받아보라고 한 것과 관련 있는 것일까?'

이런 생각이 들 때 당신은 솔직한 답을 하고 있는가? 당신에게는 언제나 선택권이 있다. 현실을 외면할 수도 있고, 아니면 직시할 수도 있다. 지금까지 늘 하던 대로 행동할 수도 있고, 아니면 이렇게 질문해볼 수도 있다. "나에게 정말 중요한 것은 무엇인가?", "내가 하는 판단은 진실한가?" 이런 질문을 하는 것은 겁쟁이라서가 아니다. 우리 가족을 더 행복하고 더 건강하게 만들기 위해서다.

♥ 경청하는 연습을 하자. 우리가 진심으로 귀를 기울이면 상대방도 진실해진다. 상대방이 하는 말이 불편해도 귀를 기울이자. 선승인 데이비드 시켄 애스터는 '경청'을 하기 위해서는 상대방과 온전하게 함께해야 하고, 그래야 유대감이 형성된다며, "경청은 우리가 다른 사람들에게 줄 수 있는 축복이다"라고 말한다. 사람은 인정받을 때 더 진실해진다는 것이 연구를 통해 입증되었다. 배우자와 아이들의 이야기에 귀를 기울일 때, 우리는 그들에게 '있는 그대로 표현해도 괜찮고, 나는 아무런 판단 없이 들을 것이며, 상대의 감정을 부정하지 않고 받아들일 수 있다'는 무언의 메시지를 보내게 된다.

베이비 위스퍼의 기본 원칙은 존중하고 받아들이는 것이다. 트레이시는 각각의 가족 주위에 '존중의 원'을 그려서 그들이 독립적인 존재라는 것을 상기하라고 조언했다. 가족이라고 해도 우리 마음대로 바꿀 수는 없다. 그들을 있는 그대로 받아들여야 한다. 그렇지 않으면 개인의 성장을 제한할 수 있다.

## 진정한 가족 중심으로 돌아가기

유행을 따라가지 않고 살기 위해서는 용기가 필요하다. 특히 소비가 당연시되는 문화에서는 마음을 단단히 먹어야 한다. 다른 부모들에게서 압력을 받은 적이 있다면, 다음에는 어떻게 대처할 것인지 생각해두자.

"아니요, 우리는 아이가 열 살이 되어도 휴대전화를 사주지 않을 거예요."

"애야, 꼭 다른 아이들이 신는 운동화를 신어야 하는 것은 아니야."

"코치님, 미안하지만 숀은 이번 주말에 경기를 할 수 없습니다. 증조할아버지 할머니 결혼 70주년 기념일에 가야 해서요."

"축구팀에서 뛰는 것도 좋지만, 우리 아이에게는 가족과 함께 보내는 시간이 더 필요해요."

"우리 아이는 토요일에 학원 대신 할아버지 집에서 지낼 거예요. 거기서 더 많은 것을 배울 수 있어요."

"우리는 이번 여름에 테니스 클럽에 등록하지 않기로 했어요. 우리 동네에서 주관하는 공원 가꾸기 같은 프로그램에 참여하려고 해요. 다양한 사람들을 만나는 것은 우리 가족 모두에게 좋은 경험이 될 거예요."

♥ 분수에 맞는 생활을 하자. 아네트 라로의 인터뷰에서 중산층 부모들은 경제적인 여유가 없어도 아이들에게 끝없이 베푸는 것을 당연하게 여겼음을 알 수 있었다. 하지만 그들은 아무 생각 없이 남들을 따라하는 경향도 있었다. 따라서 심각한 문제가 생기기 전에 가정형편을 고려하고, 각자의 가치관을 점검해볼 필요가 있었다.

한 가지 분명한 것은 개인들의 재능을 살려주고 더 즐겁고 편안한 생활을 위해 돈을 쓰는 것은 잘못이 아니라는 점이다. 하지만 아이가 원하지 않는 공부나 활동을 시키는 것은 옳지 않다. 또한 빚을 내어 쓰는 것 역시 옳지 않다. 각성과 의식이 필요하다. 가정형편이 어떤지 알고 분수에 맞게 살고 있는지 생각해야 한다.

또한 소비가 아닌 가족 간의 연결을 통해 삶을 풍요롭게 하는 방법을 찾아보는 것도 필요하다. 코빈 하이타워는 "가장 괴로운 것은 아이들이 가고 싶어 하는 곳에 데려가지 못하거나 하고 싶어 하는 것을 해주지 못하는 것이죠. 그럴 때는 가슴이 아파요"라고 말했다. 하지만 현실을 무시하고 빚을 내어 쓴다면 훨씬 더 큰 문제가 생긴다. 레스토랑이나 쇼핑몰에 가는 것보다 가족이 함께 즐겁고 의미 있는 시간을 보내는 방법을 찾아보도록 하자.


## 사랑으로 인도하다

### 보상

사랑은 아무리 베풀어도 지나치지 않다. 연구자들은 사랑과 애정을 심신의 건강과 화목한 가정의 기본 조건이라고 말한다. 사랑으로 인도한다는 것은 무엇보다 보살핌과 지원을 우선으로 하는 것을 의미한다. 아무런 조건 없이 사랑하는 것을 의미한다. 상대방이 우리를 실망시키고 화나게 해도 사랑하는 것을 의미한다. 마음을 가다듬고 차분하게 대응하는 것이 쉽지 않을지라도 사랑으로 인도해야 한다. 그러면 결국 서로 용서하고 용서받을 수 있다. 모든 것은 양방향이기 때문이다.

사랑으로 인도한다는 것은 또한 가족에 대한 믿음을 의미한다. 그들이 이기심이나 욕심이나 다른 의도를 가지고 행동한다고 여기지 않는 것을 의미한다. 법정에서는 용의자의 유죄가 증명되기까지 무죄라는 무죄추정의 원칙을 적용한다. 가족에게도 그렇게 해야 한다.

사랑으로 인도하는 것은 다투지 말라는 것이 아니다. 감정을 억제하거나 얼렁뚱땅 넘어가라는 것이 아니라, 무심하거나 불친절한 말을 하지 않는 것이다.

가족을 사랑으로 인도하는 것은 우리 자신을 위해서도 유익하다. 사람은 누구나 화날 때가 있다. 하지만 폭력적인 말이나 행동을 자제할 수 있을 때 우리 자신에 대해 더 만족할 수 있고 보다 원만한 대인관계를 유지할 수 있다. 무엇보다 가장 큰 보상은 가족의 유대가 긴밀해지는 것이다.

## 문제점

사랑으로 인도하기 위해서는 공감 능력, 친절함, 열린 마음과 같은 긍정적 특성들과 함께 자제력이 필요하다. 순간적으로 화날 때, 그 감정을 인정하는 동시에 다스릴 수 있어야 한다. 반응하기 전에 의식을 사용해야 한다. 사람들의 기질은 모두 다르다. 천성적으로 충동적인 사람들은 그 순간에 자신이 무슨 말이나 행동을 하는지 잘 모른다.

뒤뚱거리며 달려와 품에 안기는 아이를 사랑으로 인도하는 것은 어렵지 않다. 음식점에서 나오며 뒷사람을 위해 문을 잡아주는 여덟 살 아이를 사랑으로 인도하는 것은 어렵지 않다. 남편이 아무 이유 없이 샴페인 한 병을 들고 집에 돌아왔을 때, 시키지도 않았는데 빛이 바랜 덧문에 페인트칠을 할 때, 그를 따뜻하고 친절하게 대하는 것은 어렵지 않다.

하지만 아이가 떼를 쓰고 하루 종일 칭얼거릴 때는 어떤가? 중학생 딸이 오빠에 대해서 투덜거릴 때나, 남편이 집에 와서 뚱한 얼굴을 하고 있을 때, 가족을 정성껏 보살펴도 각자 자신의 감정에만 몰두해 있다면 어떤가? 이럴 때는 가족을 사랑으로 인도하는 것이 부질없게 느껴질 수 있다.

직장에서 좌절감을 느낄 때, 어떤 일에 정신을 집중해야 할 때, 도움받기를 거부하는 노부모를 상대하며 힘든 하루를 보낼 때 가족을 사랑으로 인도하기는 어렵다. 그럴 때 우리는 심리학자 로이 바우마이스터가 말한 것처럼 '자아의 고갈'을 경험한다. 진이 빠져서 생각이나 감정, 행동을 조절하기 어려운 상태가 되는 것이다. 바우마이스터는 한 연구에서 피실험자들이 당근보다는 갓 구운 쿠키를 선택하는 것을 보고 "의지력은 근육처럼 과도하게 사용하면 지치는 것 같다"는 결론을 내렸다. 이 말은 가정이 종종 자제력의 시험장이 되는 이유를 설명해준다.

다음과 같은 상황이 대표적이다. 아홉 살 팔리는 전학을 와서 낯선 사람들을 만나고 새로운 규칙을 배우고 더 어려워진 공부를 해야 한다. 지친 아이는 집에 오면 심술을 부리고 말을 듣지 않는다. 바우마이스터의 이론에 따르면, 저녁을 먹기 전에 손을 씻으라는 말에 팔리가 화를 내며 화장실 문을 쾅 닫고 들어가는 것은 스트레스 때문이 아니다. 에너지가 고갈되었기 때문이다. 그런 상황에서는 엄마의 에너지도 같이 고갈되기 때문에 사랑으로 인도하려면 상당한 노력이 필요하다. 하지만 엄마는 성인이므로 힘들어도 사랑으로 인도할 수 있어야 한다. 다행히 몇 가지 방법이 도움이 될 수 있다.

## 연습

사랑으로 인도하는 힘은 쉽게 고갈될 수 있지만, 다시 채울 수도 있다. R.E.A.L.을 갖추는 것과 마찬가지로 이 문제도 사람마다 각각 출발점이 다르다. 우선 94쪽의 '자제력 수준' 검사에서 당신의 자제력이 어느 정도인지 다른 사람들과 비교해보자. 자신의 자제력 수준을 알면 좀 더 의식적으로 감정을 다스리고 사랑으로 인도할 수 있을 것이다.

사실, 가족은 기대대로 움직여주지 않는다. 남편은 분리수거를 잊어버리고, 아이는 옷도 갈아입지 않은 채 TV를 보며, 10대에 들어선 아이는 핑계를 대고 요리조리 빠져나간다. 이런 가족을 사랑으로 인도하기는 쉽지 않다.

항상 사랑으로 인도할 수 있는 사람은 없다. 하지만 우리는 지금보다 더 잘할 수 있다. 의식과 연습을 통해 어떤 상황에서도 친절하게 반응하는 자제력을 기를 수 있다.

### 당신을 위한 모범답안

♥ 어떤 말이나 행동을 하기 전에 생각부터 하라. 잠시 멈추어 가족이 얼마나 소중한지 생각하면서 스스로에게 질문해보자.

# 당신의 자제력 수준은?

다음 질문은 2004년 사회과학자들이 자제력 측정에 사용하기 위해 고안한 것이다. 아래 문항에 각각 1(전혀 그렇지 않다)에서 5(매우 그렇다)까지 점수를 매겨보자.

| | 점수 | 진짜 점수 |
|---|---|---|
| 1. 나는 유혹에 넘어가지 않는다. | | |
| 2. 나쁜 습관에서 벗어나기가 어렵다. | | |
| 3. 게으르다. | | |
| 4. 부적절한 말을 한다. | | |
| 5. 나에게 좋지 않은 것이라도 재미있으면 한다. | | |
| 6. 나를 위해 좋지 않은 것은 거절한다. | | |
| 7. 자제력이 좀 더 강하면 좋겠다. | | |
| 8. 사람들은 내게 강철 같은 의지를 가졌다고 말한다. | | |
| 9. 즐기고 노느라고 가끔 해야 할 일을 하지 못한다. | | |
| 10. 집중력이 약하다. | | |
| 11. 장기적인 목표를 향해 노력할 수 있다. | | |
| 12. 어떤 것은 하지 말아야 한다는 것을 알아도 멈출 수가 없다. | | |
| 13. 종종 다른 대안들을 검토해보지 않고 행동한다. | | |

1, 6, 8, 11번 문항에 적은 점수를 '진짜 점수' 칸에 그대로 옮겨 적는다. 2, 3, 4, 5, 7, 9, 10, 12 문항에 적은 점수는 숫자를 거꾸로 바꾸어서 (5=1, 4=2, 3=3, 2=4, 1=5) '진짜 점수' 칸에 적는다.

'진짜 점수'를 모두 더한다. 이 검사를 만든 팀의 일원인 심리학자 준 탱니에 따르면 '다양한 대학생 그룹'의 평균 점수는 39점이었으며, 그들 중 68퍼센트 정도는 31과 48 사이에 있었다. 31점 미만이면 평균보다 자제력이 낮은 것이고, 48 이상이면 자제력이 평균보다 높다고 볼 수 있다.

ⓒ Blackwell Publishing, 2004

가족관계를 향상시키려면 내가 어떻게 해야 할까?

이 질문을 항상 염두에 두자. 관계를 위해 어떻게 해야 할지 생각하자. 소리를 지르거나 자리를 박차고 나가면 일시적으로는 화가 풀릴지 모른다. 하지만 충동을 자제하고 동정적인 반응을 보이는 것이 개인적인 행복과 건강한 관계를 유지하는 비결이다.

♥ 에너지가 고갈되기 전에 다시 채운다. 비행기를 타면 승무원이 아이들과 함께 여행하는 탑승객들에게, 유사시에는 어른이 먼저 산소마스크를 쓰고 나서 아이들을 도와주라고 말한다. '숨쉬기'가 힘들어지면 집중력이 떨어지기 때문이다. 이 조언은 일상생활에서도 적용된다. 우리가 가지고 있는 에너지는 제한적이므로 몸과 마음을 혹사시키지 말아야 한다.

자아 고갈은 미리 예방할 수 없지만 에너지 고갈의 신호는 알 수 있다. 감정을 부적절하게 드러내는 것은 분명한 위험 신호다. 짜증이 나고 실수를 하는 것은 보다 미묘한 신호다. 배가 고프거나 피곤하면 에너지가 고갈될 수 있다. 몸이 불편하거나 일이 힘들거나, 휴식이 부족하면 가족을 사랑으로 인도하기 어려워진다.

이런 신호들에 주목해서 에너지를 재충전하자. 잠을 자거나 운동을 하거나 몸과 마음에 영양을 주는 음식을 먹는 것으로 원기를 회복하자. 게임, 인터넷, TV 시청 등을 너무 오래 하지 않고, 설탕처럼 몸에 좋지 않은 음식을 줄인다. 몸을 돌보면 마음과 정신도 회복된다. 친구를 만나서 함께 저녁식사를 하거나 가벼운 운동을 하면서 기분 전환을 하는 시간도 필요하다.

♥ 종교는 우리를 보다 큰 세상과 연결한다. 가족, 건강, 우울증, 고독에 대한 연구에 항상 '영성'과 '종교'라는 단어가 등장하는 것은 우연이 아니다. 영성은 우리를 보다 큰 세상과 연결해주고 윤리적인 나침반이 되어준다. 제도적인 종교를 믿지 않아도 잠깐씩 멈추어서 감사하는 시간을 가질 수 있다. 그 시간은 우리가 속도를 늦추고 일상에서 잠시 벗어날 수 있는 신성한 공간을 창조한다.

식사 전에 기도를 하자고 하면 아이들이 비웃을지도 모른다. 의식을 진행하는 동안 안절부절 못하거나, 종교 행사에 가기 위해 옷을 차려입는 것이 성가시다고 느낄 수도 있다. 언젠가는 이런 것들을 거부할지도 모른다. 하지만 어떤 식으로든 신성한 장소를 마련하고 옳고 그름에 대해 이야기하는 시간을 갖는 것은 아이들을 사랑으로 인도하는 방법이 될 수 있다.

## 완벽한 가족과 R.E.A.L. 가족은 어떻게 다른가?

완벽을 추구하는 사람들은 보통 사회, 부모, 친구들이 말하는 가족에 대한 이상이나 어린 시절의 환상을 꿈꾸며 자신의 기준에 맞추어 가족을 한 줄로 세우려고 한다.

하지만 완벽한 가정은 있을 수 없다! 가족 구성원들이 R.E.A.L.(책임감, 공감, 진정성, 사랑)을 갖추고 함께 노력할 수 있을 뿐이다. 가정생활은 예측할 수 없고 혼란스러우며 노력이 필요하다는 것을 받아들여야 한다. R.E.A.L.을 갖춘 가족은 개인의 욕구를 존중하며 각자의 장단점을 알고 화목한 가정을 위해 함께 노력한다.

이 장에서 이야기한 내용을 모두 기억하기는 어렵더라도 한 가지는 잊지 않도록 하자. R.E.A.L.을 갖추는 것은 연습할수록 수월해진다는 것이다. 시간이 지나면서 조금씩 달라지는 것을 느낄 것이다. 가족이 모두 함께 노력한다면 더 좋겠지만 혼자 연습해도 차이가 나타날 것이다. 언젠가는 '완벽한' 가족은 아니지만 R.E.A.L. 가족이 될 것이다. 가족 모두 개인적으로 유능해지고 관계는 돈독해질 것이다. 어떤 어려움도 수월하게 헤쳐나가는 가족이 될 것이다.

물론 하루아침에 되는 일은 아니다. 걸음마 단계를 거쳐야 한다. 빈센트 반 고흐도 "위대한 일은 작은 일들이 모여서 이루어진다"라고 하지 않았던가.

**가족 수첩: 당신 가족은 얼마나 R.E.A.L.한가?**

모든 가족은 세 가지 구성 요소가 저마다 특별한 조합을 이루고 있다. 화목하고 행복하고 사랑이 넘치는 가족들도 R.E.A.L.이 작용하는 방식은 모두다르다. 우리는 각자 과거의 경험, 오래된 믿음, 특별한 조건과 과제를 안고 가족이라는 항아리 안에 담겨 있다. 당신의 가족은 R.E.A.L.의 네 가지덕목을 어떻게 보여주고 있는가?

♥ 당신과 배우자는 책임감이 강한가? 아이들에게 가사 분담을 시키는가?

♥ 당신은 아이들에게 공감을 보여주고 가르치고 있는가? 한 아이에게특별히 더 많은 공감을 표시하는가? 공감을 동정심과 혼동하는가?

♥ 당신은 가족 모두와 진정성을 가지고 대화를 나누는가? 어떤 말을 하는지, 어떤 어투를 사용하는지 생각해보자.

♥ 당신은 말과 행동이 일치하는가? 당신의 가족은 진실한 삶을 살고 있는가?

♥ 당신은 매일 최선의 모습을 보여주기 위해 노력하는가? 자기조절의본보기가 되고 있는가? 신앙을 가지고 있는가? 자애와 용서와 관용을실천하고 있는가?

**4장**

# 관계를
# 먼저 생각하라

분수에 맞게 살기
사랑하되 의지하지 않기
변명하지 않고 듣기
화내지 말고 말하기
아낌없이 베풀기
편 가르지 말고 함께하기

니나 로베르타 베이커

# 관계를 잘해야 행복하다

마흔세 살의 엘리자베스 웨일은 숨이 멎을 정도로 아름다운 풍경 사진들을 보며 자신이 그곳에서 '도망치고' 싶어 했다는 사실이 믿기지 않는다. 해발 3,353미터에 위치한 치킨풋 레이크에서 찍은 사진들이다. 당시 그녀는 시부모, 남편, 그리고 두 딸과 함께 '흙먼지' 속에서 캠핑을 하고 있었다. 그런 곳에서 가족 휴가를 보내기로 한 것은 보스턴 교외의 편리한 주거환경에서 자란 그녀의 생각이 아니었다. 하지만 그녀는 결혼생활을 하려면 타협이 필요하다는 것을 알고 있었다. 그 여행은 야외활동과 자연을 사랑하는 남편을 응원해주기 위한 것이었다.

그녀는 평생 모든 일에 전력을 다하며 살았다고 생각했다. 그리고 '그럭저럭 잘하고 있는' 결혼생활을 더 잘해보기로 했다. 그녀는 남편을 구슬러 함께 부부 워크숍에 나가고 심리치료사들을 만나 속마음을 털어놓았다. 그 과정은 불편하기도 했지만 결혼생활의 저변에서 무슨 일이 일어나고 있는지 들여다보는 계기가 되었다. 그리고 1년여에 걸친 탐색 과정을 기록해서 『바람피우지 않기, 죽지 않기(No Cheating, No Dying)』라는 책을 펴냈다.

그 책의 원고를 완성할 즈음에 우연히 그녀는 캘리포니아 북부의 자연과 고통스러운 밀회를 하게 되었다. 그동안 그녀는 부부관계는 헌신과 자제력이 요구된다는 것을 배웠고, 치킨풋 레이크에서의 캠프는 그 두 가지를 연습하는 기회였다. 그녀는 경치를 즐기는 것은 고사하고 텐트 안에서 아이와 씨름하며 불만을 속으로 삭여야 했다. "모기에게 뜯기고 탈수 증에 시달리고 불결한 환경을 견디면서 결혼에 대한 회의를 느꼈어요."

그런데 그날 저녁 뜻밖에 댄이 그녀를 한쪽으로 데려가더니 눈을 들여다보며 말했다. "당신은 이런 곳에서 휴가를 보내고 싶지 않았을 거야. 그런데 나를 위해 이렇게까지 해주다니 정말 고마워." 그녀는 감동 받았다.

그가 내 마음을 알아주는구나! 나는 긴장이 풀어지는 것을 느꼈다. 그 순간에는 우리가 부부 수업에서 배운 그 부자연스러운 '경청법(긍정적인 말로 시작해서 서로의 감정을 비춰주고 타협점을 찾아가는 방법)'이 필요하지 않았다. 나는 잘생기고 햇볕에 그을린 남편을 위해 어떤 불편도 감수할 수 있었다. 왜냐하면 그에게는 그런 삶의 방식이 무엇과도 바꿀 수 없는 것이기 때문이다. 그것으로 충분했다.

1년 동안 관계에 대한 책을 읽고 연구하고 다양한 훈련을 받은 덕분이었을까? 아니면 40대가 되면서 갑자기 철이 든 것일까? 댄이 결혼생활 탐구를 함께해주었기 때문일까? 아니면 그 모든 것이 작용한 것일까? 그 원인이 어디에 있든 그녀는 기적적으로 인생의 한고비를 넘겼다.

엘리자베스처럼 자발적으로 1년을 꼬박 결혼생활 탐구에 집중할 시간이나 의지가 있는 사람은 드물다. 하지만 그녀의 이야기에서 우리는 화목한 가족들이 관계를 가장 중요하게 여기는 이유를 알 수 있다.

> 관계를 잘하는 가족은 화목하다. 그리고 관계를 우선하면서 노력하고 우리 자신에게 솔직해질수록 더욱 행복해진다.

## 연결은 왜 중요한가?

가족의 세 가지 구성 요소는 따로 또 함께 가정생활에 영향을 미치지만 무엇보다 가족과 가정은 관계를 기반으로 발전한다. 우리의 선조들은 일찌감치 뭉치면 살고 흩어지면 죽는다는 것을 알고 있었다. 그들은 힘을 합쳐 난폭한 대형 동물에 맞서 싸우며 살아남았다. 관계는 어떤 다른 요소보다 인류가 발전하고 훗날 지구를 정복한 원동력이었다.

사실 현대사회는 좀 더 복잡하다. 우리의 의식 수준과 미래에 대한 전망은 선조들을 훨씬 뛰어넘는다. 하지만 사회적 체계는 이전이나 다름없이 우리에게 관계를 추구하도록 요구한다. 과거와 마찬가지로 우리는 생존하고 번창하기 위해 타인들을 필요로 한다. 관계를 잘하는 사람은 가정생활이 원만하다.

많은 연구 결과들이 계속해서 관계가 무엇보다 중요하다는 것을 보여준다. 가장 가까운 가족과의 관계는 우리의 뇌와 신체에 엄청난 물리적 영향을 미친다. 건강한 가족관계는 행복, 건강, 생산성, 성공으로 연결된다. 가족관계를 통해 어른들은 과거의 상처를 치유하고 아이들은 미래의 관계를 연습하며 인생에서 어떤 일이 일어나도 헤쳐나갈 수 있는 힘을 얻는다. 사랑하는 가족이 곁에 있다는 것은 성장을 위한 지원과 기회의 자원을 가지고 있는 셈이다.

모든 관계 중에서 가족관계가 가장 중요하다. 가족관계는 가장 가깝게 연결되어 있고 가장 오래 유지된다. 일상, 책임, 물리적 공간, 인생의 가장 큰 일 등을 함께한다. 힘든 하루를 보내거나 어느 날 뜻하지 않은 일이 생겨도 사랑하는 가족이 우리 손을 잡아주면 훨씬 수월해진다.

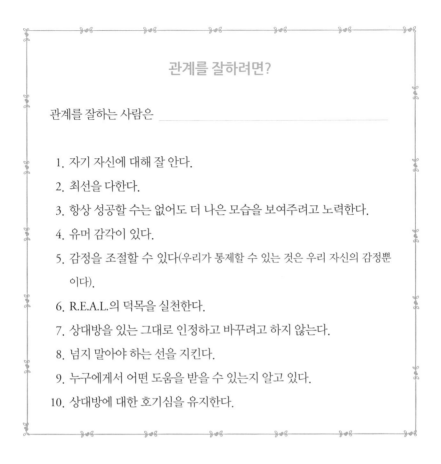

## 관계를 잘하려면?

관계를 잘하는 사람은 _____

1. 자기 자신에 대해 잘 안다.

2. 최선을 다한다.

3. 항상 성공할 수는 없어도 더 나은 모습을 보여주려고 노력한다.

4. 유머 감각이 있다.

5. 감정을 조절할 수 있다(우리가 통제할 수 있는 것은 우리 자신의 감정뿐이다).

6. R.E.A.L.의 덕목을 실천한다.

7. 상대방을 있는 그대로 인정하고 바꾸려고 하지 않는다.

8. 넘지 말아야 하는 선을 지킨다.

9. 누구에게서 어떤 도움을 받을 수 있는지 알고 있다.

10. 상대방에 대한 호기심을 유지한다.

가족은 개인에게 커다란 압력과 부담이 될 수도 있다. 하지만 관계가 돈독한 가족은 위안과 행복감을 준다. 그렇다고 해서 갈등이 전혀 없다는 것은 아니다. 가족으로부터 도망치고 싶은 날도 있을 것이다. 그렇게 힘들 때는 심호흡을 하고 내면으로 들어가서 보다 나은 우리의 현명한 자아와 만날 수 있어야 한다('현명한 자아'에 대해서는 9장에서 설명하겠다). 상대방을 기만하거나 통제하거나 변화시키려고 하지 말고, 각자 주관을 지키는 동시에, 엘리자베스의 말처럼 "세상을 마주할 수 있는 힘과 용기"를 주는 "충분히 훌륭한"* 가족관계를 위해 노력해야 한다.


## 모든 관계마다 문제점이 다르다

모든 관계를 하나로 뭉뚱그려서 이야기하는 이번 장이 이상할 수도 있을 것이다. 두 명의 어른 사이에서 일어난 역학관계를 아이와 어른 사이, 혹은 아이와 아이 사이의 관계와 비교하는 것은 무리가 있다. 다음 장에서 지적하겠지만, 어른들 사이의 관계에서도 각각 요구하는 것이 다르다.

하지만 '3요소 시점'으로 보면 모든 관계에 공통점이 있음을 발견할 수 있다. 모든 가족관계에는 다음과 같은 기본 원리가 적용된다.

관계는 양방향이다. 주는 만큼 받는다는 속담이 있듯이, 모든 관계는 두 사람이 서로를 대하는 방식에 달려 있다. 만일 엘리자베스가 치킨풋 레이크에서 투덜거리고 불만을 터트렸다면, 분명 남편은 전혀 다른 반응을 보였을 것이다. "나는 처가에 자주 가잖아. 그런데 당신은 우리 부모님과 함께 며칠 캠핑하는 것도 불만이군. 왜 그렇게 이기적이지?"

엘리자베스와 댄의 불화는 또한 아이들과 시부모에게도 영향을 미쳤을 것이고, 그 여행은 모두에게 완전히 다른 경험이 되었을 것이다.

우리는 관계에 따라 다양한 모습을 보여준다. 관계는 저마다 특징이 있

---

* 엘리자베스의 말처럼, "충분히 훌륭한 엄마는 아이가 정서적으로 건강한 성인"으로 자라게 한다. 엘리자베스는 그녀의 책에서 "목표는 행복이 아니라 인내심과 융통성으로 정의되는 정신적인 건강"이라는 것을 강조하기 위해 "충분히 훌륭한 결혼"이라는 표현을 사용했다.

## 가족 간의 관계에서 R.E.A.L.을 기억하기

가족과의 연결을 유지하면서 R.E.A.L.에 힘쓰자.

♥ 책임(Responsibility) 어른답게 행동한다. 당신 자신의 기질을 알고 자제력을 발휘해 부정적 감정을 건설적인 방식으로 표현하자. 감정에 휘말릴 때는 타임아웃을 청하자.

♥ 공감(Empathy) 상대방의 입장에서 생각해본다. 당신과 관점이 다른 것은 틀린 것이 아니다. 상대방이 다르게 생각하는 이유를 이해하려고 노력하자. 이해가 되지 않으면 물어보자.

♥ 진정성(Authenticity) 솔직해진다. 당신이 느끼고 생각하는 것을 이야기하자. 그렇지 않으면 감정에 사로잡히거나 도망치고 싶어질 것이다.

♥ 사랑으로 인도하기(Leading with love) 상대방에게 최선을 다하고 상대방도 그렇게 해주기를 기대한다. 우리가 먼저 긍정적으로 대하면 상대방도 긍정적으로 반응할 가능성이 높다.

다. 1장에서 지적했듯이, 모든 관계는 공동 작업이며, 각자의 개성과 기대, 과거(개별적인)의 기억, 현재가 요구하는 것(배경)이 한 데 섞여 있는 고유한 실체이다. 일방적인 관계는 없으며 모든 관계가 특별한 선물과 도전을 제시한다. 따라서 관계에 따라 우리가 하는 역할(배우자나 부모)뿐 아니라 우리가 가지고 있는 여러 가지 특성들이 드러난다. 말하고 행동하는 것, 주고자 하는 것, 그리고 우리 자신까지 변화한다.

타인과 나누는 모든 상호작용은 관계를 풍성하게 하기도 하고 망가뜨

리기도 한다. 최고의 관계에서는 상대방이 우리를 있는 그대로 사랑해주고 지원해주는 것을 느낄 수 있다. 그리고 각자가 두 사람 모두에게 도움이 되는 선택을 한다. 엘리자베스의 자제력과 남편의 공감—그는 아내가 힘든 것을 참으며 캠핑하고 있음을 알아주었다—은 그들을 더욱 가까워지게 했다. 어른들이 솔선수범하면 아이들은 자연스럽게 서로 주고받는 것을 배운다. 훌륭한 관계에서는 두 사람이 서로를 존중하고 친절을 베풀고 귀를 기울이고 도움을 준다. 서로가 상대방에게 소중한 존재라고 느낀다.

관계는 움직이는 과녁이다. 관계는 시간의 흐름에 따라 계속 변화한다. 우리는 전작에서 '겨우 익숙해지려고 하면 모든 것이 변한다'는 이야기를 했다. 하루, 1년, 10년이 지나면서 관계는 우리가 생각하지 못한 방식으로 전개된다. 그 영원한 움직임을 멈출 방법은 없다. 변화는 우리 삶의 일부이다. 변화를 수용하면 관계를 발전시키는 선택을 할 수 있다.

관계에서 통제할 수 있는 것은 우리 자신뿐이다. 우리는 상대방을 조종하거나 관리할 수 없고 그래서도 안 된다. 하지만 각자가 행동하고 말하는 방식은 두 사람이 함께 추는 춤을 변화시킬 수 있다. R.E.A.L.을 갖추고 우리 자신의 행동을 모니터한다면 가족에게 본보기가 되는 최선의 모습을 보여줄 수 있다.


## 관계 점검하기

관계를 발전시키기 위해서는 어떻게 행동해야 하는지에 대해 우리는 이미 많은 것을 알고 있다. 몇 년 전, 페이스북 사용자들에게 "당신은 관계

## 보통 부모들에게서 듣는 가족관계에 대한 조언

트레이시는 종종 베이비 위스퍼러 포럼을 통해 정보를 수집했다. 다음은
우리가 페이스북 사용자들에게 "아이나 어른과의 관계에서 배운 가장 중
요한 교훈은 무엇인가?"라는 질문을 해서 얻은 답이다.

♥ 동정심이 필요하다.

♥ 완벽해지려고 하지 말자.

♥ 사소한 일에 전전긍긍하지 말자. 대부분은 사소한 일이다.

♥ 타협이 필요하다.

♥ 상대방이 겪는 어려움을 이해하려고 노력한다.

♥ 의지할 수 있는 사람들. 인내심, 큰 그림을 보는 것.

♥ 유머 감각

♥ 헌신

♥ 화내지 않기

♥ 헌신, 타협, 지원, 긍정적인 태도. 좋은 말이 아니라면 침묵한다.

♥ 청하지 않은 조언은 하지 않기

♥ 무조건적 사랑

♥ 관심

♥ 가까운 사람과의 관계는 두 사람 사이의 문제이며 어느 누구도 알지
  못한다.

에서 가장 중요한 것이 무엇이라고 생각하는가?"라는 질문을 한 적이 있다. 이 질문에 대한 사람들의 답변은 연구를 통해 얻은 결과와 놀라울 정도로 유사했다. 당신도 몇 가지 조언을 추가할 수 있을 것이다.

사실 가장 어려운 부분은 아는 것을 행동으로 옮기는 것이다. 모든 관계는 세 가지 요소로 이루어진다. 자신과 상대방, 그리고 두 사람의 상호작용이다. 모든 관계에는 두 사람의 감정과 개성, 욕구가 복잡하게 얽혀 있다. 아무리 유익한 조언이라고 해도 실제로 그것을 실행에 옮기려면 잠시 멈추어서 우리가 하는 행동을 자각하고 관계에 도움이 되는 방법을 선택할 수 있어야 한다.

이제부터 "나 자신에게 솔직해지자"라는 주문을 외우는 것으로 훌륭한 선택을 하는 법에 대해 이야기하겠다. 이 방법은 가족관계뿐 아니라 다른 대인관계에서도 사용할 수 있다. 우선 우리가 하는 행동에 대한 자각을 높이기 위해 다음과 같은 질문을 하는 것으로 시작해보자.

각각의 관계에서 나는 어떻게 행동하는가?
상대방은 어떤 모습을 보여주는가?
두 사람은 서로에게서 어떤 면을 이끌어내는가?

상대방이 아이든 어른이든 상관없다. 이 질문들은 우리 자신에게 솔직해지고 보다 의식적인 선택을 하는 데 도움이 된다. 다시 말하지만, 관계에서 통제할 수 있는 것은 우리 자신뿐이다. 다음과 같이 가족수첩에 가족의 명단을 적어보자. 그리고 앞으로 설명하는 '관계를 위한 10가지 질문'을 읽으면서 그들과의 관계에 대해 생각해보자.

**가족수첩: 당신의 관계 명단에는 누가 포함되는가?**

배우자, 자녀, 전 배우자, 부모 등을 포함해 가장 가까운 가족 명단을 만들어보자. '관계를 위한 10가지 질문'에 대한 설명과 예를 읽어본 뒤 당신의 가족 중 누군가를 생각하면서 질문해보자. 이 명단에는 형제자매, 삼촌, 조부모, 사촌, 친구, 친척도 추가할 수 있다. 더 나아가 직장 상사, 베이비시터, 가정부, 친한 친구와의 관계에 대해서도 생각해보자.

## 관계를 위한 10가지 질문

### 1. 나 '자신'과 나의 문제를 관계 방정식에 포함시키고 있는가?

우리 자신을 아는 것은 관계 맺기에서 중요한 부분이다. 우리는 관계에 따라 여러 가지 측면을 드러내 보인다. 아이에게는 친절하고 다정하지만 배우자에게는 공격적인 행동을 하고 질투를 할 수 있다. 형제는 서로에게 경쟁적이거나 방어적인 측면을 드러낼 수 있다.

관계에 대한 연구들을 보면, 관계가 발전함에 따라 상대방에 대한 평가가 계속 바뀌기 때문에, 한 심리학자는 "한때의 미덕은 악덕이 되기도 한다"고 말했다. 처음에 여자는 남자의 자상한 성격에 끌렸지만 언제부턴가 숨이 막히는 것을 느낀다. 처음에 남자는 여자의 논리적인 사고에 끌렸지만 지금은 결벽증처럼 느껴지고 짜증이 난다. 엄마는 아들이 어릴 때 개구쟁이 짓을 하면 귀엽게 여겼지만 이제는 언제 철이 들지 걱정된다.

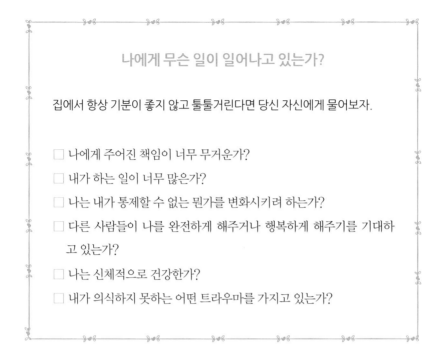

### 나에게 무슨 일이 일어나고 있는가?

집에서 항상 기분이 좋지 않고 툴툴거린다면 당신 자신에게 물어보자.

☐ 나에게 주어진 책임이 너무 무거운가?

☐ 내가 하는 일이 너무 많은가?

☐ 나는 내가 통제할 수 없는 뭔가를 변화시키려 하는가?

☐ 다른 사람들이 나를 완전하게 해주거나 행복하게 해주기를 기대하고 있는가?

☐ 나는 신체적으로 건강한가?

☐ 내가 의식하지 못하는 어떤 트라우마를 가지고 있는가?

어떤 사람과의 관계에서 냉정하고 방어적이 되거나 멀어진 느낌이 든다면 최근에 당신 자신이 무슨 생각을 하고 어떤 감정을 느끼는지 돌아보자. 거울에 당신 내면의 모습을 비춰보자.

'나에게 무슨 일이 일어나고 있는가?' 점검표에 답을 해보면 당신의 속마음을 알 수 있을 것이다. 신체적으로나 정신적, 감정적으로 지쳐 있을 때는 타인을 이해하기 어렵다. 반면에 적극적이고 유연하고 기민한 상태일 때는 보다 나은 관계를 맺을 수 있고, 마음이 편안해야 관계를 더욱 발전시킬 수 있다.

## 2. 고운 말을 하고 있는가?

할머니가 자주 인용하던 '꿀로 더 많은 파리를 잡는다'라는 속담이 있다. 이처럼 우리가 대화를 어떻게 시작하느냐에 따라 배우자나 아이가 반응하는 방식이 달라질 수 있다. 상대방을 존중하고, 친절하게 대하면 존중과 친절을 담은 반응이 돌아올 것이다. 가족과 대화를 시작할 때는 아래와 같은 두 가지 방식을 선택할 수 있을 것이다.

| 목록 1 | 목록 2 |
|---|---|
| 내가 도와줄까? | 그럴 줄 알았어. |
| 네가 원하면 그렇게 해도 돼. | 또 일을 저질렀구나. |
| 네 기분이 어떨지 알아. | 내가 옳아!/네가 틀렸어. |
| 사랑한다. | 네 잘못이야. |
| 내가 옆에 있잖아. | 못 들어주겠다! |
| 너를 위해서 그렇게 할게. | 너 때문에 미치겠다. |
| 네 이야기를 해봐. | 너는 너무…… (한숨) |
| 내가 하고 싶은 것은…… | ~해야 해! |
| 내가 방해되었다면 미안해. | 절대/항상…… |
| 내가 좀 진정해야 할 것 같다. | 나는 빠질래. |
| 너를 용서할게. | 네가 그렇게 잘났니? |

위의 목록을 보면 어떤 말이 관계를 단절시키고, 어떤 말이 관계를 돈독히 해주는지 금세 알 수 있다. 친절하고 진실한 말로 접근하면 상대방도 마음의 문을 연다. 어떤 말로 대화를 시작해야 할지 연습해보자. 빈 종이에 '대화를 어떻게 시작할 것인가?'라고 쓰고 목록 1에 있는 항목들을 옮겨 적은 뒤, 거울이나 냉장고처럼 다른 가족들도 잘 볼 수 있는 장소에 붙여두자.

상대방이 말할 때는 귀담아듣는다. 부부 워크숍에서 하는 경청 훈련 중에는 상대방이 하는 말을 따라하는 방법이 있다. 예를 들어 아이가 "오늘은 할머니댁에 가고 싶지 않아요"라고 한다면, 당신은 "그래? 너는 할머니댁에 가고 싶지 않구나"라고 반복한다. 배우자가 "당신이 집안일을 하라고 잔소리할 때마다 내가 아이가 된 것 같아"라고 한다면, 당신은 "내가 잔소리를 할 때 당신은 아이가 된 것처럼 느끼는군요"라고 반복한다. 이런 대화 방식은 다소 부자연스럽게 느껴질 수 있지만, 즉각적인 반응을 유보하고 상대방 입장에서 생각하는 시간을 준다. 또한 대화에 의식을 집중함으로써 의도하지 않은 길로 빠지는 것을 막을 수 있다.

### 3. 스위트 스폿은 어디에 있는가?

모든 관계에는 우리가 상대방에게 거는 기대가 적절하게 일치하는 '스위트 스폿'이 있다. 만일 상대방에 대한 기대가 너무 낮으면 그의 성장을 자극할 수 없다. 안전한 곳에 그대로 머물러 있게 만든다. 모험은 두렵지만 또한 삶을 향상시킨다. 반면 기대가 너무 높으면 부담을 주게 된다.

「뉴욕타임스」의 앨리나 투젠드는 기대에 대한 연구를 요약한 기사에서 중도적인 결론을 내렸다.

우리가 통제할 수 없는 일들에 대해서는 기대를 낮추고, 어느 정도 통제할 수 있는 일들에 대해서는 현실적인 기대를 하고, 우리 자신에 대해서는 높은 기대를 하는 것이 최선인 듯하다.

관계에 대한 기대 역시 세 가지로 나눌 수 있다. 우리가 상대방에게 거

## 합리적인 스위트 스폿을 발견하는 요령

♥ 아이들이 나이에 맞는 책임감을 갖도록 지도한다.

♥ 배우자나 부모에게 당신의 욕구를 표현한다.

♥ 설득이나 타협이 필요하다.

♥ 아이가 규칙을 알고 있을 것이라 가정하지 말고 분명하게 설명한다.

♥ 상대방이 당신과 다르게 생각하는 것을 받아들인다.

♥ 배우자와 아이가 당신에게 관심을 가져주기를 바란다.

♥ 누군가에게 전적으로 의지하지 않는다.

♥ 때로는 세상일이 뜻대로 되지 않는다는 것을 인정한다.

♥ 예상처럼 되지 않을 때를 대비한 계획을 준비한다.

♥ 때로는 합의가 되지 않는 것을 인정한다. 오래 함께 살아온 '달인' 부부도 갈등의 69퍼센트는 해결하지 못한다.

는 기대가 현실과 일치하면 두 사람의 관계는 강화된다. '이상과 현실의 간극'이 좁을수록, 다시 말해 우리가 기대하는 수준과 실제 상황과의 차이가 적을수록 삶에 만족할 수 있다. 상대방을 있는 그대로 인정하고 현실적인 기대를 한다면, 그 사람을 변화시키려고 헛되이 에너지를 소모하지 않을 수 있다.

공감 능력은 스위트 스폿을 발견하는 데 도움이 된다. 가족들에게 뭔가를 기대하거나 요구할 때, 그 사람의 입장이 되어보자. 당신이 평소에 그에게 무슨 말을 어떤 식으로 하는지 귀를 기울여보자. 또는 그에게 은근히 부담을 주고 있지 않은지 생각해보자. 당신이 그 사람이라면 어떻게 느낄까? 위축되고 스트레스를 받지 않을까? 당신이 하는 말은 상대에게 용기를 주는가, 아니면 낙담하게 만드는가? 상대방의 입장에서 생각해보면 그에게 거는 기대를 조정해서 적절한 요구를 할 수 있을 것이다.

혼자 있기를 좋아하는 남자와 결혼한 무척 사교적인 여성은 말한다. "남편에게 사람들과 어울리라고 강요할 수는 없어요. 제가 원하는 것만큼 친구들을 자주 만나거나 외출하지는 못해요. 하지만 남편이 원하는 것처럼 집에서만 지내는 것도 아니에요."

## 4. 모르는 사람에게 호기심을 느끼듯이 당신의 가족에 대해서도 알고 싶어 하는가?

결혼을 하면 시간이 갈수록 상대방에 대해 알고자 하는 호기심이 줄어든다. 또한 부모는 종종 아이에게 직접 묻는 대신에 지레짐작해버린다. 하지만 관심을 가지고 계속 대화하지 않으면 사춘기에 접어들면서 아이는 아예 입을 닫아버릴 수도 있다. 그러므로 일찍 시작하는 것이 최선이다. 부모에 대해서 아는 것은 더욱 어렵다. 우리는 어린 시절 부모에게 복종해야 했던 기억과 마음의 응어리를 지니고 있다. 부모자식 간의 오래된 역할에서 빠져나오기 위해서는 그들을 어린 시절의 엄마나 아빠가 아닌 인간으로 바라볼 필요가 있다.

사랑하는 가족에 대해 알고 싶다면, 그냥 질문하면 된다. 질문을 하고 귀를 기울이자. 이것은 "나는 당신의 현재와 미래가 궁금해"라고 말하는 것이고, 상대방으로 하여금 마음의 문을 열게 하는 효과가 있다. 부부워크숍에서는 상대방이 좋아하는 노래가 무엇인지 알아맞히는 게임 같은 것을 하면서 자질구레한 일상까지 공유하도록 가르친다.

호기심은 그 자체만으로도 우리의 삶을 향상시킨다. 호기심이 많은 사람은 더 많은 것을 즐기고 더 좋은 친구들을 사귄다. 사실 질문을 한다는 것은 상대방에 대한 관심을 보여주는 것이므로 관계를 맺기 위해서는 반드시 필요하다.

무엇을 좋아하고 싫어하는지, 어떤 문제에 관심을 가지고 있는지, 여가시간은 어떻게 보내기를 원하는지 물어보자. 어떤 음식을 좋아하는지, 어떤 음악이나 자연의 소리에서 위안이나 힘을 얻는지, 어떤 꽃을 특별하게 느끼는지, 어떤 명소를 보고 싶어 하는지, 어떤 손길에서 사랑과 보호를 느끼는지, 버킷리스트는 무엇인지, 아이스크림은 어떤 맛을 좋아하는지, 이불은 어떤 촉감을 좋아하는지, 직장이나 학교에서 무슨 일이 있었는지? 어린 시절의 기억 중 무엇을 좋아하고 싫어하는지? 어릴 때 밖에서 많이 놀았는지? 건강과 관련된 문제는 없었는지? 노년의 부모님이 있다면, 당신은 그들이 정말 어떤 사람인지, 어떻게 느끼는지 알고 싶어 하는가? 아니면 그들이 당신이 원하는 방식으로 행동하거나 생활하기를 강요하고 있는가? 추측하지 말고 질문을 해보자.

질문은 단지 사실을 알아내는 것으로 끝나지 않는다. 질문을 하면 '나는 우리가 서로 다르다는 것을 알고 당신을 있는 그대로 인정한다. 그리고 당신에 대해 알고 싶다'라는 의미가 전달된다. 또한 각각의 가족과 연결하는 방법을 알 수 있다. 예를 들어 가족 중에 언제라도 마음을 열고 대화를 나눌 수 있는 사람은 누구인가? 뭔가를 함께 하거나 배우면서 대화를 나누는 것이 편안하게 느껴지는 사람은? 글로 적어서 의사를 표현하는 사람은 누구인가?

# 다른 사람과 어떤 대화를 나눌 수 있을까?

다른 사람에 대해 알려고만 하면 알아볼 것은 무궁무진하다. 상대가 아이든 어른이든 전혀 상관없다. 다음과 같은 다양한 주제로 질문을 해보자. 아이와 대화할 때는 아이의 나이에 맞추면 된다. 다양한 주제로 대화를 나눌수록 상대방에 대해 더 많은 것을 알게 된다. 이것은 우리가 영원히 계속해야 하는 여행이다.

| 일반적 영역 | 주제 | 질문의 예 |
|---|---|---|
| **마음가짐/ 믿음**<br>어떤 관점과 마음가짐을 가지고 있는가? 무엇을 믿고 중요하게 생각하는가? | 아이들, 가족, 관계(현재와 과거), 돈, 일, 사랑, 섹스, 애완동물, 건강, 환경, 사회적 책임, 여가 시간, 종교와 영성, 사회생활. | 다른 가족들과 만나 시간을 보내는 것을 좋아하는가? 일을 얼마나 중요하게 생각하는가? 부모가 되고 싶었던 이유는 무엇인가? |
| **경험**<br>지금까지 살면서 기억에 남는 순간은? | 최초나 최고, 최악, 가장 놀라웠거나, 삶의 변화를 가져왔거나, 가장 두려웠거나, 가장 당황스러웠던 관계나 일 또는 순간적인 경험. | 그때가 몇 살이었고, 누구에게 배웠는가(자전거 타기, 요리, 읽기 등)? 어린 시절의 가족에 대한 대표적인 기억은? 지금까지 이룬 가장 중요한 업적은? |
| **환경**<br>어떤 공간에서 가장 편안한가? 왜 그렇게 느끼는가? | 집, 장소, 공동체와 관련된 공간(깨끗하다/지저분하다), 가정관리(장식이나 개보수), 지역(지방/도시, 인공적/자연적)! | 다양한 환경으로부터 어떤 영향을 받고 있는가? 주거 공간과 관련해서 이상적으로 생각하는 크기, 장식, 위치는? 자연 속에서 시간을 보내는 것을 좋아하는가? |

| 일반적 영역 | 주제 | 질문의 예 |
|---|---|---|
| **가족**<br>가족의 배경과 과거가 현재에 어떻게 작용하고 있는가? | 어린 시절의 기억, 부모형제와의 관계, 대가족에 대한 생각, 어릴 적의 이상이나 믿음, 마음가짐. | 형제에게서 배운 가장 중요한 것은? 부모가 말다툼을 자주 했는가? 아이들은 어른의 대화에 참여할 수 있었는가? |
| **흥미**<br>무엇에 관심을 가지고 있는가? 무엇을 하거나 배우거나 참가하기를 좋아하는가? | 스포츠, 음악, 영화, 책, 음식, 음식점, SNS, 문화와 관련된 취향, 관심, 지식 또는 참여. | 매일 한가하게 보낼 수 있는 시간이 주어진다면 무엇을 할 것인가? 신문을 볼 때 어느 면을 가장 먼저 읽는가? 항상 하고 싶었던 일은 무엇인가? |
| **관계**<br>가족 외에 만나는 사람은 누가 있는가? | 친척, 친구, 학교 친구, 군대 친구, 상사, 직장 동료, 스승, 종교인, 만나는 사람과의 관계와 그 중요성. | 왜 그를 가장 친한 친구로 생각하는가? 이사를 간다면 누구를 가장 그리워할 것인가? 온라인에서 만나는 사람과 현실에서 만나는 사람의 차이는? |
| **노력**<br>어떤 도전을 했거나 하기를 원하는가? | 건강, 경력, 신체적 장단점, 차별, 운명. | 건강을 유지하기 위해 무엇을 하고 있는가? 철인 3종 경기에 참가할 자격이 주어진다면 시간을 내서 훈련을 하겠는가? |

가족이 집이 아닌 다른 배경에서 다른 사람들과 함께 있을 때의 모습을 관찰해보자. 한 여성은 판사로 일하는 남편이 즉흥연주하는 모습을 좋아한다. 그에게서 새로운 면을 볼 수 있기 때문이다. 당신도 배우자와 모임에 참석하거나 아이와 봉사를 할 때 그들의 새로운 모습을 볼 수 있을 것이다.

한 가지 경고하자면, 가족의 새로운 모습을 보면서 '왜 나와 있을 때는 저러지 않는 거지?'라는 생각이 들어 감정이 상할 수도 있다. 하지만 야속하게 생각하는 대신 새로 알게 된 사실을 이용하면 관계를 더욱 돈독히 할 수 있다. 예를 들어 베티나는 딸이 가라테를 배울 때는 평소처럼 뚱한 표정을 짓지 않는다는 것을 알았다. 그 꼬마 소녀는 가라테를 할 때 집중력과 자제력과 자신감을 보이고 집에서도 혼자 연습을 했다. "아이가 왜 그렇게 달라지는지 고민하다가, 제가 좀처럼 아이를 칭찬하지 않는다는 것을 알았어요. 단지 아이가 못하는 것에 대해서 잔소리만 했더군요." 그녀는 딸과 좀 더 솔직하고 진실한 대화를 시작했고, 그들의 관계는 점차 개선되었다.

또한 관찰력과 분별력이 뛰어난 친척, 친구, 지인이 하는 말에서 귀중한 정보를 얻을 수도 있다. 어느 날, 마리 대니얼스는 친구인 심리학자에게서 "네 아들이 발코니에 매달려 있기에 내가 '조심해, 그러다 떨어지겠다'라고 했더니 '상관없어요'라고 하더라"라며 크리스토퍼가 걱정스럽다는 말을 들었다.

마리는 '심리치료사들은 모든 것에 의미를 부여하니까'라며 그 친구의 걱정을 심각하게 받아들이지 않았다. 나중에 담임선생님이 그의 문제점을 지적했을 때에야 마리는 자신이 아들에 대해 잘 모르는 부분이 있음을 깨달았다. 그녀는 얼마 전에 남편과 헤어졌는데, 그것이 크리스토퍼에게는 생각보다 큰 충격이었던 것이다. "아이가 슬퍼한다고 생각하니 정말 괴로웠어요." 그녀는 솔직하게 문제를 인정하며 아들이 느끼는 감정에 관심을 기울였고, 이후 두 사람의 관계는 그 어느 때보다 가까워졌다.

아이가 10대로 접어들 때는, 특히 주변 사람들의 조언이 필요하다. 2004년도 연구에 따르면, 이웃과 아이 친구의 부모, 형제, 친척에게 조언을 구하는 부모는 대체로 사춘기의 자녀가 어디서 누구와 어울려 무엇을 하는지에 대해 더 많이 알고 있었다.

하지만 두 사람의 관계에 어떤 문제가 있는지는 본인들이 가장 잘 알고 있다. "아내의 부모님은 아이들 앞에서 절대 싸우지 않았다고 합니다. 반대로 우리 부모님은 제 앞에서 거리낌 없이 부부싸움을 하고 감정을 드러냈죠." 그레그 펄먼은 자신과 아내의 차이점에 대해 설명했다. "그래서 그런지 결혼 초기에 내가 어떤 문제로 화를 내면 아내는 항상 자신에게 화를 내는 것처럼 생각했어요." 에이미에게 부정적인 감정 표현은 '나쁘거나 무서운' 것이었다.

에이미는 남편과의 대화를 통해 마침내 그가 자신에게 화를 내는 것이 아님을 이해했다. 그레그는 원래 쉽사리 감정을 표현하는 사람이었다. 에이미는 이제 그레그가 밖에서 있었던 일로 집에서 화를 내더라도 부부 사이의 문제로 생각하지 않게 되었다.

### 6. 매일 상호작용을 통해 관계를 돈독히 하고 있는가?

대화를 나누는 시간은 관계를 돈독하게 한다. 어떤 부모들은 가족이 함께하고 다시 연결할 수 있는 시간을 위해 가족 휴가를 계획한다. 물론 가족 여행을 할 수 있는 여유가 있다면 좋은 일이다. 하지만 휴가만으로 가족관계를 재충전하기에는 부족할 수 있다. 매일 가족이 함께 연결하는 시간이 필요하다. 예를 들어 아빠와 아들이 함께 저녁식사를 준비하거나 엄마가 아들의 축구팀 코치를 할 수 있다.

또한 매일 반복적으로 하는 일을 가족과 보내는 소중한 시간으로 만드는 방법을 생각해보자. 사전트–클라인 부부는 이런 시간을 '오보에 시간'이라고 불렀다. "우리 아이가 오보에 레슨을 더 이상 받지 않아도 된다는 것을 알았지만 그만두라고 재촉하지 않았어요. 우리는 아이를 학원에 데려다주는 차 안에서 마음을 열고 대화를 나누었어요. 그래서 오보에 시간이 사라지는 것을 바라지 않았죠."

부부가 오붓하게 보내는 시간을 만들기 위해서는 좀 더 노력이 필요할 때도 있다. 네 아이의 부모인 래니와 빌 앨런은 바쁜 와중에도 잠깐씩 짬을 내어 진솔한 대화를 나눈다. 어떤 문제를 해결하기 위해서가 아니라 단지 가족이 함께하면서 다시 연결하는 시간을 갖는 것이다. "우리는 사소한 이야기들을 나눕니다." 빌은 말한다. "밤에 베란다에 나가 맥주를 한잔하며 그날 있었던 이야기를 하죠. 함께 산책을 하기도 하고, 어제 저녁에는 밖에 나가서 달리기를 했어요. 관계에 투자하면 그만큼 돌아오는 것이 있습니다."


### 7. 관계를 검토하고 수정하는가?

관계는 항상 변하므로 계속해서 정보가 필요하다. 특히 어느 한쪽이 갑자기 돌발 행동을 할 때 주의를 기울여야 한다. 예를 들어 남편이 평소와 다르게 심술을 부리고 자동차를 세차하지 않았다고 화를 낸다. 그는 학교를 그만두고 10년 전에 문을 닫은 오토바이 가게를 다시 열면 어떨지 이야기한다. 쓸데없는 이야기를 한다고 흘려듣지 말자. 그의 삶에서 어떤 일이 일어나고 있는지 알아보자. 질문을 하자. 그에게 일어나는 일은 당신과 나머지 가족에게 영향을 준다.

또는 아홉 살이 된 딸이 갑자기 비밀이 많아지고 방에 틀어박혀 있는 시간이 길어졌다. 침울해 보이고, 모든 것을 거부한다. 어떤 일로 상처를 받은 것인가? 새로운 도전을 받고 있는가? 미래에 있을 어떤 일을 걱정하는가? 최근에 무슨 일이 있었는가? 당신이 아이에게 잘못한 것은 없는가? 공부나 다른 활동으로 부담을 느끼고 있는가?

때로는 아이들의 변화가 성장 과정에 따른 것일 수도 있다. 아들이 혼자서 자전거를 타고 시내에 나가겠다고 한다. 당신의 머릿속에서 어떤 목소리가 소리친다. "절대 안 돼!" 아이가 다칠까 두려운 것이다. 당신은 아이를 품에 안고 다니던 때가 그립지만 이제는 그럴 수 없음을 인정해야 한다. 이제 중학생이 된 아이는 분수 곱셈을 하고 체스와 테니스를 당신보다 더 잘한다. 아이가 자전거를 타고 얼마나 멀리까지 가게 할 것인지는 부모가 느끼는 두려움이나 아쉬움이 아니라 아이의 발달 수준에 기초해서 판단해야 한다.

9장에서 이야기하겠지만, 변화를 무시하거나 모른 체하다가는 더 심각한 문제가 일어날 수 있다. 예를 들어 친정아버지가 요즘 자주 물건을 잃어버린다면, 그에게 무슨 일이 일어나고 있는지 알아보자. 단지 요즘 생각이 많아져서 그런 것일 수도 있지만 도움이 필요할 수도 있다. 자식이 부모를 보살펴야 하는 시간이 그렇게 빨리 올 것이라 예상하지 못했겠지만 어쩔 수 없는 일이다. 변화를 인정하고 받아들이는 것은 언제나 관계, 그리고 가족을 위해 더 안전하고 바람직하다.

### 8. 고개를 돌리고 쳐다보는가, 아니면 외면하는가?

어느 날 오후 아들이 그림을 들고 와서 보여줄 때 캘리는 이메일을 읽느라고 바빴다. 그녀는 노트북에서 눈을 떼지 않은 채 무심한 목소리로 말한다. "와, 잘 그렸네. 우리 아들." 하지만 아이는 알고 있다. '엄마는 쳐다보지도 않으면서!'

당신도 그런 적이 있을 것이다. 정신없이 바쁠 때는 본의 아니게 사랑하는 가족에게 관심을 갖지 못할 수 있다. 식탁 위에 소금을 뿌리는 작은 아이와 그 옆에서 내일이 마감인 미술 숙제를 하는 큰아이에게 정신이 팔려, 배우자가 퇴근해서 집에 들어와도 눈길을 주지 못하는 경우가 있다. 또는 청구서 더미를 정리하느라 전화기 반대편에 있는 어머니의 이야기를 놓칠 수도 있다. 듣는 둥 마는 둥 건성으로 대답하자 어머니가 소리친다. "너 지금 듣고 있는 거니?"

우리는 한 번에 여러 가지 일을 한다. 스탠퍼드 대학교의 한 연구팀은 "한 번에 여러 가지를 하는 사람들은 한 가지씩 하는 사람들보다 집중력, 기억력, 업무 전환 능력이 떨어진다"는 연구 결과를 발표했다. 가장 큰 문제는 저명한 연구자 존 가트맨이 '외면하기'라고 말한 이러한 태도로 인해 관계가 멀어진다는 것이다.

그러면 어떻게 해야 할까? 가족이 관심을 구할 때는 말 그대로 고개를 돌리고 다가가야 한다. 그리고 엄마나 아빠가 집에 왔는데 아이들이 쳐다보지도 않는다면, 불러서 인사하라고 시켜야 한다. TV를 보든 게임을 하든 숙제를 하든 상관없다. 잠시 멈추게 하자.

상대방에게 귀를 기울이고 응답하는 시간이 단 몇 초에 불과할지라도 관계에서 큰 차이를 만들 수 있다. 가트맨의 연구에 따르면, 6년 이상 결혼생활을 유지하는 부부 다섯 쌍 중 네 쌍은 '고개를 돌리고 쳐다보는' 비율이 86퍼센트에 이른다. 그들은 배우자가 잠시 관심을 요구할 때는 대체로 고개를 돌려서 눈을 맞추고 귀를 기울인다. 주목을 하고 반응하는 것은 관심을 보여주는 것이다. 이메일을 열어보는 것과 가족에게 관심을 갖는 것 중 어느 쪽이 더 중요한지는 굳이 말할 필요도 없다.

사전에 잠재적 방해 요인들을 줄여보자. 그린 가족은 전자기기 사용에 대한 규칙을 가지고 있다. 그들은 일단 집 안에 들어서면 문자를 보내거나 확인하지 않는다. 혼자 운전할 때가 아니라면 차 안에서 전화 통화를 하지 않으며, 통화를 반드시 해야 할 때는 헤드셋을 사용한다. 식사 중에는 전화를 받지 않는다. 예외가 있기는 하지만, 적어도 규칙을 우선으로 한다.

## 9. 누가 무엇을 나에게 주고 있는가?

모든 관계는 도움이 되기도 하고 부담이 되기도 한다. 일방적으로 주기만 하는 관계는 없다. 주는 것이 있으면 얻는 것도 있는 법이다. 예를 들어 여덟 살 아이와의 관계는 우리를 젊어지게 하고 세상을 다른 방식으로 보게 한다. 게다가 아이들은 우리를 즐겁게 해주는 놀라운 재능을 가지고 있다. 꾀꼬리 같은 목소리로 노래를 하거나 애교를 부리면서 위안을 준다. 하지만 가족의 건강 문제에 대해 걱정하거나 부부 사이에 문제가 생겼을 때 의지할 수 있는 대상은 아니다.

또한 전 배우자는 이야기를 잘 들어줄지는 모르지만, 어떤 문제가 생겼을 때 의지할 수 있는 사람은 더 이상 아닐 것이다. 예를 들어 10대 아들이 당신의 가슴을 아프게 하는 말을 한다고 하자. 당신은 아들의 문제에 대해 아이의 아빠와 상의할 수도 있다. 하지만 조언을 구할 것인지 여부는 전남편의 과거 행적에 달려 있다. 만일 그가 언제나 든든하고 의지가 되는 사람이었다면 함께 의논할 수 있을 것이다. 하지만 그가 아들을 지나치게 감싸고도는 사람이라면 아들에 대해 비판적인 말을 들으려고 하지 않을 수 있다. 게다가 그가 과거에 당신의 감정을 무시하고 "지나치게 예민하다", "감상적이다", "편집적이다"와 같은 말로 비난했다면 그에게 이야기하는 것은, 트레이시가 즐겨 했던 말처럼, "오렌지를 사러 철물점에 가는 것"과 같다.

### 10. 이 대화를 어떻게 끝낼 것인가?

긴장을 유발할 수 있는 이야기를 꺼낼 때는 먼저 당신 자신에게 이렇게 질문해보자. 긍정적 대화의 핵심은 우리 자신에게서 최선을 이끌어내는 것이다. 책임감, 공감, 진정성, 사랑으로 반응한다면 관계는 계속해서 발전할 것이다. 하지만 우리가 아무리 잘해도 상대방이 방어적이고 공격적으로 나올 수 있다. 언어 공격을 받으면 우리 머릿속에서 신체 공격을 받을 때와 같은 뇌 부위가 활성화된다. "그 말을 듣고 정말 가슴이 아팠다"는 표현은 과장이 아닌 것이다. 또한 마음에 상처를 입으면 화가 나기 때문에 덤벼들어서 싸우거나 밖으로 뛰쳐나가게 된다. 그럴 때는 충동을 자제하고 "이 대화가 어떻게 끝나기를 원하는가?"라고 질문해보자. 그러면 적어도 상황이 악화되는 것은 막을 수 있다.

이것은 연습을 할수록 쉬워질 것이다. 목표는 관계를 강화하는 것이라는 사실을 잊지 말자. 예를 들어 직장에서 일하는데, 남편이 전화해서 애완동물의 우리를 청소했다고 말한다고 하자. 그는 당신이 그 일을 하기 싫어한다는 것을 알고 있다고 말한다. 그럴 때 당신은 그에게 고마워하고 칭찬해주는가? 아니면 그 말에 숨은 동기를 의심하는가? 그는 무엇을 바라서 환심을 사려고 하는 것인가? 고맙다는 말을 듣고 싶은 것인가? 당신은 문득 짜증이 난다. '나는 우리 청소에 대해 한 번도 자랑한 적이 없어! 이 사람, 대체 무슨 말을 하려는 거지?'

당신이 그 순간 남편에게 느끼는 감정은 그날의 기분과 평소의 관계, 그에게 거는 기대 수준에 달려 있다. 다만, 순간적으로 어떻게 반응할 것인지는 우리의 선택에 달려 있다.

당신은 남편에게 핀잔을 주고 전화를 끊어버리거나 "이따 봐요"라는 다정한 인사말로 통화를 끝낼 수 있을 것이다. 잠시 멈추어서 생각해보자. '이 상황이 어떻게 끝나기를 바라는가?' 그러면 아마 더 큰 그림이 보일 것이다. 그는 당신이 해야 하는 일을 한 가지 줄여주었다. 그가 공치사를 하면 좀 어떤가? 중요한 것은 그가 당신이 그 일을 싫어한다는 것을 알고 있을 뿐 아니라, 대신 해주었다는 것이다. 당신은 집에 가서 그를 다정하게 끌어안고 말할 수 있다. "고마워요, 당신 정말 멋져요!" 그는 기분이 좋아서 싱글벙글하고 두 사람은 함께 즐거운 시간을 보낼 것이다. 이것은 억지로 감정을 억누르거나 굴복하는 것이 아니다. 서로가 기분이 좋아질 수 있고 가족이 화목하게 지낼 수 있는 선택을 한 결과다.

## 가족수첩: 우리 가족은 서로 무엇을 주고받는가?

가족과의 관계에서 당신은 무엇을 주고 무엇을 받는지 생각해보자. 특히 어떤 문제로 충돌하고 있을 때 다음과 같은 질문을 해보면 어떤 변화가 필요한지 알 수 있을 것이다.

♥ 확인한다  나는 그와 함께 있을 때 어떤 사람인가? 그는 나와 함께 있을 때 어떤 사람인가? 그와의 관계에서 나는 어떤 특성, 가치관, 욕망, 태도를 보여주는가? 그는 나에게 어떤 모습을 보여주는가? 우리는 함께 어떤 상황을 만들어내고 있는가?

♥ 성찰한다  그의 눈에 비친 나는 어떤 모습인가? 내 앞에서 그는 어떤 사람이 되는가?

♥ 배운다  그와의 관계에서 나는 어떤 정보／지식／능력을 얻고 있는가? 나는 그에게 무엇을 주고 있는가?

♥ 새로움  그는 나를 새로운 경험으로 안내하는가? 나는 마음을 열고 그에 대해 알고자 하는가?

♥ 감정적 지원  그가 나를 응원하고 있다고 느끼는가? 나는 그를 응원하고 있는가? 그는 내 말을 들어주는가? 나는 그의 말에 귀를 기울이는가?

## 나 자신에게 솔직해지기

이 장의 첫머리에서도 말했듯이, 관계는 무엇보다 중요하다. 상대방에 대한 기대를 조절하고 관계를 위해 화가 나도 참을 수 있어야 한다. 수시로 '관계를 위한 10가지 질문'을 해보면 도움이 되지만 무엇보다 우리 자신에게 솔직해질 필요가 있다.

예를 들어 별생각 없이 하루하루를 보내다가 어느 날 문득 이런 상황은 옳지 않다고, 이대로 계속할 수는 없다고, 뭔가 행동이 필요하다는 느낌이 든다. 이런 순간은 갑자기 찾아올 수 있다. 의식의 저변에 머물러 있던 생각이나 감정이 갑자기 무시할 수 없는 것이 된다. 또는 가족의 어떤 변화나 요구가 부담스럽게 느껴진다. 이럴 때 우리는 감정에 휘말려 벌컥 화를 내거나 잠시 동안 그 사람을 멀리할 수 있다. 아이를 방에서 나오지 못하게 하거나 배우자를 침묵으로 대하거나 부모나 형제의 전화를 끊어버린다. 이런 식의 행동은 관계를 악화시킬 뿐이다.

그럴 때는 행동을 멈추고 잠시 우리의 반응을 평가하고 어떤 식으로 대처할 것인지 생각해볼 필요가 있다. 하지만 적절한 선택을 하기 위해서는 먼저 우리 자신에게 솔직해질 필요가 있다.

T.Y.T.T.(Tell Yourself The Truth, 나 자신에게 솔직해지기)는 다음과 같은 3단계를 포함한다.

### 1. 주변을 돌아본다

객관적으로 생각해보자. 지금 정확히 무슨 일이 일어나고 있는가? 무엇이 보이는가? 어떤 말이 들리는가? 어떻게 해서 여기까지 왔는가? 당신 자신과 상대방에 대한 정보를 수집하자. 두 사람은 바로 직전까지 각자 무엇을 하고 있었는가? 다른 가족은 어떤 식으로 관련이 있는가? 이 문제는 얼마나 중요한가? 단지 순간적으로 중요하게 느껴지는 것인가?

## 2. 자신에게 솔직해진다

있는 그대로 인정하자. 성장 발달에 따른 변화, 다른 사람들, 다른 영향들, 배경 등 지금까지 없었던 새로운 요소와 관계가 있는가? 처음 있는 일인가, 아니면 전에도 같은 일이 있었는가? 이런 일이 생길 줄 알고 있었는가? 미리 마음의 준비를 할 수 있지 않았는가? 당신이 느끼는 감정보다는 그렇게 느끼는 원인에 초점을 맞춰보자. 당신의 동기는 무엇인가, 어쩌다가 지금과 같은 상황이 되었는가? 이 상황은 실제로 어떤 의미가 있는가? 당신이 통제할 수 있는 상황인가?

## 3. 조치를 취한다

뭔가 행동을 취하는 것으로 시작하거나 끝내거나 방향을 바꾸거나 방법을 달리해보자. 아니면 그냥 내버려두기로 결정할 수도 있다. 어떤 식으로 하든지 목표는 최선의 방법을 생각해서 의식적인 선택을 하는 것이다. 자신에게 솔직해지고 상대방을 존중해야 하지만, 무엇보다 관계를 중요하게 생각해야 한다. 만일 잘못된 선택을 하더라도 나중에 바꿀 수 있다. 당장은 격한 감정에서 빠져나오는 것이 우선이다.

이 방법은 노벨상 수상자인 심리학자 대니얼 카너먼이 말한 '천천히 생각하기'를 유도하는 효과가 있다. 우리의 뇌는 행동과 반응을 불러오는

> ## 나 자신에게 솔직해지기(T.Y.T.T.)
>
> 주변을 돌아본다. 증거를 수집한다. 나 자신에게 진실을 말한다. 현실을 있는 그대로 인정한다. 조치를 취한다. 나의 가치관에 일치하면서 관계와 상황을 발전시킬 수 있는 행동이나 말을 한다. 효과가 없으면 처음으로 돌아가서 다시 시작하되, 이번에는 뭔가를 다르게 해보자.

두 가지 기능을 가지고 있다. 카너먼의 설명에 따르면, 빠르게 생각하기 기능은 제어가 되지 않고 신속하고 자동적으로 작동하는 반면, 천천히 생각하기 기능에는 우리 내면의 자아에 접근해서 신중하게 행동하고 선택하고 집중하는 것이 포함된다.

T.Y.T.T.의 효과는 심리학자 제임스 페너베이커의 연구를 통해 확인되고 있다. 그는 사람들이 사소한 갈등에서부터 심각한 트라우마에 이르기까지 부정적인 사건을 처리하고 극복하는 방식에 대해 연구했다. 스트레스는 우리 몸의 면역 기능과 삶에서 느끼는 행복감을 현저히 떨어트린다. 그는 스트레스를 해결하는 데는 한 걸음 뒤로 물러나는 것이 무심코 반복적인 행동을 하거나 감정에 빠져 있는 것보다 효과적이라고 말한다. 나쁜 기억을 되살리면 악순환의 함정에 빠지기 쉽다. 불쾌한 감정을 다시 불러오는 것은 우리 자신이나 상대방에 대해 배우는 데 도움이 되지 않는다. 뒤로 물러서서 에너지와 의식을 사용하면 원인을 알아내고 문제를 해결할 수 있다. 그는 사람들이 지금 일어나고 있는 사건으로부터 거리를 두

고 중립적인 관찰자로서 좀 더 분명히 볼 수 있도록 하는 방법으로 글쓰기를 제안했다. T.Y.T.T. 역시 같은 원리로 작용한다.

순간적으로 우리 자신을 멈추고 방향을 바꾸는 것이 쉬운 일은 아니다. 심리 치료, 부모 수업, 부부 상담을 받는 사람들도 다툼이 일어났을 때 마음을 진정시키는 부분에서 어려움을 겪는다. 공격 중이거나 공격을 당하고 있다고 느낄 때는 대화하지 않는 것이 낫다. 차라리 용기를 내어 타임아웃을 청하는 것이 현명하다.

상대방에게 타임아웃을 청하는 것은 문제를 회피하려는 것이 아니라, 단지 차분히 생각을 정리할 시간이 필요하기 때문이라는 사실을 분명히 해두는 것이 좋다. 그리고 T.Y.T.T.를 하기 전에 잠시 기분 전환을 하자. 책을 읽거나 TV에서 웃기는 프로그램을 시청하자. 만일 친구에게 전화를 한다면 편들어주기를 바라지 말고 대화하면서 실상을 확인해보는 시간을 갖자. 마음이 가라앉으면 1단계를 시작한다.

어떤 문제가 발생하기 전에 우리 자신에게 솔직해지는 것이 가장 바람직하다. 막다른 골목에 몰린 것처럼 느낄 때는 관계를 돌아보기가 더 어렵기 때문이다. 평소에 우리 자신에게 솔직할 수 있다면 가족에게 더 나은 모습을 보여줄 수 있을 것이고, 어떤 상황에서도 관계를 발전시키는 의식적인 선택을 하기가 쉬울 것이다.


## 불안한 모녀 관계

명절날, 어른들은 거실에서 먹고 마시며 대화를 나누고, 어린아이들은 어른들 발밑에서, 큰 아이들은 대부분 지하층에 내려가 놀고 있다. 소파에는 해리엇과 딸 그레천이 딱 붙어 있다. 해리엇은 다소 난처한 표정이다. 그레천이 다른 아이들과 잘 어울려 놀기를 바라기 때문이다. 그녀는 딸의 사회성이 부족해 사람들의 눈치가 보인다.

또한 그녀는 자신을 그레천과 동일시하고 있다. 해리엇은 중고등학교 시절 인기가 없고, 밴드와 과학을 좋아하는 괴짜로 알려졌으며, 생리도 가장 늦게 시작했다. 고등학생 때는 가장 친하다는 친구에게서 괴롭힘을 당했다. 지금 해리엇의 모습에서는 그녀가 어릴 때 두꺼운 안경을 쓰고 비쩍 마른 몸에 헐렁한 스커트를 입고 다녔다고는 상상도 할 수 없다. 그녀는 지금 생명공학계에서 내로라하는 과학자이며 필라테스로 가꾼 탄탄하고 날씬한 몸매를 자랑한다. 하지만 많은 친구를 사귀며 화려한 싱글 생활을 하고 있는 그녀의 마음속 깊은 곳에는 아직 소외당한 10대 소녀가 살고 있다. 그녀는 밤에 잠자리에서 종종 혼자 중얼거린다. "제발 우리 아이는 나처럼 고통받는 일이 없어야 할 텐데."

해리엇은 옆에서 쭈뼛거리며 앉아 있는 딸을 상냥한 척 꾸민 목소리로 구슬린다. "가서 다른 아이들하고 놀지 않을래? 너 탁구 좋아하잖아. 아래층에 탁구대가 있는 것 같던데."

그레천은 머리를 가로저으며 엄마 팔을 잡는다. "엄마도 같이 가요."

"그레천, 이러지 마. 다 큰 애가 왜 이러니?" 해리엇은 속삭이듯 야단을 치고 나서, 그레천의 손을 뿌리치고 일어나며 말한다. "화장실에 다녀올게." 그레천이 뒤를 따라오자 해리엇은 아이 손에 빈 와인잔을 들려준다. "자, 착하지. 엄마 화장실 다녀오는 동안, 이것 좀 다시 채워올래?"

해리엇은 나쁜 엄마가 아니다. 하지만 그녀의 기대는 분명 현실과 맞지 않는다. 그레천은 활달한 아이가 아니다. 해리엇은 딸에게 자신을 투사하고 있다. 딸에게 상처를 주려는 것은 아니지만 다른 아이가 되기를 바란다. 해리엇은 그레천에게 자신의 어머니가 하던 것처럼 하고 있다. 해리엇이 어릴 때 학교에서 울면서 돌아오면 그녀의 어머니는 엄살을 부린다고 야단쳤다. 하지만 그녀는 그런 과거는 생각하지 못한다. 단지 그레천이 걱정스럽고 난감할 뿐이다.

## T.Y.T.T.로 곤경에서 벗어나기

밤에 혼자가 되자 해리엇은 낮에 있었던 일을 다시 떠올렸다. '그레천의 행동이 갈수록 나빠지고 있어. 사람들의 놀림거리가 되면 어쩌지? 심리 치료를 받거나 약을 먹어야 할지도 몰라. 그러고보니 나도 요즘 술을 너무 마셨군. 사는 것이 뭔지 모르겠다. 내가 우리 엄마처럼 되는 것 같아.'

해리엇은 실망감과 당혹감에서 헤어나지 못한다. 그녀는 지금까지 해 오던 방식을 계속하는 한 언제나 같은 결과(불안감)를 얻는다는 것을 깨달아야 한다. 그녀는 그레천을 있는 그대로 인정하고 기대를 조절해야 하지만 자신도 모르게 그레천을 통제하고 과도하게 간섭하고 있다. 그런 식으로는 그레천을 변화시키기는커녕 모녀 관계만 점점 악화될 뿐이다.

명절 모임 장면으로 돌아가 천천히 살펴보자. 한 걸음 물러나면 어떤 상황인지 좀 더 분명히 보이고, 그레천이 어떤 아이인지, 모녀 사이에 어떤 일이 일어나고 있는지 알게 될 것이다. 해리엇은 자신과 그레천이 어떤 식으로 상호작용하고 있는지 돌아보고 자신에게 솔직해질 필요가 있다. 그러면 T.Y.T.T. 단계를 통해 해리엇이 어떤 깨달음을 얻고 어떤 대처를 할 수 있을지 알아보자.

해리엇은 차분하게 그날 있었던 일을 돌아보았다. "처음에 나는 그레천을 집에 두고 가려고 했어. 하지만 적당한 베이비시터를 찾을 수가 없었지. 그래서 어쩔 수 없이 아이를 데리고 갔던 거라고. 예상대로 그레천은 불편해하고, 결국 나까지 불편해지고 말았지. 직장 상사가 새로 와서 그러잖아도 스트레스를 많이 받던 터라, 평소보다 신경이 더 곤두서 있었어." 이제 해리엇은 자신에게 다음과 질문을 해볼 필요가 있다.

이 상황은 그레천에 대해 무엇을 말해주는가?

이 상황은 나에 대해 무엇을 말해주는가?

나는 아이를 조종하려고 하는가?

나는 아이에게 책임감, 진정성, 공감을 보여주고 있는가? 사랑으로 이끌고 있는가?

요즘 나 자신과 그레천에게 일어나는 변화를 염두에 두고 있는가?

해리엇이 자신에게 솔직해진다면 무엇을 깨달을 수 있을까? '그레천은 원래 새로운 환경에 적응하려면 시간이 걸리는 아이야. 어릴 때는 내 무릎에서 떠나지 않으려고 했지. 유치원에 다닐 때도 나와 좀처럼 떨어지지 않으려고 했고. 아홉 살이 되었다고 해서 갑자기 사교적이기를 기대할 수는 없어. 그레천이 그 모임에서 잘 어울리지 못할 게 뻔해 보여서 혼자 가고 싶었어. 정말 나쁜 엄마가 된 기분이야. 종종 아이를 윽박지르기도 하잖아. 하지만 그레천이 나에게 매달리면 창피해. 다른 부모들이 나를 어떻게 생각하겠어! 우리 엄마가 나한테 했던 것과 똑같이 행동하고 있어.

그레천은 내가 자신을 사랑하지 않는다고 느낄지도 몰라. 아마 모든 것을 알고 있을 거야.'

그렇다면 다음부터는 어떻게 해야 할까? 우선, 해리엇은 왜 그레천의 행동 때문에 불안한지 다음 질문을 통해 알 수 있다.

이 상황이 어떻게 나의 과거나 과거의 나를 연상시키는가?

이런 불안감은 현재 일어나고 있는 일 때문인가?

우리 가족의 미래를 생각하면 불안해지는가?

해리엇은 딸을 변화시키려고 하는 대신 아이를 이해하고 격려해줄 수 있다. 아이들은 부모의 경험담을 듣는 것을 좋아한다. 엄마 아빠의 솔직하고 인간적인 모습에서 위안과 용기를 얻는다. 심리학자 마셜 P. 듀크는 부모와 조부모의 경험담을 들으며 자란 아이가 더 강하고 건강하다고 말한다.

해리엇은 이제 새롭게 깨달은 사실을 바탕으로 그레천과 함께 계획을 세울 수 있을 것이다. 그레천을 변화시키려고 하기보다 사람들과 좀 더 잘 어울릴 수 있도록 도와줄 수 있다. "내일 데일의 세례식에 갈 건데, 거기 가면 많은 사람을 만나게 될 거야. 한동안 만나지 못했던 사촌들도 올 거고. 사람들이 많은 곳에서는 때로 네가 힘들어하는 것을 알고 있어. 우리 함께 좀 더 편안하게 시간을 보낼 수 있는 방법을 생각해보자."

만일 그래도 그레천이 가고 싶지 않다고 한다면 둘 중 하나를 선택할 수 있다. 아이를 봐줄 사람을 찾든지, 꼭 가야 한다고 말하고 책이나 게임기를 가져가자고 제안하는 것이다. "만일 다른 아이들이 네가 원하지 않는 놀이를 하면 혼자 놀면 되는 거야."

또한 세례식에 가기 전에 기본적인 규칙을 정할 수 있다. 예를 들어 칭얼거리거나 불평하는 것은 안 된다. 어른들과 함께 있는 것이 편안하면 있어도 되지만, 대화를 방해하거나 주도하면 안 된다.

어떤 관계에서나 스위트 스폿을 찾기는 쉽지 않다. 하지만 기대를 조절하는 것은 스트레스를 줄이는 방법이기도 하다. 나이를 먹으면서 그레천은 점차 사람들과 어울리는 법을 배울지도 모른다. 해리엇은 한 걸음 뒤로 물러설 필요가 있다. 두 사람이 함께 계획한 대로 되지 않을 때마다 해리엇은 자신을 환기시켜야 한다. '내가 그레천의 운명을 판단하거나 예견할 수는 없어.'

T.Y.T.T.는 배우자와 함께 할 수 있다. 예를 들어 특별한 행사에 관심이 많은 말라가 있다. 그녀는 깜짝파티를 열거나 상대를 기쁘게 할 선물 쇼핑하기를 좋아한다. 반면 남편 래리는 그녀의 생일도 기억하지 못하고, 생일이라는 것을 알아도 선물 대신에 돈을 내미는 편이다. 그가 "당신이 알아서 가지고 싶은 것을 사"라고 말하면, 말라는 자기에게 마음도 관심도 없다며 투덜거려 둘 사이에 다툼이 일어나곤 했다.

그들은 이런 식의 부부싸움을 오랫동안 반복하고 있었다. 말라가 화를 내면 래리도 화가 나서 반박한다. "나는 당신이 이해가 안 돼. 당신이 원하는 것은 무엇이든 해주고 싶어! 하지만 당신은 내가 당신이 원하는 것을 들고 오지 않았다고 화를 내잖아. 나더러 독심술이라도 배우라는 거야?"

만일 말라가 남편을 비난하는 대신 현실을 인정한다면 모든 것이 달라질 것이다. 래리는 선물 고르는 일에 소질이 없다. 그녀가 힌트를 주거나 잔소리를 해도 그들이 처음 만난 이후 10년 동안 달라지지 않았다. 그녀는 남편이 자기처럼 되기를 바랄지 모르지만, 그런 일은 일어나지 않을 것이다. 그는 원래 그런 사람이다. 부부관계에서도 각자 자신이 줄 수 있는 것만 줄 수 있다. 두 사람은 서로의 복제인간이 아니다.

그러면 어떻게 해야 할까? 말라는 우선 남편을 있는 그대로 받아들일 수 있어야 한다. 말라는 머릿속에 남편이 하지 않는 일들을 적은 목록을 담아두고 있다. 하지만 이제부터는 관대하고 친절한 성품과 같은 그의 긍정적인 측면들을 적은 목록을 만들어야 한다. 또한 그녀는 자신의 과거가 남편에게 거는 기대에 영향을 미친다는 사실을 이해할 필요가 있다. 영업일을 했던 그녀의 아버지는 출장을 다녀올 때마다 선물을 들고 왔다. 그녀에게 선물은 언제나 관심을 의미했다. 하지만 이제 그녀는 결혼생활을 성숙한 눈으로 볼 수 있어야 한다.

T.Y.T.T.의 목적은 상대방의 동의를 얻어내는 것이 아니라 우리 자신의 자각을 높이고 관계를 발전시키는 방법을 찾는 것임을 기억하자. 하지만 아무리 노력해도 해결되지 않는 문제도 있다. 그럴 때는 무력하게 느껴진다. 하지만 이 역시 스스로 해결해야 하는 문제다. 불가에서 말하듯, 현실과 다투는 것은 부질없는 일이다.

## 가족수첩: T.Y.T.T. 연습

가족과 어떤 문제가 있을 때 "나 자신에게 솔직해지자"라는 주문을 외워보
자. 128~129쪽에 나오는 지시를 단계적으로 따라하면서 새롭게 알게 된
사실을 적어보자. 이제 다음과 같은 질문에 답할 수 있을 것이다.

♥ 이 상황은 상대방에 대해 무엇을 알려주는가?

♥ 이 상황은 나에 대해 무엇을 알려주는가?

♥ 나는 상대방을 조종하려고 하는가?

♥ 나는 책임감, 진정성, 공감을 보여주고 있는가? 사랑으로 이끌고 있
   는가?

♥ 최근에 나와 상대방에게 어떤 변화가 있었는가?

♥ 이 상황은 나를 불안하게 만들고, 내 과거를 상기시키고, 현재에 대
   한 두려움을 불러오는가? 미래에 대한 불안을 느끼게 하는가?

5장

배우자 및
친인척들과의
관계

가족, 배우자, 친구와 싸우지 말자.
함께하는 시간을 즐기자.
상대방의 잘못을 들추어내는 것은 이제 그만 하자.
서로의 개성을 인정하자. 인생은 짧다.
떠난 후에 더 잘 해줄걸 후회하는 대신
함께 보내는 시간에 감사하자.
그러면 위안을 받고 상실감과 슬픔을 극복하는 데
도움이 될 것이다.

겔렉 린포체, 『트라이시클(Tricyle)』

## 배우자와의 관계

명절이나 가족 행사에 친척들을 집으로 불러서 저녁을 먹는 장면을 상상해보자. 맞은편에는 당신의 배우자가 앉아 있다. 그 사람은 당신이 선택한 인연이다. 당신보다 나이가 많거나 적은 친척들이 식탁에 둘러앉아 있다. 당신의 부모형제는 혈연으로 맺어진 관계다. 그리고 배우자의 부모형제가 있다.

배우자는 우리에게 가장 중요한 인물이며 협력자다. 만일 부부관계가 화목하다면 전체 가족에게 좋은 영향을 준다. 두 사람이 공동의 비전과 책임감을 가지고 함께 새로운 전략을 시도한다면 가족 모두에게 도움이 되는 변화를 만들 수 있다.

하지만 가족이라는 렌즈를 통해서 보면, 배우자 외에도 중요한 사람들이 있다. 당신의 부모형제와 배우자의 부모형제다. 주변인이라고 생각할지 모르지만 그들은 당신과 배우자의 과거와 현재를 구성하고 있다. 조부모, 삼촌, 이모 역시 대가족의 일부로 서로에게 도움이 될 수 있다.

이 장에서는 혈연과 인연으로 맺어진 가족과 친척과의 관계에 대해 다룰 것이다. 그 모든 관계가 세심한 보살핌을 필요로 한다. 우선 우리가 선택한 배우자와의 관계를 살펴보는 것으로 시작해보자.

완벽한 부부라면 다투는 일이 없을 것이다. 두 사람은 자기 자신을 돌보는 것만큼 상대방을 사랑하고 아끼면서 죽음이 둘 사이를 갈라놓을 때까지 행복한 결혼생활을 할 것이다.

물론 완벽한 부부는 현실에 존재하지 않는다!

하지만 완벽에 가까운 부부 생활을 하는 사람들은 있다. 우리는 그런 부부를 보고 "잘 어울린다"라고 표현한다. 그들은 각자 성숙하고 독립적이면서 대화하고 소통하고 의지한다. 서로를 사랑하고 존중하며 유사한 가치관을 가지고 있다. 상대방에게 관심을 보여주고 때로는 놀라움을 주기도 한다. 그들은 때로 말다툼을 해도 금방 화해하고 무엇보다 자신들을 연결하는 것이 무엇인지 알고 있다. 비판보다는 칭찬을 많이 한다.

하지만 이런 부부는 소수에 불과하다. 존 가트맨은 결혼생활을 연구하면서 만난 부부들 중 17퍼센트에게만 '달인(Master)'의 칭호를 붙여주었다. 그런 부부들은 '나'와 '우리' 사이의 균형을 유지하지 못하는 부부들보다 성공적인 삶을 산다. 개인적으로도 행복하고 만족하며 정서가 안정적이며 활발한 사회생활을 한다. 또한 육아에 협조적이어서 자녀들 역시 행복하고 생산적이며 활동적인 삶을 살게 될 가능성이 높다.

어떤 부부도 항상 좋을 수만은 없다. 가트맨이 달인이라고 부른 부부들도 논쟁의 69퍼센트는 합의에 이르지 못한다. 왜 그럴까?

우리는 인간이기 때문에, 두 사람의 욕구는 서로 어긋나기 마련이다.

두 사람이 결혼해서 함께 사는 것은 쉽지 않다. 특히 아이들과 씨름하다 보면 스트레스가 쌓인다. 가정을 꾸리면 엄청난 책임을 져야 하고 매일 수많은 선택과 결정을 함께 해야 한다.

현대인의 삶은 러시안룰렛과도 같다. 언제 어떤 변화가 일어나서 균형이 와르르 무너질지 알 수 없다(변화에 대해서는 9장에서 자세히 설명하겠다).

우리 대부분은 친밀한 관계에 대해 두려움을 가지고 있다. 타인에게 우리 자신을 완전히 맡기는 것은 위험하게 느껴질 수 있다. 이것은 두려움과 같은 감정을 위협으로 해석하는 원시적인 '도마뱀 뇌'를 자극한다. 우리 조상들이 호랑이를 만났을 때 자동적으로 했던 것처럼 도망가거나 싸우는 반응을 일으키는 것이다.

수십 년을 함께 산 부부들도 때로 티격태격한다. 그럴 때 두 사람은 서로에게 무관심한 냉전 상태가 되거나 서로 부딪쳐서 싸우는 교전 상태로 진입할 수 있다.

부부 중 어느 한쪽이나 양쪽 모두가 충돌을 피하는 냉전 상태에 있을 때, 겉으로는 평온해 보일 수 있다. 그들은 함께 지내며 서로 예의를 지키고 각자 주어진 일을 한다. 하지만 서로에게 거리를 둔다. 그들의 배는 같은 강을 건너가고 있지만 같은 곳을 향해 가는 것은 아니다. 이런 부부들은 종종 배우자보다 아이에게 초점을 맞춘다. 한 사람이 어떤 결정을 내리면 다른 사람은 책임을 지지 않는 것을 다행으로 여긴다. 이런 상태로 머물러 있는 커플은 행복한 척할 수는 있지만 상대방에 대한 관심과 열정은 점점 시들해진다.

그 반대편에는 교전 부부가 있다. 교전 부부는 어느 한쪽이나 양쪽이 상대방에 대해 불만을 가지고 있다. 그들의 '나'는 계속해서 서로 부딪친다. 상대방을 들볶고 비난하고 투덜거린다. 한 사람이 "당신은 나를 사랑하지 않는다"라고 비난하면, 다른 사람은 뒤로 물러나거나 반격을 가한다. 이와 같은 교전 상태에 머물러 있는 부부는 의견의 일치를 보기가 어렵다. 아니면 한 사람이 위협을 가해서 억지로 따르게 한다.

냉전 상태나 교전 상태가 일상이 되어서는 안 된다. 부부가 계속 충돌하는 것은 당사자들에게도 좋지 않지만, 아이에게 더욱 나쁜 영향을 끼친다. 반대로 두 사람이 충돌을 피해 소원하게 지내는 시간이 길어지면 각자 자기 자리에서 나오지 못하고 완전히 분리될 수 있다.


## 균형 바로세우기

만일 부부가 위와 같은 방식으로 살고 있다면, 저울이 어느 한쪽으로 기울어 있는 것이다. 그렇다고 해서 희망이 없는 것은 아니다. 결혼해서 살다 보면 대부분의 부부가 때로는 균형이 한쪽으로 기울어지면서 권태기와 갈등을 겪는다.

우리의 과제는 부부관계가 어느 한쪽으로 기울어지는 것을 느낄 때 주목하고 균형을 바로잡는 것이다.


### 냉전 부부

냉전 상태의 부부는 두 사람이 잘 지내는 것처럼 보이지만 사실은 각자 자기 할 일만 한다. 부부라기보다는 룸메이트에 가깝다. 이런 상태는 문제가 잘 드러나지 않는다. 각자가 필요한 것을 취하므로 불편한 일은 별로 없다. 하지만 외롭거나 단절된 느낌이 들 수 있다. 마음 한구석이 뭔가 찜찜하다. 혼자서 집안일을 하거나 아이를 병원에 데리고 다니는 것이 힘들지만 굳이 불만을 표시해서 분란이 일어나는 것을 원하지 않는다. 상대방의 말에 귀를 기울이지 않으며 관계는 점점 더 소원해진다. 아이를 위해 함께 시간을 보내기는 하지만 두 사람이 따로 만날 일을 만들지 않는다.

트레이시는 첫아이가 태어나면 부부가 냉전 상태로 들어갈 수 있다는 이야기를 했다. "아이가 태어나면 엄마는 집에 묶여 있어야 하고 아빠는 직장에서 더 늦게까지 머물거나 친구들과 어울리죠." 만일 다른 가족들과 친구들이 뒤치다꺼리를 해준다면 처음에는 편할 수 있다. 하지만 시간이 지나면서 엄마들은 불만을 느끼기 시작한다. 네 살짜리 아이를 키우며 최근에 둘째를 낳은 한 엄마는 말한다. "제가 뭐든지 혼자 하는 이유는 체념이 아니라 솔직히 그렇게 하는 것이 더 쉽고, 그래야 우리 가족과 일상 속에서 충돌이 덜 일어나기 때문이에요." 하지만 부부 중 어느 한쪽이 완전히 체념해버리면 냉전 상태에 갇혀서 빠져나오지 못할 수 있다.

## 교전 부부

교전 상태의 부부는 더 어렵다. 갈등이 풀어지는가 싶으면 얼마 안 가 다시 두 사람을 흔들어놓는 일이 생기고, 그러면 또다시 부글부글 끓어오른다.

다리아 윌커슨은 처음에는 남편에게 실망하거나 말다툼을 해도 크게 걱정하지 않았다. 하지만 어느 순간 마음이 점점 불안하고 두려워졌다. "정말 우울했어요. 상황을 인식하는 관점의 변화가 필요하다는 생각을 하게 되었죠."

서른여섯 살 다리아는 10년 전에 결혼해서 세 살인 아들 아이작을 키우고 있다. 처음부터 그녀와 남편 콘래드는 성격 차이로 종종 다투었다. 그녀는 정리정돈을 좋아하지만, 콘래드는 싱크대에 설거지거리를 쌓아두었다. 그녀는 쉽게 결정을 내리는 반면, 콘래드는 결정을 미루는 성격이다. "그런 사소한 일들이 저를 화나게 했어요. 남편에게 뭔가 부탁하면 그는 하지 않거나 잊어버려요. 그런 남편이 무심하게 느껴지고 절 무시하는

# 균형 바로잡기

부부관계는 끊임없이 변화한다. 모든 부부가 항상 평화롭고 조화로운 삶을 산다면 좋겠지만 현실은 그렇지 못하다. 냉전 상태나 교전 상태로 기울어지는 신호를 포착해서 균형을 바로잡는 조치를 취해야 한다.

| 냉전 상태 | 조화로운 상태 | 교전 상태 |
|---|---|---|
| '우리'보다 '나'를 우선한다. 허니문은 끝났다는 식의 태도를 취한다. 두 사람 사이에 즐거움이나 열정이 없다. 책임을 전가하고, 거리를 둔다. 각자 따로 활동한다. 여가시간은 아이들을 위해 보낸다. | '나'와 '우리'의 균형이 맞는다. 함께 결정하고 문제를 해결한다. 긍정적 감정과 부정적 감정의 비율이 적어도 3대 1이다. 부부가 함께 시간을 보내면서 추억을 쌓는다. 상대방의 입장에서 생각하려고 노력한다. | 서로 자기주장을 내세운다. 종종 '승자'와 '패자'가 있다. 크고 작은 일로 끊임없이 다툰다. 그로 인해 부정적인 감정이 심해지면서 점점 관계가 악화된다. 서로 자기주장을 하므로 결정을 내리거나 문제를 해결하는 것이 어렵다. 자녀에게 최악의 환경이다. |
| **어떻게 해야 하는가**<br>부부 단둘이 보내는 시간을 갖는다. 새로운 아이디어와 새로운 활동으로 관계를 발전시킨다. 서로 가르치고 함께 탐구한다. 가족 중심 사고방식으로 바꾼다. 부부관계를 보살피는 것은 아이들을 보살피는 것만큼 중요하다. | **어떻게 해야 하는가**<br>부부관계를 소중히 여긴다. 자기 자신과 환경의 변화를 의식하고 모니터한다. 상대방에 대한 관심을 유지한다. | **어떻게 해야 하는가**<br>서로에게 귀를 기울이고 대화법을 배운다. 친절과 존중을 보여줄 방법을 찾는다. 상대방에게 비현실적인 기대를 걸고 있어서 실망하고 화가 나는 것 아닌지 물어보자. 이 상태로 너무 오래 지냈다면 전문가의 도움이 필요할 수 있다. |

것 같았죠." 그들의 관계는 냉전 상태로 빠져들기 시작했다.

게다가 이 가족은 그녀의 친정이 있는 영국에서 멀리 떨어진 지중해의 작은 섬에서 살고 있었다. 친구들이 몇 명 있었지만 대부분의 시간은 가족과 보냈다. 다리아는 남편이 직장에 나가면 혼자 아이와 씨름하며 집을 지켜야 하는 결혼생활에 회의를 느꼈다.

처음에는 많은 여자들이 하는 것처럼 비판하고 불평하고 고함치고 잔소리하면서 남편을 변화시키려고 노력했다. 언젠가는 그를 납득시킬 수 있을 것이라고 생각했다. 하지만 부부 싸움은 점점 심각해졌고 더 잦아졌다. 싸움을 피하려고 콘래드가 후퇴할수록, 다리아는 그가 더 야속하게 느껴졌다.

다행스럽게도, 다리아는 남편에게 화를 내면 자신에게 독이 될 뿐 아니라, 두 사람 사이가 점점 더 멀어진다는 것을 깨달았다. 남편이 하루 종일 직장에서 일하는 것은 어쩔 수 없는 일이라는 것, 그가 지금보다 더 가사와 육아를 분담할 여유가 없다는 것을 알았다. 다리아가 할 수 있는 것은 가정에서 자신이 하는 역할을 돌아보고 생각을 바꾸는 것이었다. 다리아는 심리상담을 받으면서 우울증에서 벗어났고, 좀 더 긍정적인 관점에서 남편을 이해할 수 있었다. 그를 공격하는 대신 뒤로 물러서서 자신의 반응을 점검할 수 있게 되었다. 그녀는 이제 남편이 의도적으로 자신을 무시하는 것이 아니라는 사실을 알고 있다.

"남편은 지금도 몇 번씩 부탁해야 그 일을 해요. 하지만 원래 그런 사람인걸요. 의도적으로 그러는 것은 아니에요. 그러다가 결국 하기는 한답니다. 저는 할 일이 있으면 당장 하는 성격이지만 남편이 저 같기를 기대할 수는 없죠. 우리 두 사람을 위해 제가 양보할 필요가 있어요. 그는 신발

한 켤레를 사든 중요한 결정을 하든 심사숙고할 시간이 필요해요. 화를 내봐야 소용없어요. 그러려니 해야죠."


## 관계가 악화된 상태로 지속된다면?

당신과 배우자는 종종 냉전 상태나 교전 상태로 들어가는가? 어쩌다가 냉전이나 교전 상태에 들어가더라도 금세 화해하는가? 그렇지 못하다면 아마 너무 오래 기다리는 것일지도 모른다. 관계가 악화되었다고 느끼는 즉시 균형을 회복하기 위한 조치를 취해야 한다. 물론 어떻게 해야 하는지는 어떤 상태에 있느냐에 따라 다르다.

만일 배우자와 냉전 상태에 있다면 무슨 일이 일어나고 있는지 서로 대화를 나누어보자. 관계가 시들해지고, 유대감을 느낄 수도 없으며, 부부라기보다 룸메이트 같다는 생각이 드는 상태에서 벗어나려면 우선 외롭거나 단절된 느낌을 인정하고 상대방에게 고백해야 한다. 걱정이나 불만을 숨겨왔다면 담판을 지어서라도 그 상태에서 벗어나야 한다. 대수롭지 않은 문제가 원인이라고 해도, 숨기지 말고 솔직하게 이야기하는 것이 필요하다. 같은 일이라도 사람마다 경험하는 방식은 다르기 때문이다.

또한 가족의 일과를 들여다보자. 부부가 함께 보내는 시간이 있는가? 두 사람이 오붓하게 보낼 수 있는 시간을 마련하자. 처음에 왜 그 사람에게 매력을 느꼈는지 기억하자. 서로에게 좀 더 관심을 갖자. 놀라움을 주자. 주말에는 아이들을 친정이나 시댁에 맡기고 레니와 빌처럼 함께 달리기를 하거나 쇼핑을 하자.

## 결혼이라는 여행

부부는 상대방의 개성을 존중해주는 동시에 두 사람 사이의 확고한 유대감을 유지해야 한다. 변호사이자 작가인 짐 모레가 30주년 결혼기념일에 한 말은 부부간에는 사랑과 노력이 필요하다는 사실을 일깨워준다.

30년 동안 우리가 어떻게 결혼생활을 유지했을까요? 저는 아내를 존경합니다. 그녀는 항상 저에 대한 지원을 아끼지 않았으며, 무엇보다도 저 자신으로 살 수 있도록 격려해주었습니다. 우리는 동반자이며, 친구이고, 연인이자, 부모입니다. 하지만 또한 각자 하는 일과 친구들이 있습니다. 상대방의 개성을 인정하려고 노력한 것이 유대감을 강화해주었죠.

　이 여행은 쉽지 않으며 우리 뜻대로 움직이지 않을 때도 있습니다. 결혼에 위기가 왔을 때도 있었죠. 중간에 잠시 헤어지기도 했습니다. 30년은 고사하고 17년을 채우지 못할 것 같았죠. 하지만 가장 어려울 때 다시 합쳤고 인내했습니다. 간단히 말하자면 우리는 우리를 위해 싸웠어요. 그렇게 하기를 정말 잘한 것 같습니다.

출처: www.huffingtonpost.com/jim-moret/still-the-one-on-our-30th_b_536867.
html?ncid=wsc-huffpost-cards-image.

관계를 발전시키기 위해서는 두 사람이 함께 하는 공동의 경험이 필요하다. 만일 아이들에게만 관심을 주거나 직장 동료나 친구들과 대부분의 시간을 보낸다면 부부 사이가 좋아질 수 없다. 부부가 함께 할 수 있는 일을 찾아보자. 지금까지 해보지 않았던 새로운 모험을 시도해보자. 4장에서 이야기했던 엘리자베스는 남편과 함께 샌프란시코 만을 헤엄쳐 건너는 훈련을 했다. 그녀는 연습 첫날 댄이 수영복으로 갈아입고 나타나기를 기다리면서 느낀 감정을 "정말 오랜 만에 데이트하는 기분이었어요. 퇴근하고 잔뜩 지친 얼굴로 만나는 것이 아닌, 가슴 두근거리는 진짜 데이트였어요"라고 설명한다. 몇 달 후 그들은 알카트라즈 섬에서 샌프란시스코 만으로 헤엄쳐서 돌아왔다. "우리는 완주하지 못했어요. 하지만 일상에서 빠져나와 둘이 함께 미지의 세계로 들어가는 듯한 기분을 즐길 수 있었죠."

만일 배우자와 종종 의견이 충돌한다면, 목소리를 낮추고 서로에게 귀를 기울이면서 적군이 아닌 우군이 되는 연습을 해보자. 예의를 갖추고 대화하는 법을 배우자. 상대방의 입장이 되어보자. 상황이 걷잡을 수 없어지면 행동을 멈추고 각자 평정을 찾을 때까지 마음을 가라앉히자.

예를 들어 한 여자는 남편과 정원을 가꾸다가 종종 일어나는 말다툼이 시작되자 "방금 5분 동안 있었던 일을 잊어버리자"고 제안했다. 그들은 화난 감정을 자제하고 상대방에 대한 고정관념과 '내가 옳다'고 하는 생각을 버렸다. 그러고 나서 말다툼을 하지 않은 것처럼 처음부터 다시 대화를 시작했다. 그것은 쉽지 않았지만 간단하면서도 참신한 생각이었고, 효과가 있었다. 그들은 이후에도 그 방법을 계속 사용했다.

마음을 가라앉히는 전략의 핵심은 말꼬리를 잡고 늘어지는 악순환을 중단하는 것이다. 엘리자베스는 그들 부부가 결혼생활을 개선하기 위해 탐색하면서 배운 대화 방법을 항상 사용하지는 않는다고 인정한다. "하지만 다투고 나서 10분이나 1시간이나 하루가 지나면 한쪽에서 먼저 '이제 그만 싸우고 잘해봅시다'라고 제안합니다. 자기주장을 접어두고 상대방 입장에서 생각해보려고 하죠."

만일 어디서부터 어떻게 시작해야 할지 모른다면, 부부 워크숍에 등록해서 갈등 해소 방법을 배우는 것도 좋다. 또한 갈등이 오래 지속되는 상태라면 부부싸움이 두 사람의 관계뿐 아니라 가족 전체에도 영향을 준다는 것을 상기시켜주는 전문적인 심판이 필요할지도 모른다.

어워드 부부는 6회에 걸쳐 심리치료를 받으면서 놀라운 효과를 보았다. 샐마는 둘째 아이가 태어난 뒤 남편이 집에 점점 더 늦게 오는 것이 못마땅했다. 아이가 태어나면 갑자기 책임져야 하는 일들이 많아진다. 그들은, 때로는 싸우고 때로는 서로를 피했다. 두 사람이 오붓하게 보내는 시간은 거의 없었고, 관계는 악화되었다. 샐마와 남편인 아리는 대화 기술뿐 아니라 관계에 대한 새로운 관점이 필요했다. 샐마는 몇 달 후 우리에게 이메일을 보내 그동안 심리치료를 받으면서 배운 것이 많았다고 고마워했다.

제가 얻은 최고의 교훈은 우리 두 사람이 각자 다른 진실과 다른 현실을 가지고 있다는 것을 깨달은 것입니다. 함께 살면서 같은 경험을 해도 서로 다른 생각을 합니다. 저에게 정말 도움이 된 또 다른 방법은 '함께 나무 위에 앉아 있다'고 생각하는 것이었어요. 배우자에게 이래라저래라 하는 것은 나무에서 내려오지 못하는 사람에게 땅에서 지시하는 것과 같습니다. 그런 식으로는 도울 수 없어요. 나무 위에 있는 사람이 필요로 하는 것은 누군가 위로 올라와서 '구출해주는' 것입니다. 상대방이 느끼는 감정을 이해하고 공감할 때 우리 뇌는 문제를 해결하는 부위를 사용하게 됩니다. 그것은 나무 위에 같이 올라가는 것입니다. 지시하는 것이 아니라 손을 내밀어야 합니다.

냉전 상태이거나 교전 상태이거나, 그러한 상태에서 벗어나기 위해서는 먼저 자기 자신에게 솔직해져야 한다. 두 사람 사이에 공간이 있는데 각자 그 공간을 다른 것들로 채우고 있는 그림을 상상해보자. 잭과 니나의 경우, 잭은 아내인 니나가 따라다니며 간섭하고 지시하는 것에 불만이 있었다. 아내의 잔소리 때문에 자신이 뭔가 부족한 인간이라는 느낌이 든다는 것이다.

"저는 단지 도와주려는 마음에서 그런 거예요"라고 니나는 말한다. 심리치료사는 니나에게 한 가지 숙제를 내주었다. "남편이 하는 말에 대꾸하지 말고 당신 안에서 어떤 반응이 일어나는지 주목해보세요. 아무 말도 하지 말고 그냥 듣기만 하십시오."

일주일 후, 니나는 자신이 남편이 하는 일에 일일이 간섭하고 있는 것을 깨달았다. 그리고 남편이 어떻게 느끼는지 알 수 있었다. "하지만 또 다른 문제가 생겼어요." 그녀가 덧붙였다. "제가 잔소리를 하지 않으니까 서로 대화할 일이 없어요."

심리치료사는 "남편이 당신처럼 되기를 기대하지 마세요. 그 사람만의 방식이 있는 거예요"라고 대답했다.

심리치료를 받으면서 니나는 자신이 남편의 조언과 지원을 원하고 있음을 알았다. 그런데 남편에게 직접 요구하지 않고 자신을 보고 따라하기를 바랐던 것이다. 잭은 니나가 자신을 무능하다고 여기는 것이 아니라는 사실을 알게 되었다. 그녀는 그를 필요로 했다. 잭은 처음으로 니나의 약한 측면을 알게 되었고 마음이 누그러지면서 마침내 방어적인 태도를 버릴 수 있었다. 그들 사이에 있는 '공간'의 이미지를 떠올리는 것으로 두 사람은 각자 나름의 방식으로 관계를 위해 노력해야 한다는 사실을 깨달았다.

### 가족수첩: 배우자와의 관계에 대한 질문

'균형 바로잡기' 표를 보면서 부부가 지금 어떤 상태에 있는지 확인하고, 서로, 협조하는 관계를 유지하기 위해 무엇을 할 수 있는지 생각해보자. 만일 부부관계가 냉전 상태 또는 교전 상태를 향해 가고 있거나 어느 한쪽에 너무 오래 머물러 있다면, 다음과 같은 질문을 해보자.

♥ 나는 왜 불행하다고 느끼는가? 부부가 함께하는 시간이 부족한가? 혹은 배우자에게 그저 짜증이 나는가? 섹스를 하지 않는가? 혹은 자신만의 시간이나 열정, 사생활이 없는 것은 아닌가? 이런 불행한 기분이 당신의 마음을 닫게 하거나 도망가고 싶게 만드는가? 혹시 무언가가 두려운 것은 아닌가?

♥ 나는 어떤 역할을 하고 있는가? 항상 잔소리를 하면서 상대방을 괴롭히는가? 아니면 희생자 역할을 하고 있는가? 불편한 진실을 회피하는가? 사랑과 충성을 확인하기 위해 계속 추궁하는가?

♥ '나'를 지키는 것이 힘들게 느껴지는가? 배우자가 너무 고압적인가? 아니면 자청해서 순교자 역할을 하고 있는가?

♥ 부부가 함께하는 일에 흥미를 잃었는가? 관계의 균형을 맞추기 위해 최선을 다할 의지가 있는가? (그를 배우자로 선택해서 지금까지 관계를 유지하고 있는 이유를 생각해보면 도움이 될 것이다.)

♥ 배우자보다 다른 사람들에게 의지하고 있는가?

♥ 이런 불균형한 상태로 얼마나 오래 버틸 수 있을 거라 생각하는가?

만일 부부 사이가 멀어졌거나 서로를 공격하고 있다면 곧바로 대화를 나누고 조치를 취하자. 마음을 열고 당신의 '나'와 함께 우리를 존중하고 보살펴야 한다. 구덩이에 빠져도 언제든 다시 올라올 수 있다는 것을 기억하자.


## 부모의 역할

아이는 결혼 생활에 즐거움과 함께 스트레스를 더해준다. 부부는 서로에게 동반자이지만 아이에게는 부모의 역할을 해야 하는데, 그 두 가지 역할은 때로 충돌할 수 있다. 아이는 커가면서 신체적으로 독립하지만 여전히 부모의 관심과 보살핌을 필요로 한다. 아이에게 지나치게 집중하면 부부관계가 흔들릴 수 있다. 따라서 가정의 균형을 유지할 수 있도록 부부가 서로 배려하고 협조해야 한다. 부부관계는 가족의 닻과 같은 역할을 한다.

부부관계가 좋으면 더 나은 부모가 될 수 있다. 많은 연구를 통해 사이가 좋은 부부들이 아이들의 욕구를 더 잘 이해한다는 것이 확인되고 있다. 부부관계가 좋은 가정의 아이들은 빗나갈 위험이 적으며 더 나은 수행 능력을 보인다. 연구가 아니라도, 부부관계가 좋은 가정에서 자라는 아이가 더 나은 보살핌을 받을 것임은 누구나 짐작할 수 있다. 다행히 57퍼센트의 가족이 적어도 부부 사이가 원만하다. 그들은 훌륭한 부모이면서 또한 남부럽지 않은 금슬을 자랑한다.

그러면 이런 부부가 되기 위해서는 어떤 자질이 필요할까?

## 무엇이 아이들에게 최선인가?

2004년에 실시한 한 연구는 부부관계와 그들의 양육 능력 중 무엇이 더 중요한지 가리기 위해 1,300쌍 넘는 부부를 조사해서 다섯 가지 유형으로 분류했다.

화목한 가정(14%)에서는 부부 사이가 좋을 뿐 아니라 부모로서도 훌륭한 능력을 가지고 있었다. 엄마는 아이들의 욕구를 세심하게 살피고 아빠도 육아에 적극적으로 참여한다.

위태로운 가정(16%)에서는 부부 사이가 좋지 않을 뿐 아니라 부모로서의 능력도 부족하다.

하지만 일부 가정에서는 부부관계와 육아 능력이 일치하지 않는다. 부모로서는 훌륭하지만 부부관계는 좋지 않은 가정(20%)이나 부모로서는 부족하지만 부부관계가 좋은 가정(7%)이 있다. 두 가지 모두 잘해야 하지만, 굳이 따지자면 아이들을 위해서는 부모로서의 능력이 부부관계보다 중요하다. 하지만 또 다른 연구는 정도에 따라 차이가 있음을 보여준다. 부모가 아이들을 아무리 사랑하고 이해하고 보살핀다고 해도 끊임없이 부부싸움을 하거나 더 나쁘게는 아이들을 방패로 삼는다면 부모의 자격을 갖추었다고 할 수 없다.

R.E.A.L.의 네 가지 덕목을 갖춘다. 부부는 아이들과 가족을 책임져야 한다. 상대방을 비난하지 말고 이해하려고 노력하자. 배우자와 아이들에게 솔직해지자. 항상 사랑으로 인도하려고 노력하자. 하지만 우리는 인간이기에 완벽해질 수 없다는 것을 인정하자.

우리 자신을 돌보면서 동시에 부부관계를 소중히 한다. 수십 년 동안의 연구 결과들이 말하는 '훌륭한 부모의 조건 10가지' 중 사랑과 애정이 가장 윗자리를 차지한다. 그다음이 스트레스 관리이고, 세 번째가 관계 기술이다. 우리가 만난 최고의 부모들을 모든 조건이 우수했다.

육아를 분담한다. 최고의 부모들은 자신들을 공동 양육자로 의식한다. 두 사람은 적극적으로 발 벗고 나서서 아이들에게 (피아노학원에 데려다주거나 새 운동화를 사주는) 실질적인 도움을 주고, (자전거 타는 법이나 전자레인지 사용법 같은) 실용적인 정보와 지침을 제공하고, (실망감이나 두려움을 달래주며) 마음의 위로를 주고, (중요한 가치에 대해 대화를 나누며) 정신적인 지도를 한다. 아이를 돌보는 일에서는 누가 무엇을 얼마나 하는지 따지지 않는다.

## 공동 육아의 기술

육아를 분담한다고 해서 부부의 방식이 같아야 하는 것은 아니다. 무엇보다 부부는 서로 다른 개성을 가지고 있으며, 그로 인해 가정생활은 더욱 풍요로워진다. 아이에게 사랑을 표현하는 방식이 한 사람은 아이를 안아주는 것이고 다른 사람은 야구장에 데려가는 것일 수 있다. 그 가치는 서로 비교할 수 없다.

하지만 육아 분담에는 연습과 노하우가 필요하다. 1장에서 만났던 스티븐은 첫아이 때 육아 분담을 제대로 하지 못했다고 말한다. 낸시는 출산 휴가를 받아서 집에 있었지만 그는 회사에 나가야 했기 때문이다. "저는 엘리를 돌볼 때마다 아내에게 어떻게 해야 하는지 물어봐야 했죠. 아이와 함께 시간을 보내는 것이 중요합니다. 그래야 아이에 대해 알 수 있어요. 나중에는 재택근무를 하면서 하루 종일 엘리와 함께 보내게 되었어요. 그러다보니 자연스럽게 아이의 리듬을 이해할 수 있었어요. 아내에게 물어보지 않아도 아이가 필요로 하는 것을 알게 되더군요."

부부가 같은 집에 살든 아니든 육아 분담을 위한 규칙은 동일하다. 이혼한다고 해도, 결혼은 끝날지언정 가족은 끝나지 않는다. 한 지붕 아래 살든 아니든 아이를 돌보는 모든 부모는 성숙함과 자각, 요령이 필요하다. 다음 페이지에 나오는 '공동 육아를 위한 10가지 요령'은 아이를 혼자 돌보는 싱글맘에게도 적용될 수 있다.

## 가까운 친척들과의 관계

배우자는 우리가 인생이라는 강을 함께 건너기로 선택한 사람이다. 그리고 아이들을 낳으면 가족이라는 작은 함대를 이루고 강을 건너게 된다. 그 외에도 우리와 함께 강을 건너는 다른 배들이 있다. 우리의 부모형제와 다른 친척들이다. 얼마나 자주 만나고 어디에 살고 있든 그들은 우리의 일부이다. 그들은 우리 자신과 우리 가족에게 영향을 미친다.

친척은 우리 가족에게 애정과 공유와 지원을 제공할 수 있다. 우리가 배우자로 선택한 사람을 그들이 좋아하면 모두에게 좋은 일이다. 가족에게 문제가 생겼을 때 걱정해주는 사람들이 있다면, 그 충격이 덜할 수 있다. 물론 친척이 계속 스트레스를 주는 존재가 되기도 한다. 또한 질투나 오래된 원망, 가치관의 충돌, 육아 철학, 오해 등으로 인해 갈등이 빚어지

# 공동 육아를 위한 10가지 요령

다음은 별거 가정을 위한 육아 지침으로 만들어졌지만, 모든 가정에 적용할 수 있다. 연구에 따르면 부모가 따로 살아도 아이들을 위해서는 육아 분담이 필요하다. 또한 육아의 책임을 공평하게 나누는 것은 부부관계를 위해서도 바람직하다.

1. 부모 자신을 치유한다. 부모가 가지고 있는 심리적 문제를 해결한다. 필요하면 전문가의 도움을 받는다.

2. 성숙하게 행동한다. 부모로서 최선의 모습을 보여준다. 행동하기 전에 생각한다.

3. 아이가 하는 말에 귀를 기울인다. 아이들이 하는 말을 존중한다. 부모 마음대로 밀어붙이지 않는다.

4. 부모로서 서로를 존중한다. 두 사람이 각자 아이들에게 줄 수 있는 것에 초점을 맞춘다.

5. 시간을 나눈다. 똑같이 나누지는 않더라도 각자 시간을 내어 아이를 돌본다.

6. 서로의 차이를 인정한다. 더 나은 육아 방식은 없으며, 단지 서로 다를 뿐이다.

7. 아이에 대해 상의한다. 아이에 대한 정보를 공유하면서 서로 새로운 소식을 알려준다.

8. 전통적인 성 역할에서 벗어난다. 엄마는 아들의 야구 코치를 할 수 있고, 아빠는 딸의 손톱 손질을 해줄 수 있다.

9. 변화를 예상하고 받아들인다. 언제나 깨어 있고 유연해지자. 현실과 싸우지 말자.

10. 육아 분담은 영원히 해야 한다. 두 사람은 죽을 때까지 아이들의 부모이다.

기도 한다.

다니는 직장은 그만둘 수 있고 친구와는 절교할 수 있다. 하지만 부모 형제와 인연을 끊는 것은 거의 불가능하다. 우리의 선택이나 의지와 무관하게 좋든 싫든 그들과 우리는 서로 엮여 있다.

우리의 부모는 그들 나름의 방식으로 아이를 돌봐주고, 어려울 때면 경제적인 도움을 주기도 하며, 고민을 이야기하면 귀를 기울여준다. 그들은 우리가 잘되기를 진심으로 기원한다. 그러나 그들은 우리와 다른 시대를 살아왔기 때문에 때로 적절하지 않은 조언을 할 수도 있다. 우리가 생각하는 최선은 그들이 생각하는 것과 다르다. 은근히 비난하는 말을 해서 우리를 발끈하게 만들기도 하고, 아이를 너무 늦게까지 깨어 있게 하거나 먹이고 싶지 않은 음식을 주면서 버릇을 나쁘게 만들기도 한다. 그리고 도움을 주면서 "내가 하던 식으로 해야 해", "나는 너를 위해 모든 것을 하니까 나한테 더 잘해야 해"라는 식으로 요구할 때도 있다.

부모는 누구보다 자식에 대해 잘 알고 있다. 부모 앞에서 우리는 다시 아이가 된다. 마흔 살이 되어도 부모 앞에서는 열네 살처럼 느낄 수 있다. 부모가 아이 취급을 하기 때문만은 아니다. 두 세대가 함께 만나면 이전 역할로 돌아가기 때문이다.

배우자의 가족은 어떤가? 결혼하면 배우자의 가족을 만나게 된다. 우리는 그들과 백지 상태에서 관계를 시작할 수 있다. 그들은 배우자의 어린 시절 이야기를 들려주고 사진을 보여주면서 그를 이해하는 데 도움을 준다. 우리 아이들을 애지중지 보살펴준다. 부모를 일찍 여위거나 형제가 없는 사람이라면 배우자의 가족이 든든한 지원군으로 느껴질 수 있다.

반면, 배우자 가족과의 갈등은 시트콤과 TV 드라마에만 나오는 이야기가 아니다. 돈과 섹스 다음으로 배우자의 가족은 부부싸움을 일어나게 하는 중요한 원인이다. 드라마 〈페어런트후드〉는 우리 주변에서 흔히 볼 수 있는 사건들을 다룬다. 재스민의 친정어머니는 갑자기 실직을 하고, 새 일자리를 찾을 때까지 함께 살자고 한다. 재스민은 자식을 위해 희생하며 살아온 어머니가 다시 '자립'할 때까지 기꺼이 도와주고자 한다. 하지만 그녀의 남편 크로스비는 사생활을 침해당하는 것처럼 느낀다.

형제 사이가 가까우면 언제든 서로에게 도움이 된다. 모든 가족관계 중에서도 형제관계는 가장 오래간다. 그들은 우리와 어린 시절을 함께 보냈으며 부모가 세상을 떠난 후에도 오랫동안 교류하면서 지낼 것이다. 우리 아이들에게는 이모와 삼촌이다. 패션계에서 일하는 이모는 10대의 조카를 주말에 세련된 도시 문화에 초대한다. 삼촌은 '해리포터' 전집을 사주고 마술 묘기를 보여준다. 그들이 결혼해서 낳는 아이들은 우리 아이들과 사촌지간이 되면서 가족의 생활 반경이 넓어지고 삶은 풍요로워진다.

하지만 단지 같은 집에서 자랐다고 해서 형제와 친구처럼 지낼 수 있는 것은 아니며, 같은 가치관과 관심사를 가지고 있는 것도 아니다. 형제들은 서로 질투하고 시기한다. 형제관계는 언제까지나 우리를 어린 시절에 가두어둔다. 마흔다섯 살이 되어도 여전히 동생이거나 형으로 남아 있다. 노부모를 부양하는 문제로 다툼이 일어나면 오래된 원망이 되살아날 수 있다. 집에 놀러 온 오빠가 당신의 아들과 노는 것을 지켜보다가 어릴 때 그에게서 괴롭힘당했던 기억이 떠오를 수도 있으며, 언니가 딸의 귀에 뭔가 속삭이는 것을 보면서 언니가 어릴 적 친구들에게 당신을 '멍청한 동생'이라고 흉보던 기억이 나는 것처럼 옛 상처가 되살아날 수도 있다.

또한 결혼한 형제의 배우자와도 상대해야 한다. 그들과 잘 지낼 수도 있지만 그렇지 않을 수도 있다. 하지만 좋든 싫든 그들 역시 우리와 함께 강을 건너가는 사람들이다.


## 순조로운 항해를 위하여

친척들과의 관계는 언제든지 더 좋아지거나 나빠질 수 있으며, 당연히 각자의 성격과 과거의 경험, 스트레스 대처 능력, 사회성, 그리고 매일 일어나는 일에 따라 달라질 수 있다. 하지만 또한 우리의 선택에 달려 있는 문제일 수 있다. 쉬운 일은 아니지만 만일 다음과 같은 요령을 기억해두면 바람직한 방향으로 갈 가능성이 높아질 것이다.

> 상대방을 변화시키려고 애쓰는 대신 관계를 발전시키려고 노력하자.

4장에 나오는 '관계를 위한 질문'을 해보는 것으로 출발하자. 특히 누군가와의 관계가 악화되었다면 당신 자신에게 질문해보는 것이 필요하다. 나는 그를 이해하려고 노력하고 있는가? 그를 질투하고 있는 것은 아닌가? 경쟁심은 종종 어쩔 수 없이 일어난다. 또한 불필요한 오해를 하지 않으려면 상대방을 있는 그대로 볼 수 있어야 한다. 아니면 오래된 상처에 매달리고 있는가? 현재 그가 처한 상황을 알고 있는가? 그를 단정적으로 판단하는 것은 아닌가? 공통점을 발견하는 시간을 가져보았는가?

마음을 열고 다가가자. 관계는 우리 자신을 있는 그대로 보여주고 최선을 다함으로써 발전한다. 친절과 존중과 공감을 보여주자. 작은 친절을 베풀자. 예를 들어 상대방이 흥미를 가질 만한 신문 기사를 오려주거나 정성이 담긴 작은 선물을 하자. 도움을 제안하자(진심으로). 뜻밖의 놀라움을 주자. 상대방에게 더 나은 모습을 보여주려고 노력하다보면 우리 자신의 태도와 관점도 변한다. 전에는 생각하지 못했던 새로운 뭔가를 이해하고 배우게 된다.

당신이 정말 원하는 것이 무엇인지 생각한다. 며느리가 시부모가 아닌 친정부모의 사진을 선반에 올려놓은 것을 본 어떤 시어머니가 한숨을 쉬며 말했다. "시부모는 뒷전입니다. 아들 집에 우리 사진은 없고 제 친정부모 사진만 있더군요. 저는 계속 마음의 상처를 받으면서 꾹꾹 참고 삽니다. 그래도 사돈댁이 먼 곳으로 이사한 후로는 손자들을 자주 만나고 있어요."

이 시어머니는 먼저 초점을 바꿀 필요가 있다. 그녀는 이미 자신이 가장 바라는 것을 얻었다. 손자들을 만나서 함께 시간을 보내는 것은 며느리의 공경을 받는 것보다 훨씬 더 중요하다. 따라서 며느리의 친정부모와 경쟁하기보다는 며느리를 이해하려고 노력할 필요가 있다. 게다가 아들 집 벽난로 선반 위에 사진을 올리고 싶다면, 며느리에 대해 불평해봤자 도움이 되지 않는다. 며느리와의 관계를 돈독히 하고 손자들과 찍은 사진 중 가장 잘 나온 것을 액자에 넣어 선물하자.

중요한 것은 며느리와의 관계를 발전시키는 것이다. 며느리에게 친절하다보면 점차 사이가 가까워질 것이다. 그러면 벽난로 위는 아니더라도 집 안 어딘가에 시부모 사진이 놓일 수 있다. 물론 쉽지 않은 일이다. 특히 상대방이 냉정하고 거리를 두고 심술을 부린다면 더욱 그렇다. 하지만 누군가 먼저 첫발을 떼어야 한다.

정면으로 부딪치지 말자. 예를 들어 당신은 형부의 목소리가 너무 큰 것이 불만이라고 하자. 그에게 목소리를 낮춰달라고 직접 이야기하거나 언니를 통해 전달할 수도 있을 것이다. 하지만 그보다 좋은 방법은 형부에게 마음을 열고 다가가는 것이다. 예를 들어 그의 취미나 좋아하는 음악에 대해 이야기하다가 지나가는 말로 부탁할 수 있다. "아이들이 자고 있을 때는 목소리를 좀 낮춰줄래요? 아이들이 충분히 잠을 자지 않으면 제가 힘들어서요." 아마 그는 기꺼이 협조해줄 것이다.

어떤 관계에서나 솔직하게 이야기하는 것이 최선이다. 진정성과 관심을 보여준다고 해도 상대방이 하루아침에 달라지지는 않겠지만, 긍정적으로 대화를 나누다보면 점차 관계가 개선될 수 있다.

나이에 맞게 행동하자. 당신은 더 이상 누군가의 자녀나 누군가의 동생이 아닌 독립적인 성인이다. 우리는 누구나 부모나 손위 형제들과 있을 때 아이로 돌아가는 경향이 있다. 오래된 상처와 마음속 응어리를 가지고 있을지 모르지만, 상대방을 지금 모습 그대로 보려고 노력하자. 한 어머니는 결혼한 자녀들에게 서운한 마음을 토로했다. "내가 너희를 키우면서 잘못한 것도 있지만 30년도 더 된 일이다. 그런데 지금도 그 대가를 치르고 있는 것 같구나. 내가 그동안 너희에게 잘해준 것은 생각하지 않는 거니?"

마음을 열고 새로운 면을 배우자. 우리는 가족에 대해 모든 것을 안다고 생각해서 그들의 이야기를 끝까지 듣지 않는 경향이 있다. 그러면 새로운 사실을 알 수 없고, 더 이상 관계가 발전할 수 없다. 상대방을 섣불리 판단하지 말고 귀를 기울인다면 지금까지 몰랐던 새로운 면을 발견할 수 있을 것이다. '베이비 위스퍼 포럼'에 올라온 재미있는 사례를 소개하려고 한다. 라나의 시어머니는 며느리의 출산예정일에 맞춰 아들 집에서 지내러 왔다. 라나는 해산일이 늦어지는 것이 걱정된 나머지 남편에게 섹스를 하자고 제안했다.

> 남편은 딱 잘라 거부하더군요. 그리고 나서 6일이 지났어요. 시어머니와 저녁을 먹으면서 남편과 그 일로 말다툼을 했습니다. 남편은 당황했지만 나는 상관하지 않았어요. 그러자 시어머니가 남편을 똑바로 쳐다보면서 말했어요. "나는 얼마 있으면 떠나야 한다. 아기가 지금 나오지 않고 2주일이 지나면 결국 제왕절개를 해야 할 텐데, 그때는 내가 여기 없을 거야. 남자답게 일어나서, 가서 섹스를 하거라." 남편은 놀라서 자빠질 지경이 되었고, 나는 웃음을 터트렸습니다. 시어머니는 평소에 섹스라는 말은 고사하고 '잠자리'라는 표현도 하지 않는 분입니다. 물론 남편은 남자답게 일어났고, 다음 날 새벽 6시에 산통이 시작되었죠.

이 일이 있기 전에 라나가 시어머니를 어떻게 생각했는지는 알 수 없다. 하지만 그녀는 그 후 분명 시어머니를 좀 더 존경하게 되었을 것이다. 누군가에 대해 많이 알수록 공통점을 발견하기 쉽다.

다른 가족의 눈을 통해 바라보자. 시아버지가 집에 두고 싶지 않은 과자나 아이에게 너무 큰 자전거를 사들고 왔을 때, 당신은 어떤 반응을 보이는가? 그는 남편의 아버지이며 아이들의 조부라는 것을 기억하자. 그의 아들과 손자의 눈으로 그를 이해해보자. 당신의 남편은 그의 아버지가 사주는 과자를 먹으면서 자랐다. 두 사람은 그 과자를 먹으면서 옛날로 돌아가 행복한 시간을 가질 수 있다. 아이의 눈에는 할아버지가 사온 자전거가 아주 근사해 보일 것이고, 자전거 페달에 발이 닿지 않는 것은 중요하지 않을 것이다.

당신은 어릴 적 형제들에게 섭섭했던 기억을 가지고 있을지 모른다. 하지만 그것은 당신의 과거이다. 당신의 아들은 '멋진' 삼촌과 같이 있을 때 더없이 행복할 수 있고, 당신의 딸은 이모가 '숙녀'처럼 꾸며줄 때 어른이 된 것처럼 느낄 수 있다. 과거로 돌아가지 말고 다른 가족의 눈을 통해 지금의 그들을 바라보자. 그러면 그들에게 다시 한 번 기회를 줄 수 있다. 또한 가족관계에서 어떤 일이 일어나고 있는지 좀 더 잘 이해할 수 있다.

상대방 입장에서 생각해보자. 공감 능력은 모든 관계에서 중요하게 작용한다. 예를 들어 당신의 부모는 대부분의 베이비부머 세대가 그렇듯이 비교적 건강이 좋을 수 있다. 하지만 그들은 점점 노쇠해지고 사회적인 지위와 영향력을 잃어가고 있다. 아티스트 제니퍼 웨인은 이런 노인들의 상황을 한마디로 이렇게 표현했다. "모든 노인의 내면에는 어리둥절해하는 젊은이가 있다." 그들은 이제 누군가에게 허락을 구하거나 의지해야 하는 입장이 되었다. 그들을 대할 때는 동정심을 가져야 한다.

같은 세대의 형제나 친척들과의 관계에서도 균형 잡힌 관점이 중요하다. 그들이 하는 선택과 생활방식이 우리와 다르다고 해도 인정하고 이해하려고 노력하자. 그들의 삶의 방식이 당신 마음에 들지 않더라도 좋다거나 나쁘다고 말할 수는 없다. 단지 다를 뿐이다.

가족 모두를 위해 무엇이 좋은지 생각하자. 친척들에게서 도움과 위안을 얻는다면 가족을 위해 좋은 일이다. 하지만 일부 가족은 그렇지 못하다. 예를 들어 에디는 아들을 뺏긴 것 같은 기분에 며느리를 구박한다. "나는 우리 아들에게 그렇게 하지 않았다." 며느리는 반갑지 않은 충고에

## 노부모들에게 하는 조언

관계를 위해서는 양쪽 모두의 노력이 필요하다. 다음은 노인 세대를 위한 몇 가지 조언이다. 또한 젊은 세대 독자들이 부모와 진솔하고 건설적인 대화를 나누기 위해 필요한 조언이 될 수도 있을 것이다.

자녀들이 조언을 구하고자 하는 사람이 되자. 아이들을 건강하고 안전하게 키우기 위한 신세대의 육아법에 대해 배우자. 아마 당신 세대는 아이들을 그렇게 키우지 않았을지 모른다. 책을 읽고 함께 이야기해보는 것은 좋지만 논쟁을 벌이지는 말자. 당신 자신의 삶과 육아 경험은 그들과 다르다. "무슨 용변 훈련이 그렇게 복잡하니? 우리 때는 그냥 기저귀를 채우지 않았어", "아직도 모유를 먹이고 있니?"와 같은 요즘 세대의 육아 방식을 무시하는 말은 하지 말자. "내가 재우니까 금방 잠이 들더라", "나에게는 말대꾸를 하지 않는다"와 같이 당신이 아이들을 더 잘 다룬다는 사실을 강조하지 말자. 손자를 사랑해도 공모자가 되지는 말자. "엄마와 아빠에게는 말하지 마라."

참견하지 말자. 자녀의 가족에 문제가 생기면 뒤로 물러서자. 해결책이나 조언을 청할 때까지 기다리자. 당신이 더 잘 안다고 생각하지 말자. 자녀들이 필요로 하는 것은 당신이 귀를 기울여주고 가정을 꾸리는 것이 얼마나 어려운지 이해해주는 것이다. 당신이 제공하는 조언을 따르는 것도 그들이 알아서 할 일이다. 당신의 생각이 맞다고 생각해도 강요하지 말자. 부모가 자녀의 가정사에 참견해서 좋을 것이 없다. 당신은 악역을 하게 되고, 자녀는 스스로 무능하다고 느낄 뿐이다.

서운하게 생각하지 말자. 자녀가 당신에게 화를 내거나, 전화를 받지 않거나, 부모와 대화를 거부한다면 서운하게 생각하기 전에 그 이유를 들어보자. 그 이유는 아마 당신과 무관한 것일 수 있다. 생각해보자. 당신이 너무 예민하게 반응하는 것은 아닌가? 지금 어떤 문제에 대해 이야기하는 것이 부적절하지 않은가? 그 이야기를 하는 것이 부모와 자식의 관계에 도움이 되는가, 아니면 해가 되는가? 도움이 되지 않는 이야기라면 거둬들이자.

행동하기 전에 동기를 생각해보자. 60대의 한 여성은 딸의 시어머니를 원망하면서 진심으로 말했다. "고아와 결혼시킬걸 그랬어요!" 양가 부모의 질투와 경쟁심은 가족 전체에 악영향을 준다. 어린아이들까지 긴장하게 된다. 해결책은 우리가 느끼는 감정을 돌아보고 어리석은 행동을 하지 않는 것이다. 『내 마음의 눈(*Eye of My Heart*)』의 작가인 바버라 그레이엄은 "어떤 감정을 느끼고 있는지 알면 인기 경쟁을 하는 10대 아이들 같은 행동을 하지 않게 된다. 인식은 성인답게 행동할 수 있는 힘을 준다"라고 말했다.

화가 나서 점점 더 시어머니를 멀리한다. 아들은 중간에서 이러지도 저러지도 못한다. 며느리는 남편이 시어머니 편을 든다고 생각한다. 시어머니는 아들이 며느리에게 쥐여산다고 화를 낸다. 이런 상황은 결국 아이까지 힘들게 한다.

형제들과의 관계에서도 비슷한 상황이 일어날 수 있다. 칼은 처제인 키샤와 사이가 좋지 않다. 칼은 밤늦게까지 돌아다니다가 그들의 집으로 불쑥 찾아오는 처제를 못마땅하게 생각한다. 아내는 그런 남편을 야속하게 생각한다. "그 아이는 내 동생이에요, 당신 동생이라면 그런 식으로 말하지 않겠죠!" 아이들은 이모를 좋아하지만 부모가 이모 문제로 다투는 것이 불편하다.

친척을 외부인으로 생각하는 사고방식은 가족을 고립시키고 아이들을 실망시킨다. 트레이시는 종종 부모들에게 "친정부모나 시부모나 아이들에게는 다 같은 할아버지 할머니입니다. 아이에게서 어느 한쪽을 빼앗는 것은 어른들의 이기심이죠"라고 말했다. 이모와 삼촌도 마찬가지다. 친척들과 잘 지내는 것은 단지 아이들만을 위해서가 아니라 가족 모두를 위해서 바람직하다. 아마 한 가지 사실에는 모두가 동의할 것이다. 그들은 당신의 아이를 사랑한다.

## 가족수첩: 그 사람과의 합의는 아직 유효한가?

말로 표현하든 아니든, 성인들 사이에는 일종의 '거래'가 오간다. "당신에게는 내가 있고, 나에게는 당신이 있다"거나 "나는 당신과 함께 지내지만 절대 당신처럼 되지는 않겠다"는 식의 거래가 맺어진다. 하지만 개인적인 상황은 계속 변화한다. 따라서 수시로 그 사람과의 거래를 '재평가'할 필요가 있다. "그 거래는 아직 유효한가?" 부부관계를 포함해서 다른 친척들이나 장기적인 관계에서도 이따금씩 다음과 같은 질문을 해보자.

♥ 시간이 흐르면서 나에게 어떤 변화가 생겼는가? 만일 내가 예전과 달라졌다면 그와의 관계는 어떻게 진행되고 있는가? 나는 그에게 진실한 모습을 보여주고 있는가?

♥ 언젠가 그와의 관계에서 얻고자 했던 것은 여전히 나에게 중요한가? 지금 우리에게는 처음 만났을 때나 더 젊었을 때와 다른 종류의 상호작용이 필요하지 않은가?

♥ 그는 보통 나의 기대에 부응하는가? 그에게 계속 실망을 느낀다면 나의 기대가 비현실적인지도 모른다. 나는 그를 있는 그대로 보고 있는가?

6장

배경:
가족의 일과

하느님,
바꿀 수 없는 것은 받아들이는 평온함을,
바꿀 수 있는 것은 바꾸는 용기를,
그리고 그 둘을 분간하는 지혜를 주소서.

마음의 평화를 위한 기도

## 배경의 역할

지금까지 우리는 가족을 구성하는 세 가지 요소 중 개인과 관계에 대해 알아보았다. 가족의 구성원들이 각자 R.E.A.L.을 갖추고 관계를 보살피면 보다 나은 선택을 하게 되고 가정이 화목하고 건강해진다는 이야기를 했다. 이번에는 우리가 마음대로 통제할 수 없는 요소인 배경의 역할에 대해 생각해보겠다.

우리는 의식과 의지로 관계를 보다 나은 방향으로 변화시킬 수 있다. 어떤 사람을 근본적으로 바꿀 수는 없지만, 가까운 사람들이 주는 영향은 고집 센 아이를 훌륭한 리더로 만들 수도 있고 폭군으로 만들 수도 있다.

그에 비해 배경을 바꾸기는 훨씬 더 어렵다. 예를 들어 허리케인, 전염병 또는 경기 침체는 우리의 의지로 막을 수 있는 일이 아니다. 시끄러운 이웃을 만나거나 우리의 가치관과 사는 곳의 문화가 다른 것 역시 어쩔 수 없는 일이다. 아이의 교사나 상사도 우리가 선택할 수 있는 대상이 아니다. 이러한 배경들은 트레이시가 좋아하던 〈마음의 평화를 위한 기도〉에서 말하는 우리가 '바꿀 수 없는 것'에 속한다. 하지만 가장 직접적인 배경인 가정환경은 어느 정도 관리할 수 있다.

이 책을 쓰면서 부모들과 인터뷰할 때마다 "당신은 어떤 가정환경에서 성장했는가?"라는 질문을 했다.

"아이들은 7시에 주방에서 저녁을 먹었고, 부모님은 식당에서 8시에 식사를 했습니다. 일요일은 우리 가족이 함께 식사할 수 있는 유일한 날이었어요."

"가장 기억에 남는 것은 매일 저녁 아빠가 6시에 집에 돌아오셔서 우리와 함께 만화영화를 본 것입니다. 어머니는 옆에서 책을 읽었지만 아빠는 만화영화에 빠져들곤 했어요. 내가 웃을 때 아빠가 같이 웃으면 정말 기분이 좋았죠."

"우리 부모님은 세상에 대한 호기심이 매우 많았죠. 우리는 여행을 많이 했어요. 해마다 두세 차례 해안으로 캠핑을 떠났어요."

"우리 부모님은 히피였습니다. 집 안이 난장판이었지만 즐거웠어요. 침대 정리를 하라거나 제때 밥을 먹으라는 말을 들어본 기억이 없어요. 하지만 크리스마스가 되면 적어도 박스를 장난감으로 채워서 기부해야 했어요. 망가진 것이 아니라 좋은 것으로 골라서요."

지금 가정을 꾸리고 있는 부모들은 대부분 자신들이 자란 가정의 일상적인 측면들을 분명하게 기억하고 있다. 가정에서 매일 일어나는 일들, 가사를 관리하는 방식, 시간을 보내는 방식에 대해 들어보면 그 가족에 대해 많은 것을 알 수 있다.

> 가족의 일과는 되는 대로 따라갈 수도 있고 의식적으로 설계할 수도 있다.

여기서 말하는 설계는 스타일, 돈, 계급과 관계없다. 자연이 만든 결과라는 의미의 유전적 설계도 아니다. 여기서 말하는 설계란, 우리가 의식을 가지고 계획적으로 하는 것을 말한다. 완벽한 세상에서 산다면 우리가 사용하는 물건이나 살고 있는 집이나 실행하는 모든 일이 안전하고 편안하게 설계될 것이다. 가족도 마찬가지다.

어떤 배경에 훌륭한 설계가 더해지면 사람들이 개인적으로 느끼고 서로를 대하는 방식에 긍정적인 영향을 준다. 예를 들어 채광이 잘되도록 설계된 병실에서 지내는 환자는 진통제를 덜 필요로 한다. 잘 설계된 동네는 편안하고 안전할 뿐 아니라 사람들과 연결할 수 있도록 해준다. 잘 설계된 가족의 일과도 마찬가지다.

## 가족 모두를 위한 일과

트레이시가 고객의 집에 가서 가장 먼저 하는 일은 일관적이고 체계적인 일과를 수립하는 것이었다. 아이들은 예측 가능한 환경에서 건강하게 잘 자란다. 규칙적인 일과가 수립되면 생활에 질서가 잡히고 아기의 리듬을 따라가기가 수월해진다. 가족에게도 규칙적인 일과는 필요하다. 가족 전체를 위한 일과는 방금 무슨 일이 일어났는지, 그리고 다음에는 무슨 일이 일어날 것인지를 알아서, 보다 나은 선택을 할 수 있게 해줄 것이다. 무엇보다 힘든 일을 겪을 때 보다 큰 그림을 볼 수 있다.

어떤 부모들은 규칙적인 일과라는 말만 들어도 움츠러든다. 시간을 정확하게 지키라는 말로 오해하기도 하고, 규칙적인 일과가 지루하고 즐거움을 앗아갈 것이라고 우려한다. 하지만 가족 전체를 염두에 두고 일과를 설계하고 조정한다면 그런 걱정은 하지 않아도 된다.

사실 어른이나 아이나 일과가 어느 정도 예측 가능할 때 가장 편안하게 지낼 수 있다. 연구를 보면 가족의 일과는 결혼 만족도, 육아, 아이들의 건강, 사춘기 아이들의 자의식, 부모와 자녀의 화합, 학업 성취에 영향을 준다. 규칙적인 일과는 우리의 기본적 욕구 충족을 위해 중요하다. 우리는 낮 동안 필요한 영양을 섭취하고 가족과 친구를 만나 즐겁게 활동하며, 밤에는 충분히 잠을 자야 한다. 그래야만 자신과 가족을 온전하게 보살필 수 있기 때문이다.

가족들이 저마다 다르듯이 가족의 일과 역시 저마다 다르다. 어떤 가족은 일과를 엄격하게 지킬 수도 있고, 어떤 가족은 유연하게 운용할 수도 있다. 어떤 식이든 자신의 가족에게 맞으면 된다. 중요한 것은 가정 안에서 가족 구성원들이 어떻게 움직이고 있는지 알고 문제가 있으면 용기를 내어 변화를 시도하는 것이다.

## 시간대별 상황

가족이 어떻게 움직이는지 관찰해보면 많은 정보를 알 수 있다. 모든 가족은 나름의 리듬과 체계를 가지고 있다. 당신이 설계사가 되었다고 가정하고, 아이들은 학교에 가고 어른들은 일터로 나가는 평일에 그들이 어떻게 움직이는지 관찰해보자. 당신이 해야 할 일은 가족 전체를 위한 하루 일과를 설계하는 것이다.

우선, 시간과 활동에 따라 하루를 10등분해보자.

준비 시간

기상 시간

아침식사

역할 전환 시간

다시 만나는 시간

돌보는 시간

가사 관리 시간

저녁식사

자유 시간

취침 시간

이렇게 하루를 시간대별로 구분하면 가족 중심 사고를 유지하는 데 도움이 된다.[*] 가족 전체에 초점을 맞추고 각각의 시간대에 누가 무엇을 하는지 알아보자.

가족의 일과는 가족 구성원들에게 중요한 시간과 책임을 중심으로 설계하는 것이 가장 효율적이다.

하루를 시간대별로 나누어서 생각해보면 모든 가족이 예상대로 움직이고 있는지 좀 더 분명하게 보인다. 또한 현재의 일과에 약간의 수정이 필요하다는 생각이 든다면 새로운 청사진을 머릿속으로 그려볼 수 있을 것이다.

다음 사항을 염두에 두자.

♥ 앞의 시간대 목록은 반드시 시간 순서가 아니다. 예를 들어 어떤 집에서는 준비 시간이 전날 밤이 될 수 있다. 자유 시간과 역할 전환 시간 또한 가정마다 다를 것이다.

♥ 어떤 시간대는 하루에 한 번 이상 있을 수도 있고 전혀 없을 수도 있다. 어린아이들이 있는 집에서는 하루가 아이를 돌보는 시간과 가사 관리 시간으로 채워질 것이다. 출장이 잦은 일을 한다면 집에서 일하는 사람보다 역할 전환 시간이 더 많이 필요할 것이다.

♥ 시간대는 중복될 수 있다. 예를 들어 아이를 차로 학교에 데려다주는 것은 이동 시간이면서 동시에 돌보는 시간이다. 또한 첨단기술로 인해 우리는 한 번에 두 장소에 있을 수 있게 되었다. 사무실에서 일하면서 아이들과 화상 대화를 하거나 문자를 주고받을 수 있다. 물론

---

* 시간대 목록에 점심식사를 넣지 않은 이유는 가족이 함께 점심을 먹는 일이 드물기 때문이다. 학교에 다니기 시작한 아이는 대개 점심을 밖에서 먹는다. 또한 주말을 포함시키지 않았는데, 이번 장에서는 평일 일과에 초점을 맞추었기 때문이다. 주말에 대해서는 뒤에서 이야기하겠다.

함께 있는 것과는 다르지만 언제라도 연락이 가능하다.

♥ 시간대별로 걸리는 시간은 가족마다 다르다. 어느 가족은 학교나 직장에서 돌아와 함께 만나는 시간이 몇 분에 지나지 않을 수도 있다. 어린아이가 있는 집에서는 대부분의 저녁 시간을 취침 준비로 보낸다.

♥ 시간대는 계속 변화한다. 가족을 구성하는 세 가지 요소 중 하나가 변하면 시간대도 변한다. 개인(한 아이가 새로운 팀에 들어간다), 관계(부모가 헤어진다), 또는 배경(등교 시간이 1시간 빨라진다)에 변화가 생기면 가족 모두가 거기에 적응해야 하기 때문이다. 지금 일과의 중심이 되는 시간대가 1년 후에는 사라질 수도 있다. 예를 들어 아이들은 커가면서 가족과 떨어져 보내는 시간이 많아지고 돌보는 시간이 줄어든다.

♥ 어떤 시간대는 특별히 힘들게 느껴질 것이다. 직장과 학교에서 돌아왔을 때는 모두가 지쳐 있을 수 있다. 이러한 시간대에는 중요한 대화나 결정을 잠시 미루고 자유 시간을 가지면서 긴장을 풀고 간식을 먹으며 혈당을 보충하거나 산책을 하면서 기운을 회복할 수 있다.

이제 각각의 시간대에 대해 자세히 알아보겠다. 어떤 일들이 일어나고 있는지 주목해보자(이혼해서 공동 양육을 한다면 양쪽 가정을 살펴야 할 것이다). 가족의 일과를 설계하기 위해서는 가족 구성원들이 필요로 하는 것을 예상해야 한다. 그들이 현재 하고 있는 것뿐 아니라 어떤 계획을 가지고 있는지 알고, 계획대로 되지 않을 때는 어떻게 조정할 것인지 생각해보자.

가족이 활동을 시작해서 모두가 잠들 때까지 약 16시간에 걸쳐서 각각의 시간대별로 어떤 일들이 일어나고 있는지 관찰하는 것으로 시작하자.

- 어떤 선택을 하고 어떻게 책임을 분담하고 있는가?
- 가족 구성원들은 어떤 식으로 생각을 (말이나 몸짓으로) 표현하고 문제를 해결하는가?
- 가족 구성원들은 서로 어떻게 연결하고 어떤 활동을 하면서 한 가족으로 느끼고 있는가?

각각의 시간대에 대해 설명하기 전에 나오는 '도전 과제'라는 제목의 상자글은 시간대별로 어떤 특징이 있고 어떤 노력이 필요한지 상기시켜줄 것이다. 그다음에 시간대별로 가족이 어떻게 움직이는지 파악할 수 있는 질문들이 나올 것이다. 어떤 질문은 당신의 가족과 직접적인 관련이 없을지도 모른다. 모든 질문에 답할 필요는 없다. 상상력을 위한 불씨로 사용하자.

이번 장의 목적은 문제를 해결하는 것이 아니라 정보를 수집하는 것이다. 가족수첩에 나오는 질문에 답해보면 당신의 가정이 어떻게 움직이는지 좀 더 분명히 이해하게 될 것이다. 배우자와 따로 답을 쓰고 서로 비교해보자. 만일 답이 서로 다르다면 그 이유에 대해 이야기해보자. 맞거나 틀린 답은 없다. 여기 나오는 질문은 가족에게 필요한 것이 무엇인지 생각하게 하는 것일 뿐, 판정하기 위한 것이 아니다. 만일 한 부모 가정이라면 혼자 질문에 답한 뒤 가족이나 가까운 친구 또는 가족의 멘토와 상의해볼 수 있다.

## 생활방식

각각의 시간대에 대해 읽고 질문에 답하면서 당신 가족의 '생활방식'에 대해 생각해보자. 개인이나 가족은 저마다 무질서함에 대한 내성이 다르다. 우리는 첫 번째 책인 『베이비 위스퍼 1』에서 초보 부모들이 규칙적인 일과를 수립하는 데 얼마나 준비되어 있는지 측정하는 질문을 했다. 여기서는 가족 전체를 대상으로 한다. 그때그때 되는대로 일정을 꾸려가는 가족이 있는가 하면, 무슨 일이 있어도 정해진 일과를 엄격하게 지키는 가족이 있을 것이다. 다음에 나오는 계획성 정도를 알아보는 질문에 답해보자.

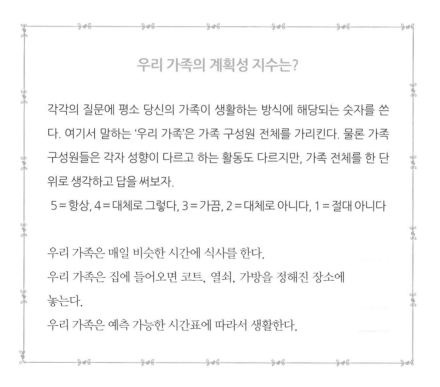

### 우리 가족의 계획성 지수는?

각각의 질문에 평소 당신의 가족이 생활하는 방식에 해당되는 숫자를 쓴다. 여기서 말하는 '우리 가족'은 가족 구성원 전체를 가리킨다. 물론 가족 구성원들은 각자 성향이 다르고 하는 활동도 다르지만, 가족 전체를 한 단위로 생각하고 답을 써보자.

5 = 항상, 4 = 대체로 그렇다, 3 = 가끔, 2 = 대체로 아니다, 1 = 절대 아니다

우리 가족은 매일 비슷한 시간에 식사를 한다.
우리 가족은 집에 들어오면 코트, 열쇠, 가방을 정해진 장소에 놓는다.
우리 가족은 예측 가능한 시간표에 따라서 생활한다.

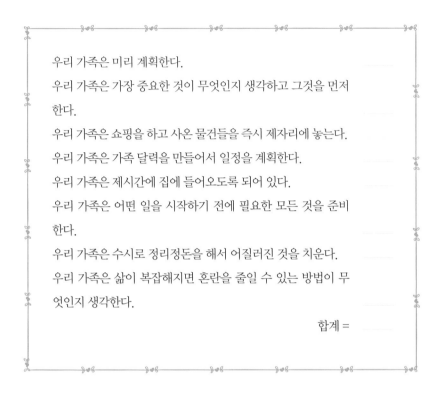

우리 가족은 미리 계획한다.

우리 가족은 가장 중요한 것이 무엇인지 생각하고 그것을 먼저 한다.

우리 가족은 쇼핑을 하고 사온 물건들을 즉시 제자리에 놓는다.

우리 가족은 가족 달력을 만들어서 일정을 계획한다.

우리 가족은 제시간에 집에 들어오도록 되어 있다.

우리 가족은 어떤 일을 시작하기 전에 필요한 모든 것을 준비 한다.

우리 가족은 수시로 정리정돈을 해서 어질러진 것을 치운다.

우리 가족은 삶이 복잡해지면 혼란을 줄일 수 있는 방법이 무 엇인지 생각한다.

합계 =

계획성 지수의 합계를 12로 나누면 최종 점수가 나온다.

5~4점  당신의 가족은 상당히 체계적인 생활을 하고 있다. 모든 물건에는 제자리가 있고 항상 그 자리에 갖다놓는다. 아마 규칙적인 일과를 위해 노력할 필요가 없을 것이다. 오히려 좀 더 유연하게 운용하는 방식을 고려해볼 수 있다.

4~3점  당신의 가족은 계획성은 있지만 정리정돈을 잘하는 편이 아니다. 가족 중 누군가는 집이 어질러져 있다거나 좀 더 체계적으로 생활해야 한다고 느낄 수 있다.

3~2점  당신의 가족은 즉흥적인 경향이 있다. 아마 아침 시간이나 약

속 시간에 허겁지겁 준비할 것이다. 유연하게 움직이는 것은 좋지만 좀더 체계적으로 생활할 필요가 있을 것이다.

2~1점 당신의 가족은 준비성과 체계성이 부족하다. 지금과 같은 생활 방식 때문에 문제가 없는지 다시 한 번 살펴보자. 생활이 불안정하고 급한 불부터 끄는 식이라면 약간의 준비만으로도 큰 도움이 될 것이다.

즉흥적이거나 계획적이거나 그 자체가 나쁜 것은 아니다. 당신의 가족에게 맞는 것이 중요하다.

이제 당신 가족이 시간대별로 어떻게 움직이는지 생각해보자.

## 준비 시간

도전 과제 가족을 구성하는 3요소인 개인(가족 구성원), 관계(가족 간의 상호작용), 배경(가족 드라마의 배경)을 염두에 두고 일과를 설계한다.

하루를 무사히 보내기 위해서는 누군가가 가족 구성원들이 각자 언제 무엇을 하는지 알고 있어야 한다. 분명히 할 것은 부모가 준비 작업을 주관하더라도 아이의 협조가 필요하다는 것이다. 하지만 오늘날의 가족들은 대부분 그렇지 못하다.

가족이 일과를 계획하고 유지하는 것은 그 구성원들의 계획성 지수에 달려 있다. 또한 가족의 세 가지 구성 요소가 상호작용하는 방식과도 관계있다. 어떤 가족은 그 구성원들이 건강하고 유능할 뿐 아니라 풍족한 환경에 살면서 서로 협조하고 지원한다. 그들은 선택의 폭이 넓기 때문에

**가족수첩: 준비 시간에 대한 질문**

♥ 약속 시간이나 등교 시간을 관리하는 사람이 따로 있는가? 한 사람이
  모든 일정을 기록하고, 전화를 하거나 문자를 보내 협조를 구하는가?
  아니면 부부가 역할 분담을 하고 있는가? 어느 한쪽이 화를 내고 원망
  하는가? 준비가 소홀해서 다툼이 일어나는가?

♥ 아이들이 계획에 참여하는가? 아이들이 잘 따르는가?

♥ 가족 모두의 활동과 최근의 환경 변화(병, 학교 문제, 출산, 수입의 변화,
  이사) 가능성을 염두에 두고 계획을 세우는가?

♥ 가정생활에 규칙과 체계가 잡혀 있는가?

♥ 집에 돌아오면 코트와 가방을 거는 옷걸이나 장비를 보관하는 장소
  가 따로 있는가?

♥ 눈에 띄는 곳에 메모지를 놓아두는가? 가족이 그러한 도구들을 실제
  로 이용하는가?

♥ 준비물 챙기는 일은 아침에 하는가, 아니면 전날 밤에 하는가?

♥ 식사 준비는 누가 하고, 필수품 쇼핑은 누가 하는가?

♥ 도시락은 한 사람이 맡아서 준비하는가, 아니면 각자 자기 것을 준비
  하는가?

♥ 모든 일정을 기록하는가, 아니면 각자 기억에 의지하는가? 기록할 때
  는 가족 모두가 볼 수 있는 달력을 이용하는가?

♥ 부부가 아이들의 약속과 일정을 관리하는 책임을 분담하고 있는가?

♥ 숙제, 연습 또는 다른 개인적인 활동으로 인해 가족이 함께 보내는 시간이 부족한가?

♥ 휴대전화로 서로 연락을 주고받는가? 계획이 바뀌면 누가 전화를 하는가?/누가 전화하는 것을 잊어버리는가? 누가 계획 변경을 허락하는가?

♥ 휴대전화와 인터넷 사용에 대한 규칙이 있는가?/규칙을 지키는지 확인하는가?

♥ 부모를 제외하고 가족의 하루를 구성하는 다른 사람은 누구인가? (예: 베이비시터, 학원 선생님, 친구, 다른 집 부모, 조부모, 친척 등)/계획할 때 그들을 고려하는가?

♥ 주기적으로 돌아오는 생일이나 명절, 개학, 휴가 같은 행사로 인해 생활 패턴이 흐트러지는 것을 느낀 적이 있는가? 그런 시간을 예상하고 계획하는가?

생활이 보다 편리하고 수월할 것이다.

그 반대편에는 위기의 가족들이 있다. 가족 중에 누군가에게 심각한 문제가 있거나 가족관계가 실망, 슬픔, 갈등으로 삐걱거릴 수 있다. 아니면 경제 사정이 어려워 청구서가 잔뜩 밀려 있다. 아마 뭔가가 계획대로 되지 않을 때 도와주는 곳도 없을 것이다. 이런 가족들은 미리 준비하는 것은 고사하고 하루하루를 버티기도 힘에 부칠 것이다.

# 기상 시간

도전 과제 사람들은 아침에 일어날 때 쾌활하거나, 심술을 부리거나, 꾸물거리는 기질을 드러낸다. 가족 구성원들을 좀 더 확실하게 이해할 수 있는 시간이다.

아침의 시작은 하루의 기분을 좌우할 수 있다. 아침 시간에는 그 어느 때보다 개인의 기질이 분명하게 드러난다. 어떤 가정에서는 아이들이 어느 정도 나이가 들면 스스로 일어난다. 또 다른 가정에서는 매일 깨워야 한다.

많은 가족들이 '아침 포옹'을 하고 있다. 조사 결과, 아이들은 사춘기가 되기 전까지 잠에서 깨면 종종 부모에게 간다. 그리고 부모를 침대에서 쫓아내고 서로 자기가 좋아하는 TV 프로그램을 보겠다고 싸운다.

아침 의식을 만들면 기상이 보다 즐거워지거나 적어도 제시간에 일어날 수 있다. 펄먼 가족을 예로 들어보자. 그레그는 딸 새디가 태어난 이후 아침마다 노래와 촌극을 펼치고 있다. "그날 일과를 노래 부르듯 이야기하며 장난을 칩니다. 새디는 '일어나 박사가 발명한 일어나 기계'를 불러주면 제일 좋아해요. 괴짜 과학자가 새디라는 발명품을 시험하면서 간질이고 뒤집고 흔들어봅니다. 아니면 동물 인형을 가지고 새디의 귀 안에 무엇이 있는지 알아보려고 파고들어가는 흉내를 냅니다."

새디는 그 장난을 좋아하지만 원래 잠투정이 없는 아이라고 그레그는 말한다. 분명 기질은 큰 영향을 끼친다. 어떤 아이들은 부모가 노래를 부르기 시작하면 이불 속으로 숨어버린다. 아이를 깨우기 위해 한 시간 일찍 일어나는 부모도 있다. 특히 맞벌이 부모들은 아침마다 짧은 시간 동

♥ 아침에 만나면 어떤 식으로 상호작용을 하는가? 서로 반갑게 아침인 사를 나누는가?

♥ 누구의 신체 시계가 자동으로 울려 스스로 일어나는가? 알람이 필요한 사람은 누구인가? 당신이 배우자/아이들을 깨우는가, 아니면 그들이 당신을 깨우는가?

♥ 깨워야 일어나는 사람은 누구인가? 일어나자마자 편안하게 대화를 하는 사람은? 뭔가를 먹거나 샤워를 하기 전까지 아무 말도 하지 않는 사람은?

♥ 모두가 스스로 알아서 준비를 하는가, 아니면 잔소리를 하고 화를 내야 하는가?

♥ 기상에 대한 규칙이 있는가? 예를 들어 옷을 입고 식사를 해야 하는가? 아니면 각자 자기 방식으로 준비하고 집에서 나가는가?

♥ 아침 기상에서 개인적인 기질이 어떤 식으로 드러나는가?

♥ 기질의 문제를 예상하고 대처하는가, 아니면 그러려니 하고 참고 지내는가?

♥ 아이들이 물건, 공간, 부모의 관심을 차지하려고 다투는가?

♥ 아침 시간을 즐겁게 해주는 것은 무엇인가? 잠을 좀 더 자야 하는가? 부모의 개입을 줄이거나 늘려야 하는가? 문제가 일어나지 않도록 피해가는 방법이 있는가?

♥ 아침 시간을 우울하게 만드는 것은?

♥ 아침에 TV를 보거나 컴퓨터하는 것을 허락하는가? 허락한다면, 어떤 규칙이 있는가? 얼마나 오래 볼 수 있고, 언제 볼 수 있는가? 모든 준비(옷 입기, 씻기, 아침식사 등)를 마치고 나서 볼 수 있도록 하는가?

♥ 최근 기상 시간에 어떤 변화가 있었는가? 침대를 바꾸거나, 중학생 아이가 혼자 알아서 일어나거나, 부모의 일정이 바뀌는 것 같은 변화가 있지는 않았는가? 그러한 새로운 변화가 가족 모두에게 어떤 영향을 주었는가?

♥ 하루를 시작하는 아침 시간에 대해 마땅치 않은 부분이 있는가? 있다면 자세히 적어보자.

♥ 잘하고 있다고 생각하는 부분은?

안 많은 일을 처리해야 한다.

아침 기상은 또한 부모가 하기 나름이다. 아이들은 파자마를 입은 채 아침을 먹은 뒤 옷을 갈아입을 수도 있고, 옷을 입고 침대 정리까지 한 뒤 아침을 먹을 수도 있다. 우리가 조사한 바로는, 전자와 같은 가정이 더 많은데 보통 잔소리가 포함된다. "아직도 옷을 안 갈아입었니?"

만일 가족의 기상 시간이 얼마나 걸리는지 잘 모르겠다면 시간을 재보자. 서너 살 이하 아이들이 있는 집은 옷 입히는 시간도 포함된다.

# 아침식사 시간

도전 과제 잔소리보다는 음식과 관심으로 보살피자. 긍정적인 마음가짐으로 하루를 출발하자.

물론 가족의 영양을 공급하는 식사는 삼시 세 끼가 모두 중요하다. 그중에서도 아침식사는 가족이 처음 함께 만나는 자리다. 시간에 쫓기면 아침식사가 부담스럽게 느껴질 수 있다. 하루를 시작하는 좋은 출발이 되도록 해야 한다.

하지만 광고에서 보는 것처럼 가족이 둘러앉아 시리얼 상자를 돌리며 정감 어린 농담을 주고받는 것은 기대하지 말자. 현실에서 아침식사는 지뢰밭이 될 수 있다. 누군가는 토스트 조각을 들고 인사를 하는 둥 마는 둥 밖으로 뛰쳐나간다. 아이들은 식탁에서 앉고 싶은 자리를 차지하려고 싸운다. 10대 아이는 아침 먹는 것을 거부한다. "배고프지 않아요. 배가 고파도 그건 안 먹을래요."

음식과 관련된 문제가 있으면 상황이 더 복잡해진다. 누군가는 다이어트를 하고 누군가는 편식을 한다. 음식에 대해 까다로운 규칙과 식성을 가지고 있을 수도 있다. 계란은 완전히 익혀야 하고, 시리얼이 너무 퍼지면 안 되며, 토스트는 너무 태우면 안 되고, 채소는 섞어서 담으면 안 된다. 어떤 집에서는 엄마나 아빠가 주방에서 아이들의 주문을 받아 요리를 한다. 어떤 집에서는 한 가지 음식을 준비해서 모두가 주는 대로 먹는다. 대부분은 두 가지 방법을 절충하고 있다.

아침식사 전에 하는 의식은 아침 시간의 긴장을 풀어줄 수 있다. 어느

**가족수첩: 아침식사 시간에 대한 질문**

♥ 식탁을 차리고 가족이 모두 앉아서 함께 식사를 하는가, 아니면 각자
준비되는 대로 먹는가?

♥ 아침 식탁에 각자 앉는 자리가 있는가? 자신도 모르게 당신의 부모가
하던 방식대로 하고 있는가? 아니면 의도적으로 그렇게 하고 있는가?
그 이유는 무엇인가?

♥ 누가 요리를 하는가? 누가 도와주는가? 모두 같은 음식을 먹는가, 아
니면 각자 다른 음식을 주문하는가? 아이들이 식사 준비를 돕는가,
아니면 차려주는 것을 먹기만 하는가?

♥ 식사를 하면서 대화를 하는가? 예를 들어 그날의 일정이나 영양(설탕
이 들어간 시리얼은 먹지 마라. 단백질은 어느 정도 먹어야 한다)과 식습관
(너는 이번 주 내내 와플만 먹는구나)에 대한 이야기를 하는가?

♥ 모두 식사를 제대로 마치고 나가는가, 아니면 음식을 남기거나 끼니
를 거르는 것을 허락하는가? 어른은 그 규칙에서 예외로 하는가?

♥ 아이들에게 먹은 그릇을 치우게 하는가? 아이들이 잘 하고 있는가?

♥ 당신이 생각하는 이상적인 아침식사는 어떤 모습인가(음식이 아닌
경험)?

가정에서는 식전 기도가 당연한 것이지만 어떤 가정에서는 진부한 것일 수 있다. 하지만 어떤 식으로든 가족이 함께 앉아서 잠시 감사하는 마음을 가지면 서로의 존재를 확인하고 한 가족이라는 사실을 상기시켜준다.

아침식사는 또한 아이들이 새로운 능력을 알아보고 발전시키는 시간이 될 수 있다. 아이들은 자신이 만든 것을 더 잘 먹는다. 멜린다의 아들 제러미는 아직 세 살이지만, 엄마 옆에서 의자 위에 올라가 에그 스크램블을 만든다. 입이 짧았던 제러미는 요리에 참여하고 나서 잘 먹게 되었고, 가족 모두 편안한 아침식사를 할 수 있게 되었다.

어릴 때 편식을 했던 트레이시는 농담 반 진담 반으로 매일 아침 같은 음식을 먹어도 죽지 않는다는 말을 종종 했다. 물론 권장하는 바는 아니지만 아침을 굶어도 죽지는 않는다. 아이들은 배가 고프면 먹지 말라고 해도 알아서 먹는다.

## 역할 전환 시간

도전 과제  신체적, 정신적, 감정적인 변화가 요구되는 역할 전환 시간은 우리가 하는 일에 영향을 준다. 가족 구성원들이 집에서 벗어나는 시간과 다시 돌아올 때의 시간을 어떻게 보내고 있는지 생각해보자.

가정이 섬이라면 우리는 매일 작은 배를 타고 나갔다가 다시 돌아온다. 어른들은 직장에 가고 아이들은 학교에 간다. 직장에서 일하는 엄마들은 때로 마음이 심란하다. 한 엄마는 말했다. "직장에 가면 집안일이 생각나고, 집에 있으면 직장일이 생각난다." 집에서 일하는 부모들도, 한 가지 역할에서 다른 역할로 바꾸는 것이 쉽지 않을 수 있다. 역할 전환에 걸리는 시간은 잠깐이 될 수도 있고(아이들을 학교버스에 태워 보내는 시간), 한참 걸릴 수도 있다(길고 지루한 출퇴근 시간). 어떤 전환이든 신체적, 정신적 에너지를 필요로 한다.

다시 말해, 역할 전환 시간은 이동 수단뿐 아니라 정신적이고 육체적인 노동을 필요로 한다. 시간에 맞춰 도착하려면 차가 막히거나 예기치 않게 생길 수 있는 일에 대비해야 한다. 재택근무를 하더라도 가족을 모두 보내고 나서 책상에 앉으려면 정신적인 전환이 요구된다.

지금 어디에 있고 어디로 가야 하는지 생각하자.

다음에 무엇을 해야 하는지 소리 내어 이야기하면 좀 더 쉽게 심리적 안정을 얻을 수 있다. 만일 전환이 힘들게 느껴지면 누군가에게 그런 감정을 이야기하자. 예를 들어 퇴근하고 집으로 가면서 사라 스턴은 친구에게 전화를 건다. "그날 하루를 어떻게 보냈는지, 집에 가서 무엇을 할 것인지 이야기하죠." 그 통화는 집에서 일하는 작가인 친구에게도 반가운 휴식 시간이 된다.

비올라와 폴 바르도니 부부는 가정과 직장 사이의 역할 전환 시간을 유용하게 사용하는 방법을 생각해냈다. 두 사람은 아침에 각자 다른 시간에 집을 나가지만 저녁에는 만나서 함께 전철을 타고 집으로 돌아간다. 그 50분 동안 그들은 직장에서 있었던 일과 10대의 자녀들에 대해 이야기를 나눈다.

192

♥ 가족이 매일 학교나 일터로 나가는가? 각자 어떻게 이동하는가?

♥ 역할 전환 시간은 대체로 수월하게 넘어가는가? 그렇지 않다면 어떤 문제가 있는가? 집에서 나오기가 힘든가? 그 원인은 무엇인가? 계획성이 부족한가? 모두 허둥지둥하는가, 아니면 한 사람이 문제인가?

♥ 출퇴근 시간이 힘든 이유는 무엇인가? 전철을 놓치거나, 길이 막히거나, 가족의 방해가 있는가? 출퇴근 시간을 가정과 직장을 오가며 마음의 준비를 하는 시간으로 사용하고 있는가?

♥ 집에서 일한다면 친구와 커피를 마시거나, 체육관에 가거나, 산책을 하는 것처럼 전환에 도움을 주는 의식을 하고 있는가? 아니면 곧바로 다음 해야 할 일에 착수하는가?

♥ 집 안에 따로 작업 공간을 가지고 있는가? 아니면 그러한 공간이 필요하다고 느끼는가? 정신적인 전환을 위해 무엇을 하는가? 다른 가족들은 당신의 작업 공간을 존중하는가, 아니면 종종 당신의 책상이 식탁으로 바뀌는가?

♥ 부모 중 한 사람이 아이들을 학교에 데려가는가? 다른 부모들과 카풀을 하거나 교대로 아이들을 실어다주는가?

♥ 부부가 함께 출근한다면, 그 시간에 가족 문제를 상의하고 그날 있을 일에 대해 이야기하고, 두 사람이 서로 연결하는 시간으로 이용하는가?

♥ 아이들을 학교에 데려다주면서 어떤 대화를 나누는가? 주로 부모가 이야기를 하는가, 아니면 아이들이 이야기하는 편인가? 부모는 뭔가

를 상기시키고 지시하고 지도하는가? 그날 학교에서 보내는 시간을 위해 마음의 준비를 하도록 도와주는가? 집으로 돌아올 때는 집에 가서 해야 할 숙제나 심부름, 특별한 손님맞이, 또는 간식이나 집안일에 대해 이야기하는가?

♥ 최근 가족 구성원들의 역할 전환 시간에 어떤 변화가 있었는가? 그 변화는 가족 모두에게 어떤 영향을 주었는가?

전환 방법은 가족 구성원들의 기질에 맞춰서 하는 것이 이상적이다. 놀이에 열중해 있을 때 밥을 먹자고 하면 떼를 쓰고 울던 아이는 중학생이 되어도 역할을 전환하는 데 시간이 오래 걸릴 수 있다.

어린아이들은 반복적인 의식으로 전환을 받아들일 마음의 준비를 시킬 수 있다. 예를 들어 한 아빠는 출근할 때 아이들에게 하는 작별 인사에 익숙한 가락을 붙여서 노래를 부른다. 특별한 인사말을 나누거나 손을 잡고 흔들거나 하이파이브를 할 수도 있다.

## 다시 만나는 시간

도전 과제 가족이 다시 만날 때 반갑게 맞이하자. 배우자나 아이와 잠시 떨어져 있다가 만나도 웃어주고 귀 기울이고 포옹하는 것으로 확실한 존재감을 느끼게 해주자.

"다녀왔어요!" TV가 막 등장하던 시절에 이 말은 든든한 가장이 귀가했음을 알리는 대사였다. 하지만 이제는 10대 아이가 텅 빈 집에 들어가면서 냉소적으로 중얼거리는 말이 되었다. 가정의 현실이 달라진 것이다. 이제는 가족 모두가 나가서 각자 다른 일을 하고, 서로 다른 시간에 집에 돌아온다.

인사를 나누는 모습을 관찰해보면 그 가족에 대해 많은 것을 알 수 있다. 서로 인사말을 건네거나 뺨에 입을 맞추거나 포옹을 하거나 관심을 보여줄 수 있다. 어떤 날은 가족 중에서도 특히 만나서 반가운 사람이 있다. 이것은 그가 우리에게 평소에 보여주는 태도, 그날 있었던 일, 집안 분위기, 그리고 그 순간 우리에게 필요한 것이 무엇이냐에 따라 달라질 수 있다.

안타깝게도 요즘은 가정에서 가족을 반갑게 맞이하는 광경을 보기 어렵다. 중산층 가족들을 대상으로 조사한 연구를 보면 가족 구성원들이 서로 반갑게 인사하는 가정은 전체의 3분의 1도 되지 않는다. 세리 가족이 대표적인 경우다. 엄마 클라리스는 4시에 퇴근해서 집에 돌아와 아이들을 맞이한다. 클라리스와 남편 테드는 아홉 살인 자레드와 열네 살인 데일에게 가족이 집에 들어오면 하던 일을 멈추고 인사해야 한다고 가르친다. 테드가 6시에 퇴근해서 집에 오면, 자레드는 게임에 빠져 있고 데일은 숙제를 하고 있으며, 클라리스는 저녁 준비로 바쁘다. 모두들 건성으로 "오셨어요?"라고 인사를 건넨다. 이 가족은 그나마 나은 편이다. 조사한 가족들 중 10퍼센트는 쌀쌀맞게 대하거나, 각자 자신이 필요로 하는 것에 대해서만 형식적인 대화를 나눌 뿐이다. 가족이 만났을 때 서로 본체만체한다면 좋은 관계를 유지하기 어렵다.

**가족수첩: 다시 만나는 시간에 대한 질문**

♥ 가족이 만날 때 상대방을 어떻게 대하는가? 따뜻한 인사말을 나누는
가? 냉정하거나 무심하거나 사무적으로 대하는가? 매일 같은 식으로
서로를 대하는가, 아니면 조금씩 달라지는가?

♥ 가족이 집에 돌아오면 어떤 식으로 애정을 표시하는가? 상관하지 않
고 하던 일을 계속하는가?

♥ 객관적으로 볼 때 당신 자신이 어떻게 하고 있다고 생각하는가? 당신
이 집에 돌아오면 가족이 어떻게 하는가? 다른 일에 정신이 팔려 있는
가, 아니면 진정으로 관심을 보여주는가?

♥ 가족이 당신에게 무관심한 태도를 보이면 이의를 제기하는가? 왜 그
런 태도를 보인다고 생각하는가?

♥ 가족의 귀가 시간이 일정치 않아서 일과에 방해가 되는가? 아빠나 운
동을 하는 큰아이가 식사 시간 중간에 귀가하는 경우, 이것을 자연스
럽게 받아들이는가?

♥ 형제, 부모와 아이, 부부가 만나는 모습에서 가족의 동맹 관계를 볼
수 있는가? 그런 모습에서 걱정이나 기쁨, 놀라움을 느끼는가?

# 돌보는 시간

도전 과제  누군가를 돌보는 시간에는 옆에서 온전하게 관심을 기울이거나 언제라도 도움을 줄 수 있어야 한다.

여기서는 하루 일과 중에서 아이에게만 오롯이 헌신하는 시간에 대해 이야기하겠다. 어린아이에게서는 한시도 눈을 뗄 수 없다. 또한 목욕을 시키고 옷을 입히고 먹여야 한다. 병원이나 놀이터도 가야 하고, 신발과 옷도 사주어야 한다. 아이는 자라면서 점차 독립적이 되지만, 부모는 계속해서 가르치고 설명하고 시범을 보이고 차로 데리고 다니고 감독하고 도와주고 야단치고 타이른다.

가정을 꾸리기로 결정했을 때, 당신은 오랫동안 아이들을 돌봐야 한다는 사실을 인정한 것이다. 하지만 아이들을 돌보는 시간은 피곤하고 외롭고 힘들 수 있다. 그러다보니 아이를 돌보는 시간에 다른 일을 함께 하고 싶은 유혹을 느낀다. 한 엄마는 아기에게 이유식을 먹이면서 뭔가를 읽고, 그다음에는 아기를 보행기에 앉혀 놓고 요가를 한다. 한 아빠는 아들의 야구 경기 일정표를 살피고 사무실로 전화를 한다. 그러면서 다른 부모들도 그렇게 한다고 합리화한다. 하지만 이런 태도가 가족관계에 어떤 영향을 주는지 생각해볼 필요가 있다.

노부모를 부양하면서 아이도 키워야 하기 때문에 이중으로 부담을 느낄 수 있다. 언젠가는 부모를 돌봐야 할 것이라고 예상했지만 막상 현실로 닥치면 감당하기 어렵다. 노부모를 돌보는 일은 육아와 또 다른 문제이다. 하지만 이런 상황은 가정을 꾸리기로 결정했을 때 이미 예정된 일이었다.

**가족수첩: 돌보는 시간에 대한 질문**

♥ 가족을 돌보는 시간이 얼마나 되는가? 노부모를 돌보는 책임을 지고 있는가?

♥ 누가 돌보는 일을 하는가? 배우자가 함께하는가, 아니면 따로 도와주는 사람이 있는가? 육아 문제가 부부 갈등의 원인이 되고 있는가?

♥ 사람을 고용해서 도움을 받고 있는가? 그렇다면 그 비용은 가족 예산에서 어느 정도를 차지하는가?

♥ 돌보는 일이 '매우 지친다'에서 '매 순간이 즐겁다'까지 중 어느 수준에 있는가?

♥ 아이나 노부모를 돌보는 시간에 다른 일을 같이 하고 있는가?

♥ 아이를 돌보는 책임을 함께하는 사람이 있는가? 책임 분담은 대체로 원활하게 진행되고 있는가, 아니면 시간이나 방법 문제로 갈등이 있는가?

♥ 아이가 좀 더 많은 관심을 필요로 하는 재능이나 문제를 가지고 있는가?

♥ 아이들의 형제관계는 이 시간에 어떤 영향을 주는가? 형제 사이가 좋은가, 아니면 경쟁을 하는가? 부모가 중재를 하는가, 아니면 알아서 해결하도록 내버려두는가?

♥ 돌보는 시간과 관련해서 지난 1년 동안 어떤 변화가 있었는가? 지난 5년 동안에는 어떤 변화가 있었는가?

♥ 아이들이 자라면서 또 다른 것을 요구한다면(예를 들어 퇴근해서 숙제를 도와주어야 한다면) 그것은 가족의 일과에 어떤 영향을 주는가?

# 가사 관리 시간

도전 과제 가족 구성원들이 가사 분담을 놓고 협상할 때, 성격과 권력, 성별의 문제가 어떤 식으로 작용하는지 돌아보자. 가사 관리의 책임은 가족 모두에게 있다.

가정을 꾸려가기 위해서는 가사 관리가 필요하다. 누군가는 장을 보고 청소하고 빨래하고 정원을 가꾸고 개보수를 해야 한다. 이런 일들은 부모가 하거나, 아이들이 함께 하거나, 아니면 사람을 고용해야 한다.

가사 관리는 공정하게 책임을 나누는 것이 중요하다. 부부 중에 어느 한쪽이 힘들다고 느끼면 관계에 문제가 생길 수 있다. 많은 가정에서 평일 저녁은 아빠와 아이들이 대체로 집에서 편안하게 쉬는 시간이다. 하지만 엄마들은 저녁에도 지루하고 반복적인 일을 계속한다. 그런 일은 알아주지도 않는다. "전구를 갈아 끼우느라 수고했어요"라는 말을 들어본 적이 있는가? 그에 비해 어쩌다 요리를 하거나 아이에게 자전거를 가르치는 사람은 과다한 칭찬을 듣는다.

이 주제에 대해 부모들과 이야기를 해보면 가사 관리는 누가 쓰레기를 내다버릴 것인지를 결정하는 단순한 문제가 아니라는 것을 알게 된다. 부부의 가사 분담 문제는 어린 시절의 가정교육과 성격, 결혼, 가족, 공정함에 대한 각자의 생각에 의해 영향을 받는다. 알게 모르게 우리는 남녀의 역할에 대한 고정관념을 가지고 있다.

또한 아이도 가사 분담에 참여하도록 해야 한다. 아이가 가사를 돕기 시작하는 시기는 아이의 성격과 부모의 가정교육에 달려 있다. 요즘 부모

**가족수첩: 가사 관리에 대한 질문**

♥ 가사 분담을 놓고 가족 간에 전쟁을 벌이고 있는가? 아니면 누가 무엇을 하는지에 대한 합의가 이루어졌는가? 만일 가족이 가사를 돕고 있다면 어떤 식으로 분담하고 있는가?

♥ 식사 후에 누가 식탁을 치우는가? 누가 설거지를 하고 식기세척기에 그릇을 넣는가? 누가 설거지가 끝난 그릇을 정리하는가? 청소는 가족이 분담하고 있는가? 청소를 시키고 감독하는 사람이 있는가?

♥ 가사 문제로 다툼이 있다면, 무엇이 문제인가? 한 사람이 다른 사람보다 더 많이 하고 있다고 느끼는가? 실제로 그러한가?

♥ 부부 중 한 사람이 가사에 대해 더 엄격한 기준을 가지고 있는가? 다른 쪽이 일하는 방식을 못마땅해하는가?

♥ 가족 중 한 사람이 가사를 도맡아서 하고 있다면, 그것은 분쟁을 피하기 위해서인가, 자청해서인가? 아니면 어쩔 수 없어서 하는가?

♥ 아이들이 가사를 돕고 있는가? 시키지 않아도 잘하는가, 아니면 계속 상기시키고 잔소리를 해야 하는가? 아이들이 더 많은 일을 해야 한다고 생각하는가?

♥ 가사 관리를 위해 사람을 고용하는가? 그것은 가족을 위해 좋은 해결책인가? 그만한 경제적인 여유가 있는가?

들은 아이들에게 가사 분담을 요구하기는커녕 아이들이 집안일을 도울 수 있다는 생각조차 하지 못한다. 결국 가사 관리는 종종 부부 사이의 전쟁이 된다(8장에 '가사 전쟁'을 해결하는 가족 중심의 접근법에 대해 이야기할 것이다).

## 저녁식사 시간

도전 과제  저녁식사 시간을 가족이 모여서 그날 있었던 일들을 이야기하며 한 가족임을 느끼는 시간으로 만들자.

연구들을 보면 우리가 이미 짐작하고 있는 사실을 확인할 수 있다. 적어도 일주일에 세 번 이상 저녁식사를 함께 하는 가족은 화목하고 적응력이 강하며 소통을 잘하고 문제를 수월하게 해결한다. 아침식사를 서둘러 하고 점심식사는 밖에서 하는 경우가 많다. 하지만 저녁에는 마음만 먹으면 가족이 함께 좀 더 여유롭게 몸과 마음에 영양을 공급하는 시간을 가질 수 있다.

조사에 따라 차이는 있지만 전체의 34퍼센트에서 74퍼센트 가족이 항상 함께 저녁식사를 한다. 하지만 저녁을 먹으면서 다른 곳에 정신을 팔기 쉽다. 2010년에 CBS에서 실시한 조사에서는 저녁식사를 하면서 TV를 켜놓는지 묻는 질문에 전체 가정의 3분의 1이 "언제나"라고 대답했고, 27퍼센트가 "절반 정도" 또는 "가끔"이라고 대답했다. 10퍼센트는 식사를 하는 도중에 문자나 이메일을 보내거나 휴대전화로 통화를 한다고 했다. 결국 대부분의 가족들이 저녁식사를 하면서 TV를 보거나 다른 곳에 있는 사람들과 '대화'를 주고받는 것이다.

사람들은 가족의 저녁식사를 가장 오래 기억하는 경향이 있다. 식탁에서 일어나는 일을 보면 누가 대장 노릇을 하는지, 가족 간에 어떤 식으로 상호작용을 하는지, 서로의 말에 귀를 기울이고 관심을 가지는지 알 수 있다. 요즘 많은 가정의 식탁에서는 아이들에게만 초점을 맞춘다. 한 아빠에게 식탁에서 어떤 대화를 나누는지 물었더니 그가 말했다. "우리 딸은 제가 하는 일에 그다지 관심이 없는 것 같습니다."

그의 딸은 저녁 식탁에서 10년 동안 화제를 독점해왔다. 언젠가 아빠에게 고개를 돌리고, "그런데 아빠는 오늘 하루를 어떻게 보내셨어요?"라고 묻는 날이 올까? 부모가 가르쳐주지 않는 한, 아마 그런 일은 없을 것이다.

지금 부모 세대의 어린 시절은 아이들 중심이 아니었다. 저녁 식탁에서는 주로 어른들이 이야기하고 아이들은 묵묵히 밥만 먹었다. 예일 대학교 법학대학원 교수이며 '타이거 마더'를 자칭하는 에이미 추아는 까다로운 육아법으로 2011년 언론의 조명을 받았다. 그녀는 어린 시절 저녁이면 TV 뉴스를 보면서 식사를 했다. 그녀의 부모는 항상 교육의 중요성을 강조했지만, 저녁식사는 대화를 위한 시간이 아니었고, 모두가 침묵한 채 앉아서 TV에 귀를 기울였다고 한다. 얼마 전 「뉴욕타임스」의 기자에게 말했듯이, 그녀의 가족은 식사 시간에 TV를 꺼놓는다. 저녁식사 시간의 절반은 아이들이 하는 이야기를 듣고 절반은 '윤리적 딜레마'에 대한 토론을 한다. 예를 들어 "만일 가족이 범죄를 저지르면 고발할 것인가?"라는 질문을 던지고 아이들과 설전을 벌인다.

그녀의 방식에 동의하든 아니든 "우리 가족이 저녁을 먹으면서 쓸데없는 가십을 나누는 것은 원하지 않는다. 보다 문화적이고 깊은 생각을 하

## 가족수첩: 저녁식사 시간에 대한 질문

♥ 주로 어떤 음식을 준비하는가? 요리는 어떤 식으로 하는가? 요리를 즐기는가? 가족이 함께 식사하는 모습을 보면 기분이 좋은가? 아니면 식사 준비를 하는 것이 힘들게 느껴지는가?

♥ 가족이 함께 저녁을 먹는 것의 중요성을 강조하는가? 일주일에 몇 번 저녁을 함께 먹는가? 함께 저녁식사를 하지 못한다면 이유는 무엇인가?

♥ 음식에 대한 불평을 줄이기 위해 여러 가지 음식을 준비하는가, 아니면 주요리 하나로 모두 먹게 하는가?

♥ 저녁을 먹기 전에 기도를 하는가? 모두가 자리에 앉을 때까지 기다렸다가 식사를 시작하는가? 식사 예절을 지키는가? 아이들이 버릇없는 행동을 하면 야단을 치거나 식사 중간에 나가게 하는가?

♥ 저녁 식탁을 대화를 위한 장소로 이용하는가? 서로의 말에 귀를 기울이는가? 어른이나 아이나 다 같이 자신에 대해 이야기하는 시간을 가지고 있는가?

♥ 자유롭게 대화를 주고받는가, 아니면 한 사람씩 돌아가면서 이야기하는가? 그날 있었던 일을 이야기하는가, 아니면 어떤 주제에 대해 토론하는가? 대화를 이어가는 특별한 전략을 사용하는가?

♥ 저녁식사를 서둘러 끝내는가? 즐거운 기분으로 식사를 하는가, 아니면 감정적인 부담을 느끼는가? 왜 그런 분위기가 조성된다고 생각하는가?

♥ 음식과 관련된 어떤 문제가 있는가? 아이가 편식을 하거나 잘 먹지 않는가? 음식을 뒤적거리거나 너무 늦게 먹거나 남기는 것에 대해 야단을 치는가? 누군가 다이어트를 하고 있는가? 건강에 나쁘다고 생각하는 음식이나 식재료(설탕과 같은)는 식탁에 올리지 않는가?

기를 원한다"는 그녀의 생각은 존중할 필요가 있다.

부모는 종종 대화를 이어가기 위해 아이에게 그날 있었던 가장 좋은 일과 가장 나쁜 일에 대해 물어보는 것과 같은 전략을 사용한다. 하지만 아이의 이야기만 들을 것이 아니라 어른도 자신의 이야기를 들려주면서 함께 대화를 나누는 것이 이상적이다.


## 자유 시간

도전 과제 자유 시간을 통해 가족의 욕구와 선택에 대해 알아보고 가족이 함께 시간을 보내는 방법을 생각해보자.

자유 시간은 특별히 정해지는 것이 아니며 언제든 자유 시간이 될 수 있다. 자유 시간은 각자 선택할 수 있고, 그러한 선택을 보면 가족에 대해 많은 것을 알 수 있다. 숙제를 하거나 보고서를 마무리하는 것은 반드시 해야 하는 일이지만, 그 일을 언제 어디서 어떻게 할 것인지는 선택의 문제다.

학교에 다니는 아이들이 있는 집에서는 방과 후와 취침 전에 자유 시간이 생길 수 있다. 대부분은 아침 시간에 정신없이 바쁘지만, 누군가는 이 시간에 밖에 나가서 달리기를 하거나 체육관에서 운동을 할 수도 있다.

자유 시간은 숙제와 과외 활동, 아이들의 독립성, 가사 분담에 의해 달라질 수 있다. 또한 밀린 회사일을 집에 가져와서 한다면 자유 시간은 그만큼 적어진다.

자유 시간은 무심코 지나치기 쉽다. 귀가한 뒤 저녁 시간에 뭘 하며 보

## 가족수첩: 자유 시간에 대한 질문

♥ 평일의 자유 시간을 가족이 함께 보내는가, 각자 따로 활동하는가? 각자 자신만의 장소를 찾아가는가? 그렇다면 그들은 무엇을 하러 가는지 이야기하는가, 아니면 조용히 사라지는가?

♥ 가정에서 전자매체는 어떻게 사용하고 있는가? 부모의 허락을 받고 사용하는가, 아니면 언제라도 켤 수 있는가? 규칙이나 제한이 정해져 있는가? 게임, 인터넷, 휴대폰, TV 시청을 하나로 묶어서 관리하는가, 아니면 TV와 다른 전자매체를 분리해서 관리하는가? 아이들에게 적용하는 규칙이 있는가? 어른들도 그 규칙을 지켜야 하는가?

♥ 가족 구성원들 중 짝을 지어서 단둘이 보내는 시간이 있는가? 한쪽에서 주로 불러내는가? "15분 후에 축구 경기 하는데 같이 볼래?", "그러지 말고 우리 레고로 집짓기 하자." 그러면 다른 한쪽이 기꺼이 수락하는가, 아니면 한참 구슬려야 하는가?

♥ 가족이 게임, 스포츠, TV 시청과 같은 활동을 함께하는가? 가족이 함께하는 활동이 있는가? 각자 따로 활동해도 가족의 연대감을 느끼는가? 각자 하는 일은 다르지만 서로 소통하고 관심을 갖는가?

♥ 부모는 집안일을 하고, 아이들 숙제를 도와주고 재우는 일로 저녁 시간을 보내는가? 이 문제로 부부가 서로 다투는가? 자기 시간을 뺏기는 것에 대해 누가 더 많이 불평하는가?

♥ 가족과 함께 시간을 보내지 못하는 것 때문에 화가 나는가? 그러한 아쉬움을 "가족이라고 해도 만나기가 어렵구나"와 같이 말로 표현하는가? 이 문제에 대해 대화를 해본 적 있는가?

내는지 물으면 대부분은 선뜻 대답하지 못한다. 시간이 생겨도 흐지부지 보내기 때문이다. 여자들은 대부분 저녁에 집안일을 하느라 바빠서 자유 시간이 없다고 느낀다. 아기를 낳고 잠이 부족한 엄마들은 꾸벅꾸벅 졸면서 보내는 경우가 많다. 최근 들어 전자매체를 이용하며 보내는 경우가 늘고 있다. 부모는 이메일과 문자를 주고받고 페이스북을 확인하며, 아이는 자기 방에서 게임을 한다. 자유 시간일지는 몰라도 분명 가족 시간은 아니다.

가족은 모두가 함께 있을 때 가장 행복하다. 문제는 그런 시간이 드물다는 것이다. 청소년기의 아이를 둔 맞벌이 부부를 대상으로 한 조사에서는 평균적으로 가족이 함께하는 시간이 일주일에 4시간에 불과한 것으로 나타났다. 그나마 저녁을 먹거나 TV를 보는 것이 전부다. 또 다른 연구에서 좀 더 어린아이가 있는 중산층 가정을 관찰한 결과는 가족이 집에서 같은 공간에 있는 시간이 저녁 시간의 15퍼센트에 불과하거나 전혀 없는 것으로 나타났다. 물론 연구자들이 지켜보지 않을 때 가족이 함께 시간을 보냈을 수도 있지만, 그것을 감안하더라도 실로 우려스럽다.

## 취침 시간

도전 과제 취침 시간에는 애정과 사랑을 느끼면서 편안하게 잠들 수 있어야 한다. 가족 구성원 누구도 울면서 잠들거나 화난 채 잠드는 일 없도록 하자.

취침 시간은 편안한 꿈나라로 들어가는 관문이지만, 분명 많은 사람이 제

시간에 잠들지 못하고 있다. 2004년 미국의 국립수면재단은 미국인의 수면에 대해 아래와 같이 발표했다.

♥ 아이들은 전문가들이 권하는 것보다 잠을 덜 잔다.

♥ 아이들의 3분의 2가 수면 문제를 가지고 있다.

♥ 밤에 자다가 깨는 아이가 있는 집의 부모는 1년에 약 200시간을 덜 잔다.

충분한 수면을 취하기는 지금도 여전히 어렵다. 2011년 조사에서는 열세 살에서 예순네 살까지의 미국인 중 절반 이상이 거의 매일 수면 문제에 시달리고 있음이 드러났다. 그들은 자면서 코를 골거나, 몽유병이 있거나, 너무 일찍 눈이 떠지거나 아침에 일어나면 몸이 찌뿌듯하다. 과학

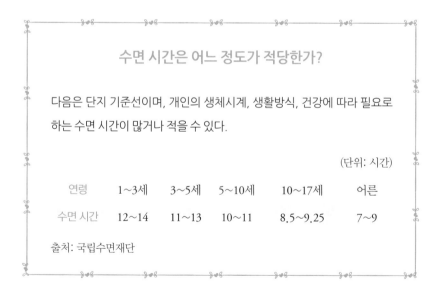

수면 시간은 어느 정도가 적당한가?

다음은 단지 기준선이며, 개인의 생체시계, 생활방식, 건강에 따라 필요로 하는 수면 시간이 많거나 적을 수 있다.

(단위: 시간)

| 연령 | 1~3세 | 3~5세 | 5~10세 | 10~17세 | 어른 |
|---|---|---|---|---|---|
| 수면 시간 | 12~14 | 11~13 | 10~11 | 8.5~9.25 | 7~9 |

출처: 국립수면재단

**가족수첩: 취침 시간에 대한 질문**

아이들

♥ 아이들이 어릴 때 긴장을 풀고 잠자리에 들 수 있도록 도와주었는가? 일관된 취침 의식을 했는가? 아이들이 자기 위안을 배워서 스스로 잠이 들었는가?

♥ 지금 예측 가능한 취침 의식을 하고 있는가? 취침 시간에 아이들은 어떤 모습을 하고 있는가? 책을 읽거나, 바짝 붙어 있거나, 대화를 나누거나, TV를 보거나, 다투는가?

♥ 대개 일정한 시간에 잠자리에 드는가? 아이가 두 명 이상이라면 모두 같은 시간에 잠을 자는가? 취침 시간은 어떻게 결정하는가?

♥ 취침 시간에 문제가 있는가? 그 문제는 얼마나 지속되고 있는가? 이유는 무엇인가? 문제를 해결하려고 시도한 적이 있는가? 아이들의 수면 문제가 부모의 수면을 방해하고 있는가?

♥ 아이들이 밤새 충분히 자는가? 아이들이 잠을 못 자면 어떤 문제가 생기는가?

♥ 부부가 아이들의 취침 시간에 대해 같은 생각을 가지고 있는가? 아니면 아이들의 취침 시간 문제로 언쟁을 하는가? 한 사람은 제시간에 재우려고 하는데, 다른 사람은 불을 끈 후에도 아이들의 요구를 들어주는가?

부부

♥ 부부는 같은 시간에 잠자리에 드는가?

♥ 하루를 돌아보고 친밀감을 다지는 의식을 하는가?

♥ 부부가 자신들의 이야기를 하는가, 아니면 아이들에 대해 이야기하는가?

♥ 매일 사랑을 나누지 않는다고 해도 키스나 애무, 포옹으로 친밀감을 표현하고 있는가?

♥ 화난 채 잠든 적이 있는가? 그런 일이 종종 있는가? 화해를 하고 잠자리에 들어야 한다는 규칙을 가지고 있는가? 그 규칙은 잘 지키는가?

♥ 밤에 깨지 않고 자는가? 자다가 깨면 일어나서 무엇을 하는가?

♥ 수면 문제가 있다면, 그것은 오래된 습관인가? 아니면 결혼 이후나 부모가 된 후에 생긴 문제인가?

♥ 잠을 충분히 자는가?

기술의 발전도 수면 부족 문제의 한 가지 원인이다. 조사 대상의 거의 대부분(95퍼센트)이 적어도 일주일에 며칠 밤은 취침 전에 전자기기(TV, 컴퓨터, 비디오 게임, 휴대전화)를 사용했다.

우리 몸은 휴식을 필요로 한다. 잠을 제대로 못 자면 학습과 업무 능력이 저하되고 정서적으로 불안정해진다. 취침 시간은 하루의 긴장을 풀고 모든 짐을 내려놓는 시간이 되어야 한다. 좋은 수면 습관은 일찍 시작할 수록 좋다.

트레이시가 어린아이들을 위해 설계한 '합리적으로 재우기'에서는 취침 전에 긴장을 푸는 시간이 매우 중요하다. 긴장을 푸는 단계로 전환할 때는 TV를 보는 것보다 책을 읽는 것이 낫다. 또한 커튼을 내리고 방을 어둡게 하면 활동에서 수면으로 전환할 마음의 준비가 된다.

아이들의 잠자리를 보살펴주는 것은 친밀감을 나누는 특별한 시간이 될 수 있다. 하지만 지나치게 개입을 하면 부모 자신이 지치고 아이는 혼자 자는 법을 배우지 못한다. 어느 시점이 되면 아이 스스로 잠을 잘 수 있어야 한다. 열네 살 아이를 둔 엄마는 말한다. "빨리 자라고 계속 잔소리하는 것도 무척 힘들더군요. 그래서 '좋아, 이제 네가 알아서 자도록 해라. 잠을 충분히 자지 않으면 피곤하다는 것을 알게 될 거야'라고 말하고는 그냥 내버려두기로 했어요." 현명한 엄마다!


## 주말

> 도전 과제 주말에 가족이 함께하는 시간을 마련하자. 또한 각자가 개인적으로 휴식 시간을 가질 수 있어야 한다.

예전에는 주말이면 보통 집에서 쉬는 것이 전부였다. 하지만 요즘 사람들은 주말에 더 많은 약속이 있다. 부부는 일주일 동안 밀린 용무를 처리하거나 사교 모임에 간다. 아이들은 야구단, 과외, 발표회, 친구의 생일파티에 간다. 또한 가족이 함께 외출하거나 양가의 부모를 찾아갈 수도 있다.

**가족수첩: 우리 가족은 주말을 어떻게 보내는가?**

"우리 가족이 좋아하는 것은 무엇인가?"라는 질문에 대한 답을 가족수첩에 써보자.

♥ 운동을 하는가? 가족의 가치관에 맞게 보내고 있는가? 주말에는 가족의 특별한 단점이 드러나는가?

♥ 주말이 즐겁다면 정확히 무엇 때문인가? 주말을 잘 보내는 것은 어떤 것인가?

♥ 주말을 망치는 것은 무엇인가? 출장, 일정, 개인 시간 부족? 아니면 가족이 다 함께 주말을 보내지 못하는가?

♥ 일요일에 먹는 팬케이크, 정기적인 가족 외출, 양가 부모들과의 저녁 식사 등 가족을 연결하는 주말의 전통이 있는가?

♥ 주말에는 의식적으로 휴식을 취하는가?

주말을 어떻게 보내는지 보면, 우리 가족이 어떻게 생활하고 무엇을 좋아하는지에 대해 많은 것을 알 수 있다. 위의 질문에 답하기 전에 가족의 가치관, 활동, 단점에 대해 표시한 문항들을(40쪽 참고) 다시 살펴보자.

## 가족에 대해 무엇을 알게 되었나?

지금까지 우리는 가족의 기본적인 활동—자고 일어나고 먹고 나가고 들어오고 책임을 나누고 계획을 하는 등—에 대해 살펴보았다. 요즘 사람들은 하는 일이 너무 많아서 하루가 어떻게 가는지도 모른다. 매 순간 의식을 가지고 생활하는 것은 쉬운 일이 아니다. 앞에서 설명한 것처럼, 우리 가족의 하루를 관찰하면서 기록해본다면 아마 평소에 알지 못했던 새로운 사실들을 알게 될 것이다. 그 정보는 새로운 환경에 적응해야 하거나, 특히 문제가 생겼을 때 참고할 수 있을 것이다. 아는 것이 힘이다. 우리 가족에 대해 알고 있으면 필요할 때 변화를 도모하기가 수월해진다. 또한 가족의 참여를 독려할 수도 있는 방법에 대한 힌트를 얻을 수 있다. 이 문제에 대해서는 다음 장에서 설명하겠다.

 **가족 수첩: 우리 가족의 일과는 어떠한가?**

앞에서 설명한 10가지 시간대와 주말에 대해 읽고 나서 생각나는 것이 있으면 적어보자.

♥ 이 연습을 하면서 당신의 가족에 대해 새롭게 알게 되었는가? 또는 이미 알고 있는 것을 확인할 수 있었는가?

♥ 당신의 가족에 대해 어떤 생각이 드는가? 걱정스러운가, 안심이 되는가?

♥ 앞으로 다르게 하고 싶은 부분들이 있다면 어떤 것인가?

7장

# 가족의 참여

화목한 가정의 구성원들은 가족에 대해 자부심을 가지고
서로가 서로에게 속해 있는 '우리'로 의식한다.
또한 방황하거나 억눌려 있지 않고
각자 자신이 가지고 있는 잠재력을 발휘한다.

닉 스티넷, 존 디프레인, 『화목한 가족의 비밀(*Secrets of Strong Families*)』

# 가족이 최우선이다

래니와 빌 앨런 부부는 마흔두 살 동갑으로 대학에서 만나 결혼했으며, 미국 남부의 작은 마을에서 네 명의 아이를 키우며 살고 있다. 피터는 열여섯, 카일은 열넷, 톰은 열둘, 한나는 열 살이다. 두 사람은 아이들을 많이 낳아서 북적거리며 살고 싶다는 생각은 같았지만, 어린 시절의 영향으로 가족에 대한 비전은 서로 달랐다.

"남편은 남녀의 전통적인 역할을 기대하는 가정에서 자랐어요. 반면에 저희 집에서는 요리나 빨래를 누가 해야 한다는 규칙이 없었죠." 래니는 시끌벅적하고 사랑이 넘치는 가정을 꿈꾸었다고 한다. "저는 가족이 함께 풍성한 명절을 보내는 광경을 그려보곤 했어요. 그러면 모든 것이 완벽할 것이라고 생각했죠. 하지만 지금 우리 집은 그렇지 않아요! 때로는 정말 엉망진창입니다. 결국 저는 싸우지 않고 받아들이는 법을 배웠어요."

래니는 첫아이 피터가 태어났을 때 박사 과정 중이었고, 전형적인 가정주부와는 다른 길을 걷고 있었다. 막내 한나가 두 살일 때 그녀는 남편에게 파트타임으로 일을 하겠다고 말했다. "남편은 처음에 펄쩍 뛰었어요. 가정생활이 어떻게 될지 걱정했죠. 실제로 그는 전통이 깨지는 일은 질색해요. 당연히 변화를 원하지 않죠."

그들은 8년 넘게 살면서 차이점을 공통점으로 극복할 수 있었다. 빌은 아이들이 많이 놀고, 열심히 공부하고, 훌륭한 사회인이 되도록 지도하고 있다고 말한다. "우리 부부는 가정교육에 대해서는 많은 점에서 생각이 일치하고 상당히 엄격한 편이에요. 교회와 봉사활동을 중요시하고, 아이들이 올바른 행동을 하며, 친절하고 탁월하길 요구하죠."

무엇보다 그들은 항상 아이들에게 가족을 생각하라고 말한다. 한 아이에게 문제가 생기면 그것을 개인이 아닌 가족의 문제로 생각하게 한다. 예를 들어 카일은 같은 반 아이의 손에 '신체 부위'를 그리다가 걸린 적이 있었다. 빌은 인정한다. "우리도 어릴 때 그런 장난을 했어요. 하지만 그 아이는 자신이 하는 행동이 가족에게 영향을 준다는 것을 알아야 해요. 그래서 '너에게는 너 자신뿐 아니라 가족을 지켜야 하는 책임이 있는 거야'라고 말했죠."

아이들은 그 말이 무슨 뜻인지 이해한다. 물론 모든 아이가 그렇듯이 그들 역시 때로 거짓말을 하고 말썽을 부리고 싸우기도 하지만, 책임감 있는 가족 구성원이자 훌륭한 시민으로 자라고 있다.


## 네 가지 필요조건

가족 구성원들이 개인의 욕구보다 가족을 먼저 생각하도록 만드는 것은 무엇일까? 다시 말해, 가족을 아끼고 보호하고 유지하며 가정을 꾸려가는 '이해당사자'로 생각하게 만드는 것은 무엇일까?

이해당사자란 심리학 용어인 '사회적 투자'와 비슷한 개념이다. 개인의 발전은 역설적으로 자기 자신보다 더 큰 무엇을 위해 최선을 다하는 것으로부터 얻어진다. 우리는 가족을 위해 '투자'하면서 바람직한 인성을 배운다. 가족과 함께 지내면 좀 더 부지런해지고 혼자 사는 사람들보다 덜 외롭다.

그렇다면 사회적 투자가 바람직한 인성을 갖추게 하는 것일까, 아니면 애초에 그러한 인격을 갖추고 있기 때문에 좀 더 기꺼이 자신을 투자하는 것일까? 답은 양쪽 모두 해당된다.

어떤 사람들은 천성적으로 다른 사람들보다 적극적이다. 유치원 아이들을 보면 알 수 있다. 어떤 아이들은 더 열심히 참여하고 친절하고 다른 아이들과 잘 어울린다. 교사가 지원자를 모집하거나 "청소하자!"라고 소리치면 가장 먼저 달려온다. 우는 아이를 보면 달래주고 도와준다.

반면, 어떤 사람들은 좀 더 많은 학습 과정을 필요로 한다. 주변 사람들이 용기를 주고 독려해야 한다. 훌륭한 가족은 협동조합이 하는 방식으로 가정을 경영한다. 가족 구성원들은 모두가 조합원이다. 서로 도움을 주고받으며 가족의 행복에 관여한다. 부부는 서로 협조하면서 정책을 세우는 이사회 역할을 하며, 어떤 계획이나 결정, 또는 변화가 필요할 때 조합원들의 의견을 구한다. 또한 친척, 친구, 지인, 또는 협조적인 전 배우자로 구성된 자문단에 귀를 기울인다.

훌륭한 가족협동조합은 그 구성원들이 모두 의식적으로 '우리'를 돌본다. 가족의 중요한 가치관과 믿음은 구성원 각자가 주어진 몫을 다하게 하는 환경을 조성한다. 모두가 이해 당사자로서 자신의 나이와 능력에 맞는 역할을 하는 동시에 각자의 '나'를 중요하게 생각한다.

모든 가족의 '우리'는 서로 다른 특성을 가지고 있다. 하지만 그 구성원들이 이해 당사자로 느끼고 행동하는 가족을 보면 다음과 같은 중요한 공통점이 있다.

♥ '우리'는 그 구성원들을 소중히 여긴다. 각자 자신이 나머지 가족에

게 소중한 존재라는 것을 알고 있다. '우리'는 각자의 '나'를 없어서는 안 되는 존재로 생각하고 존중한다.

♥ 모두가 '우리'를 위해 노력한다. 부모는 앞에서 이끌고 아이들은 뒤에서 밀며 '우리'를 움직인다.

♥ '우리'는 공정하다. 가족의 자원은 신중하게 사용하고 공평하게 나눈다.

♥ 가족 모두 '우리'를 사랑한다. 가족이 함께하는 시간을 계획한다. 작은 기쁨과 연결의 순간에 주목하고 크고 작은 행사를 기념하면서 모두를 따뜻하게 반겨주는 장소로 만든다. '나'를 즐기면서 또한 '우리'의 일부라는 사실에 감사한다.

이 네 가지 조건은 순서가 정해져 있지 않으며 다 함께 작용한다. 이제 각각의 조건을 충족시키는 방법에 대해 설명하겠다.


## '우리'는 그 구성원들을 소중히 여긴다

가족 안에는 '나'가 있다. 그리고 이상적인 가족은 각자를 있는 그대로 인정하고 지원해주며, 이것은 이해 당사자로서의 책임감을 강화한다. 다시 말해, 가족 구성원들은 '우리'가 자신을 보호하고 치유해준다는 것을 알기 때문에 당연히 '우리'가 잘되기를 바란다. 각자가 '우리'를 위해 노력하면 가족은 더욱 건강해지고, 그 구성원들은 더욱 든든한 보살핌을 받게 되는 선순환이 이루어진다.

"다수가 바라는 것은 소수가 바라는 것보다 중요하다."〈스타트랙 2(Star Trek II)〉에서 스팍은 이렇게 말하며 자신을 희생해 우주선과 승무원들을 위기에서 구해낸다. 때로 가족은 우주선 엔터프라이즈호와 유사하다. 가족 모두 더 큰 대의를 위해 힘을 모은다. 하지만 때로는 한 사람의 욕구가 다수의 욕구보다 중요할 수 있다.

가족이 두 명이거나 열 명이거나, 각자 자신이 원하는 것이 있다. 개인의 욕구는 가족 안에 있을 때는 잘 보이지 않을 수 있다. 하지만 거리를 두고 바라보면 때로 개인들의 '나'가 서로 충돌하는 것이 보일 것이다.

우리 가족은 어떤 모습을 하고 있을까? 당신의 가족을 가상으로 설정해서 관찰해보자. 물론 당신의 실제 가족과는 다르겠지만 다음과 같은 상황은 익숙하게 느껴질 수 있다.

매일 가족 드라마가 전개되는 주방으로 가보자. 여덟 살의 그레이스와 다섯 살의 캘빈, 그리고 일흔아홉 살인 친정아버지가 보인다. 친정어머니는 몇 년 전 세상을 떠났다. 당신은 종종 부근의 노인복지시설에서 거주하는 친정아버지를 집으로 모셔와 함께 저녁식사를 한다. 그레이스가 캘빈에게서 스프링 장난감을 뺏으려고 한다. 캘빈은 뺏기지 않으려고 한쪽 끝을 붙잡고 놓지 않는다. 스프링이 늘어나서 끊어질 지경이 된다.

"그냥 한 번만 보고 줄게! 이 멍청아!" 그레이스가 말한다.

캘빈은 계속 비명을 지른다.

당신은 참견하지 않는다. 처음 있는 일도 아니다. '저희끼리 알아서 하겠지.'

몇 분 후 캘빈이 방에서 뛰쳐나오며 소리친다. "싫어, 싫다니까!"

당신은 저녁 준비로 바쁘게 움직이며 모른 체한다. 당신은 캘빈에게 손을 씻고 와서 밥을 먹으라고 한다. 하지만 그는 소파에 앉아서 움직이지 않는다.

친정아버지가 아이 역성을 든다. "그냥 내버려둬라. 손 한 번 씻지 않는다고 큰일 나니? 구덩이를 파다가 온 것도 아니잖니."

"아버지!" 당신은 화가 난다. "참견하지 마세요"라는 말이 튀어나오려는 것을 꾹꾹 참는다. 그는 당신의 마음을 읽은 듯 어깨를 으쓱한다.

퇴근한 남편 로저가 집에 들어온다. 당신은 그를 반갑게 맞이하는 대신 따지듯이 묻는다. "우유 사왔어요?"

"문자를 보내지 그랬어?" 그는 나무라듯이 말한다.

당신은 못마땅한 표정으로 그를 노려본다. '내가 꼭 다시 일러줘야 하는 건가?'

이 광경을 한 걸음 물러나서 보면, '우리' 속에 있을 때 느끼지 못하는 것을 알 수 있다. 각자의 '나'가 어떻게 서로 부딪치고 어떤 영향을 주고받는지 눈에 보인다. 가족이라는 생태계에서 일어나는 모든 행동, 상호작용, 감정은 당신을 변하게 하고 그들을 변하게 한다. 그리고 어느 순간 누군가 "이제 그만 좀 해요" 또는 "나를 내버려둬요"라고 소리치는 것이 들린다.

이러한 관점에서 다시 보면 로저가 식탁에 앉아 멍하니 허공을 바라보고 있는 모습이 보일 것이다. 그는 당신에게 화가 나 있다. 그는 당신의 눈을 피해 아이들을 쳐다보며 속으로 크게 한숨을 쉰다. '제발 너희는 내속을 뒤집어놓지 마라.' 로저는 그의 '나'를 다른 곳으로 가져가고 싶다. 당신 역시 마찬가지이다.

모든 몸짓과 언어에는 정보가 담겨 있다. 아이들은 당신과 로저가 서로 노려보고 있는 것을 눈을 동그랗게 뜨고 바라본다. 잠시 후 캘빈은 당신을 흘깃거리며 그레이스에게 소리친다. "누나가 내 의자에 앉았잖아!" 엄마가 듣고 있는지 확인하는 것이다. 그는 당신이 자기편이 되어주기를 바란다. 캘빈이 오늘 누나와 다투는 이유는 어쩌면 그날 학교에서 있었던 일 때문일 수 있다. 그의 '나'는 관심을 요구하고 있다.

저녁을 먹으면서 당신은 캘빈에게 콩을 먹으라고 구슬린다. 옆에서 그레이스가 웃는 것이 보인다. 그레이스는 아빠에게 몸을 기울이고 그의 팔을 잡는다. 그레이스의 미소와 몸짓에서 아빠와 동맹을 맺으려는 의도가 엿보인다. 당신은 그레이스가 학교에서 친구들에게 왕따당하는 것은 아닌지 걱정된다. 그레이스는 평소에 동생에게 친절하고 자상한 누나 역할을 한다. 하지만 기분이 좋지 않을 때는 동생이 야단맞는 것을 보고 싶어 한다. 오늘 그레이스는 동생이 곤경에 처하는 것을 보면서 고소해하는 듯하다.


## 눈에 보이는 것은 바꿀 수 있다

가족이 함께 있을 때는 개인의 성격과 관계, 지금까지 개인과 가족이 함께 살아온 과거가 그곳에 있다. 로저가 화를 내는 이유는 또 있다. 전날 밤 그는 당신과 오붓한 시간을 보내고 싶어 했지만 당신은 그에게 잔소리만 늘어놓았다. 오늘도 당신에게서 핀잔을 들은 로저의 '나'는 억울하게 당하는 기분이 든다.

한편 당신의 '나' 역시 남편이 집에 오기 전부터 공격받는 기분을 느끼고 있었다. 캘빈이 당신 말을 듣지 않았는데 친정아버지가 손자 역성을 들었기 때문이다. 또한 캘빈에게 억지로 콩을 먹이려는 행동에는 당신의 '나'가 작용하고 있었다. 캘빈이 잘 먹지 않으면 당신은 엄마로서 부족한 것처럼 느낀다. 만일 한발 물러나서 거리를 두고 보면, 당신이 그렇게 느끼는 데는 더 큰 배경들이 작용하고 있음을 알게 될 것이다. 당신이 속해 있는 사회, 계층, 문화 등 모든 것이 엄마의 역할에 대한 당신의 생각에 영향을 준다.

하지만 당신의 과거나 배경 외에 또 다른 뭔가가 있다. 당신의 '나'가 가족을 통제하기를 원하고 있는 것이다. 그리고 당신의 아버지는 바로 옆에서 그 모든 것을 목격하고 있다. 당신은 순간적으로 어릴 때 아버지가 나무라던 말이 기억난다. "너는 모든 일에서 지나치게 까다로운 것이 탈이야."

이와 같은 상황은 특별한 예가 아니다. 가족의 생태계에는 언제나 각자 자신의 자리와 몫을 차지하려고 경쟁하는 개인들의 욕구과 바람이 서로 얽혀 있다. 가정은 우리가 세상에 태어나서 처음 우리 자신의 욕구와 다른 사람들의 욕구 사이에서 타협점을 찾는 법을 배우는 곳이다.

현재 일어나고 있는 상황을 거리를 두고 보기 위해서는 3장에서 설명했듯이 패밀리 위스퍼링의 기본 원리인 T.Y.T.T.를 사용하면 도움이 될 것이다. 4장에서 소개한 해리엇과 그레천의 이야기에서처럼, 속도를 늦추고 당신의 '나'가 무엇을 원하는지 알고 상대방의 '나'를 고려해서 뭔가 조치를 취해야 한다.

앞에서 가상으로 설정한 상황을 예로 들면, 당신은 핀잔을 주는 친정아버지와 티격태격 싸우는 아이들로 인해 마음이 동요되기 전에 잠시 개인적인 타임아웃 시간을 가지는 것이 필요하다. 만일 10분이라도 산책을 하최근에 당신 가정에서 일어난 가족 드라마를 다시 돌려보면서 거기에 출연하는 배우들을 관찰해보자.

♥ 각자의 '나'는 어떻게 하고 있는가? 당신은 끌려가는 기분이 드는가? 그의 행동이 당신 내면의 어떤 감정이나 기억을 불러오는가?

♥ 가족의 자원을 놓고 경쟁하고 있는가? 예를 들어 누군가에게 가족의 시간과 관심이 필요한가? 그는 당신이 줄 수 있거나 주고자 하는 것보다 더 많은 것을 요구하는가?

♥ 가족 중 누군가가 무시당하고 있는가? 이런 일이 그에게 자주 일어나는가?

♥ 앞으로 가족과 부딪치는 일이 생기면 당신 자신에게 위와 같은 질문들을 해보자. 하고 싶지 않다면 그 이유가 무엇인지 생각해보자. 너무 번거롭게 느껴지는가? 다른 가족에게 너무 화가 나는가? 후자라면 가사 전쟁의 초기 단계에 있을지도 모른다(258쪽 '가사 전쟁은 어디까지 와 있는가' 참고).

거나 책을 읽거나 샤워를 하면서 한숨 돌리고 나면 뭔가 다르게 느껴질 것이다. 남편이 집에 들어왔을 때 그에게 화풀이하지 않을 것이다. 그러면 그를 한쪽으로 불러 방금 무슨 일이 있었는지 설명하고, 이렇게 말할 수 있을 것이다. "당신 얼굴을 보니까 화가 풀리네요. 하지만 정말 속상해요. 아이들과 우리 아버지 사이에서 어떻게 해야 할지 모르겠어요."

당신이 남편에게 원하는 것은 문제를 해결해달라는 것이 아니라, 단지 하소연을 들어주는 것이라고 솔직하게 이야기한다면 그 광경은 바뀔 수 있다. 남편은 당신의 '나'가 느끼는 고충을 이해하고 위로해줄 것이다. 아마 저녁 준비를 도와주겠다고 나설지도 모른다. 그러면 당신은 아이들과 친정아버지에게 더 이상 화가 나지 않을 것이다. 식사를 하면서 아이들에게 그날 있었던 일에 대해 물어보고 귀를 기울일 것이다. 친정아버지의 취미에 대해 묻는 것도 잊지 않을 것이다.

물론 이 세상은 완벽하지 않다. 하지만 누군가가 필요로 하는 어떤 행동이나 말을 해주는 것만으로도 가족 모두가 행복해질 수 있다. 만일 가족 중 어느 한 사람이라도 관심과 존중을 받지 못하면 화목한 '우리'가 될 수 없다.


## 가족의 '나'를 인정하자

삼남매 중 둘째인 외동딸 칼리 레이날도는 모범생이자 유망한 운동선수였다. 하지만 고등학교 졸업을 앞둔 어느 날 자동차 사고를 당해 운명이 바뀌었다. 음주운전 차량이 엄마의 푸른색 캠리를 들이받았을 때, 칼리는 조수석에 앉아 있었다. 엄마는 즉사했고, 칼리는 중상을 입었다. "엉덩이와 골반이 부서졌고, 온몸에 타박상을 입었어요."

아이가 없던 로리 이모는 칼리에게 언제나 가족이나 다름없었다. 어릴 때 칼리와 남자 형제들이 뉴저지에서 버스를 타고 가면 로리 이모가 맨해튼의 포트오소리티 터미널로 마중 나와주었다. 로리는 그들을 데리고 영화관에 가거나 외식을 하면서 엄마 어렸을 때 이야기를 들려주었다. 칼리와 형제들은 오래전부터 이모에 대한 신뢰를 가지고 있었다. 사고가 났을 때도 로리는 가장 먼저 병원으로 달려와 칼리에게 삶은 계속되어야 함을 알게 해주었다.

"이모는 아주 솔직하고 분명하게 말했어요." 칼리가 회상한다. "이모는 제이슨 오빠가 오고 있으니 그에게 씩씩한 모습을 보여주라고 했죠."

돌아보면 칼리는 자신이 적절한 진로를 선택할 수 있었던 것도 로리 이모 덕분이라고 느낀다. 그녀는 아이비리그 대학교에서 전액 장학금을 주겠다는 것을 거절하고 지역 전문대에 입학할 계획이었다. 집에서 학교에 다니며 제이슨과 함께 아빠를 도울 생각이었다. 하지만 로리 이모는 펄쩍 뛰었다. "절대 안 된다. 너는 집을 떠나야 해. 잘할 수 있을 거야. 어렵겠지만, 너에게 주어진 기회를 놓치면 안 된다."

"이모는 저를 믿었고 기대가 컸어요. 제가 더 나은 기회를 놓치는 것을 두고 보지 않았지요." 칼리가 말했다. "이모가 경제적인 도움을 준 것은 아니었어요. 우리 형제들이 스스로 하기를 바라셨어요. 하지만 언제나 우리 옆에 있었죠."

실제로 엄마가 이 세상에 없고 아빠는 슬픔에 휩싸여 있을 때, 로리 이모의 존재는 칼리와 형제들에게 '우리'를 느끼게 해주었다. 로리는 그들에게 말했다. "우리는 현실을 직시해야 해. 우리에게 닥친 일을 소리 내어 이야기하고 뭔가를 해야 한단다." 그녀는 아이들에게 엄마가 떠났지만 '우리'는 남아 있음을 알려주었다.

자존감이 높은 아이들은 자신을 더 큰 '우리'의 일부로 느낀다. 그들은 자신을 지원해주고 아끼는 사람들이 있다는 것을 알고 꿋꿋이 인내하며 할 일을 한다. 그에 비해 아무도 자신에게 관심을 갖지 않는다고 느끼는 아이들은 변화를 마주할 때 불안해하고 용기를 내지 못한다.

가족은 우리의 성공을 함께 기뻐하고 실패를 함께 안타까워한다. 가족 안에서 우리는 누군가에게 소중한 사람이라는 것을 느끼고 자신감을 갖는다. 칼리는 슬픔을 극복하고 보행기 사용법을 몇 달에 걸쳐 익힌 뒤 간호학교에 입학할 수 있었다. 지금 칼리는 결혼해서 아들 둘과 딸 하나를 두었다. "엄마에 대한 좋은 추억들이 있지요. 엄마가 해주던 음식 같은 거요. 하지만 로리 이모는 저에게 부모가 되는 법을 가르쳐주었어요. 저도 우리 아이들에게 이모가 저에게 해준 것처럼 하고 있어요."

자존감은 자긍심과 또 다르다. 자존감은 관계, 특히 가족과의 관계에서 발달하는 것이다.

당신은 누군가에게 중요한 사람인가? 다른 가족이 당신을 중요하게 생각하는가? 다음 다섯 문항의 질문에 답하면 알게 될 것이다.

가족에게 당신의 소중함을 기억하게 하는 방법을 몇 가지 소개하겠다.


가족에게 감사하고 장점을 칭찬해준다. 우리는 종종 가족을 친척, 친구, 지인에게 자랑한다. "우리 남편은 정말 좋은 사람이야. 그 사람이 없으면 어떻게 할지 모르겠어", "우리 아들은 집안일을 잘 도와주지. 청소도 맡길 수 있어." 그렇다면 직접 칭찬을 해주거나 감사를 표시한 적이 있는가?

사회학자 존 테일러는 "마음속으로 아내와 아이들을 위해 무엇이든 할 수 있다고 생각하겠지만 표현하지 않으면 아무 소용이 없습니다"라고 말한다. 그는 피부과 전문의인 아내와 열 살, 열세 살인 두 아들과 함께 살고 있다. "저는 집에서 나올 때면 항상 가족 모두에게 입맞춤을 합니다.

## 당신은 다른 사람들에게 소중한 존재인가?

사회학자 존 테일러는 다섯 개의 간단한 질문으로 자존감을 측정한다. 가족 중 어느 한 사람이나 가족 전체를 생각하면서 점수를 매겨보자.

1 = 전혀 아니다, 2 = 약간 그렇다, 3 = 어느 정도 그렇다, 4 = 많이 그렇다

1. 나는 가족에게 얼마나 소중한 존재인가?
2. 우리 가족은 나에게 얼마나 관심을 기울이는가?
3. 우리 가족은 나의 빈자리를 얼마나 의식하는가?
4. 우리 가족은 내가 하는 말에 얼마나 관심을 갖는가?
5. 우리 가족은 나에게 얼마나 의지하는가?

점수를 합해서 5로 나눈다. 대부분 3.5 정도의 점수가 나온다.

요즘은 부모들이나 아이들이나 모두 바쁘다는 것을 알아요. 하지만 가족을 소중하게 생각한다는 것을 행동으로 보여주어야 합니다."

진심으로 관심을 갖는다. 배우자나 아이들이 도움을 주면 그것이 당신에게 어떤 의미가 있는지 이야기해주자. 당신과 한 약속을 지키거나 책임지고 뭔가를 끝내면 칭찬해주자. 감사를 표하되 지나치게 과장하지는 말자. 칭찬과 감사는 자격을 갖춘 사람에게 진심으로 하는 말이 되어야 한다.

함께 있지 않을 때도 가족을 생각하고 있음을 알게 한다. "오늘 자원봉사를 하러 갔는데, 한 아이가 레고 집을 아주 멋지게 짓고 있는 걸 보니까

네 생각이 나더라." 이런 말을 하는 것은 어려운 일이 아니지만, 큰 힘을 가지고 있다. 상대방의 '나'를 존중하고 그에게 귀를 기울이자. 어떤 행동을 부정적으로 단정하지 말자. 인내하면서 기다려주는 것만으로도 그를 소중하게 생각하는 마음을 전달할 수 있다.

감사 표현은 맞춤식으로. 가족을 생각하는 마음은 상대방에 따라 다르게 표현할 수 있다. 배우자가 당신을 품에 안아줄 때 그가 당신을 소중하게 생각한다고 느낄 것이다. 아니면 직장에서 일하다가 배우자의 전화를 받았을 때 그렇게 느낄 수 있다. "여보, 일하느라고 힘들 텐데 퇴근하고 체육관에서 운동을 좀 하고 오면 어때요?" 아이들도 마찬가지다. 당신이 품에 안아주거나 체육관에 데리고 갈 때 아이들은 엄마가 자신을 소중히 여기고 있음을 느낄 것이다.

애비 포터는 두 아들에게 관심을 보여주는 방식에 그녀의 '나'가 포함된다는 것을 알고 있다. "존이 좋아하는 것은 저도 좋아해요." 그녀는 운동을 좋아하는 큰아들이 하는 경기를 보러 가거나, 함께 경기를 관람하러 간다. 하지만 운동을 좋아하지 않는 작은아들 레비에게 관심을 보이는 것은 다소 노력이 필요하다. "레비는 기상학, 지질학, 트럭을 좋아해요. 저는 그런 것에 흥미가 없으니까 좀 더 의지를 가지고 접근해야 하죠."

때로 가족은 상대방의 '나'를 기쁘게 해주기 위해 기꺼이 함께한다. 엘리자베스는 아이와 함께 캠핑을 한다. 애비 포터는 레비를 괴물 트럭 쇼에 데리고 간다. 말보다는 행동으로 더 많은 것을 보여줄 수 있다. 앤드루 솔로몬은 그의 책 『부모와 다른 아이들(Far from the Tree)』에서 자신의 어린 시절을 회상한다. 그는 열 살 때 리히텐슈타인 공화국이라는 작은 나라에 매료되었다. 1년 후 그의 가족이 사업차 스위스 여행을 갔을 때, 그의 엄마는 짬을 내어 리히텐슈타인의 수도 파두츠를 방문했다. "내 소원을 이루어주기 위해 가족과 함께 그곳으로 갈 때 느낀 뿌듯함을 기억한다." 앤드루는 자부심을 느꼈다.

하지만 한 사람이 가지고 있는 문제로 인해 다른 사람들에게 관심이 돌아갈 수 없을 때는 '나'와 '우리'의 건강한 균형을 유지하기가 특히 어렵다. 예를 들어 잭 레이날도(칼리의 큰아들)는 열일곱 살 때 백혈병 진단을 받았고, 화학치료를 받는 동안 입맛을 거의 잃었다. 매일 저녁 칼리는 잭에게 무엇을 먹고 싶은지 물었다. "하루는 잭이 스파게티와 미트볼이 먹고 싶다고 하자, 노라가 옆에서 '나는 그거 먹고 싶지 않아요'라고 하더군요." 칼리는 노라에게 잭이 거의 먹지 못하기 때문에 특별히 먹고 싶은 것이 있을 때 그것을 먹는 것이 좋다고 설명했다. 그러자 당시 열 살이던 노라가 대꾸했다. "하지만 때로는 나도 먹고 싶은 것이 있어요." 사실 노라는 저녁에 무엇을 먹든 상관없었다. 단지 자신이 가족에게 소중한 존재임을 확인하고 싶었을 뿐이다.


## '우리'를 보살피자

"할아버지가 저희에게 일을 시키실 때 그가 우리를 사랑한다는 것을 느꼈어요." 스티븐 클라인은 어린 시절, 특히 부모가 이혼한 후에 그에게 소중한 존재였던 외할아버지에 대해 회상한다. "할아버지는 개똥을 치우거나, 페인트칠을 하거나, 물건을 옮기는 일에 우리의 도움이 필요하다는 사실을 분명히 했어요." 외할아버지가 스티븐과 그의 형제들에게 일을 시킨 것은 기본적으로 '우리'를 돌보는 것이었다. 하지만 그는 일을 재촉해서 아이들을 힘들게 하는 법이 없었다. 단지 아이들에게 도움을 청하는 것을 주저하지 않았으며, 그렇게 하는 것이 손자들을 위한 일이라고 생각했다.

가족에게 도움이 된다고 생각하면 기분이 좋고 더 잘하고 싶어진다. '우리'가 더 건강해진다. 사전트-클라인 부부는 아이들이 기저귀를 떼기 전부터 일을 시켰다고 했다. "명절이 되면 집을 청소한 뒤 음식 준비를 할 때 아이들에게 말했어요. '얘들아, 너희의 도움이 필요해'라고요."

아이들에게 도움을 청하는 것은 단지 그들을 참여시키기 위해서만은 아니다. 우리는 각각 다른 식으로 보고 생각한다. 이 세상은 점점 더 사람들이 협조하고 함께 만들고 서로에게 의지하는 방향으로 가고 있다. 실제로 요즘은 모든 문화와 사업과 조직에서 함께 일하고 생각을 공유하는 능력을 필요로 한다. 이러한 능력을 배우기 위해 가정보다 더 좋은 장소가 있겠는가?

'우리'를 돌보는 것은 단지 가사를 분담하는 문제가 아니다. 그보다 더 크고 중요한 문제이다. 단지 주어진 일을 해야 한다기보다는 가정을 꾸려가기 위해 필요한 역할을 맡는다고 생각하자. '마당을 쓸어야 한다'가 아니라 '마당을 쓰는 사람이 필요하다', '강아지 밥을 줘야 한다'가 아니라 '강아지에게 밥을 주는 사람이 필요하다', '도시락을 싸야 한다'가 아니라 '도시락을 싸는 사람이 필요하다', 침구 정리를 도와주거나 약속을 상기시켜주는(아이들이 좋아하고 보통 바쁜 어른들보다 잘하는 역할) 조수 역할도 필요하다.

이것은 말장난이 아니라 가족 중심의 사고방식이다. 가족은 공동의 의무 위에 세워진다. R.E.A.L.의 R(책임감)를 기억하자. 가족은 누구나 가정에 대한 책임이 있다. 어떻게 함께 가정을 꾸려갈 것인가? 아이들은 학교에 다닐 나이만 되어도 여러 가지 역할을 할 수 있다. 대부분의 유치원 교실에 가보면 아이들이 줄반장과 간식 도우미를 하는 것을 볼 수 있다. 어린아이들의 능력을 과소평가하는 곳은 가정밖에 없다!

역할 분담(다음 장에서 자세히 설명하겠다)은 단지 가족 구성원들에게 책임을 정해주는 문제가 아니다. 우리는 참여와 독립을 보상하는 조직의 구성원이 될 때 보다 성실하고 유능해진다. 가족을 위해 이런저런 역할을 하면서 자신감과 능력이 길러진다. 간단히 말해, '우리'가 번창하면 '나'도 번창한다.


## 가족 체크인

'우리'를 돌보기 위해서는 생각과 계획, 노력, 사후관리가 필요하다. 개인의 요구는 계속 변한다. 개인들의 '나'가 성장하면 가족관계 역시 변하고 새로운 카드가 돌려진다. 따라서 가족의 단합을 유지하기 위한 단순하면서 효과적인 방법이 필요하다. 매주 가족의 체크인은 가족 구성원들이 함께 대화하고 나누고 지원하고 배우고 새로운 생각을 탐색하고 계획하고 협력하기 위한 방법을 제공할 수 있다.

체크인은 가족회의와는 다르다. 가족회의라고 하면 부담을 느낄 수 있다. 부모들에게 얼마나 자주 가족회의를 하는지 물어보면 모두들 우물쭈물한다. "정기적으로 합니다"라는 대답은 듣기 어렵다. 대부분은 잠시 침묵을 지키다가 다소 죄스러운 표정으로, "해야겠다고 생각은 하지만……"이라는 말로 변명을 시작한다.

가족회의라고 하면 문제점을 이야기하고 중요한 결정을 해야 하는 심각하고 힘든 시간처럼 들린다. 많은 부모가 가족의 일과에 또다시 '뭔가를 해야 하는' 시간을 추가해야 한다는 생각에 부담을 느낀다. 하지만 체크인은 가족 모두 가벼운 마음으로 편안하고 재미있게 함께 시간을 보내면 되는 것이다.

트레이시는 사람들에게 KISS("단순하게 하세요, 스탠. Keep It Simple, Stan.")*를 기억하게 했다. 체크인은 가족회의의 KISS인 셈이다. 각자 자신의 가족에게 맞게 편안하고 재미있는 방법으로 하면 된다.

체크인은 무엇인가? 체크인은 '우리'에게 무엇이 필요한지 살피고 각자의 '나'가 잘 지내고 있는지 확인하는 시간이다. 또한 가족 모두가 가정의 이해 당사자라는 것을 느낄 수 있는 시간이기도 하다. 대개는 가족이 만나서 즐기고 격려하는 시간이지만, 또한 어려운 일이 있을 때 자신감을 주고 지원하는 시간이 될 수 있다. 함께 뭔가를 결정하고 문제를 해결하며 가족의 유대를 다진다. 반면 각자가 독립적으로 생각하고 행동하는 것을 인정한다. 그럼으로써 모두가 가족 안에서 점차 더 유능해지고 자긍심을 갖게 된다. 가장 큰 보상은 가정이 화목해지고 언제라도 도움을 구하는 장소가 되는 것이다.

체크인은 누가 관리하는가? 부모는 가장으로서 규칙을 정하고 결정을

---

\* KISS는 트레이시가 12단계 모임에서 차용한 머리글자로, 원래는 "단순하게 해라, 멍청아(Keep it simple, stupid)"이다. 트레이시는 농담이라도 누군가를 멍청이라고 부르는 것을 원하지 않았다. Stan이 누구인지는 영원한 수수께끼로 남을 것이다.

내리지만 아이들의 의견을 수렴한다. 각자 바라는 것과 느끼는 것을 자유롭게 이야기하고 부당하거나 억울한 상황(그들의 관점에서 볼 때)에 대해 이의를 제기하거나 새로운 아이디어와 해결책을 제시할 수 있다.

누가 참여하는가? 가족 모두가 참여한다. 체크인에 참여하는 것은 빠를수록 좋다. 어린아이들은 거의 듣기만 하면서 의미 있는 제안을 할 수 없겠지만, 가족과 함께하면서 자신을 이해 당사자로 느끼게 된다.

어떻게 준비하는가? 우선 부부가 체크인에 동의하고 나서 아이들에게 이야기한다. 저녁식사를 하거나 차를 타고 가면서 이야기할 수도 있다. 다음과 같은 식으로 말을 꺼내보자. "우리는 '가족 체크인'을 할 거야. 매주 한 번씩 다 같이 식탁에 앉거나 베란다에 나가서 하면 돼. 각자 자기 자신과 우리 가족에 대해 이야기하는 시간이 될 거야. 우선 어떤 날이 좋을지 정하자. 그다음에 어떻게 하면 재미있는 시간이 될지 생각해보자. 아이스크림을 먹으면서 할까? 좋은 아이디어가 있으면 이야기해보렴."

하지만 아이들이 거부하면 어떻게 해야 할까? "우리 아이들은 안 한다고 할 거예요." 한 엄마는 한숨을 내쉬며 말했다. 많은 부모가 아마 같은 걱정을 할지 모른다. 체크인이라는 개념은 처음에 선뜻 받아들이기 어려울 수 있다. 게다가 어색하게 느껴질 수도 있다. 자연스러운 가족의 일과가 될 때까지 처음에는 자유로운 분위기로 시작하자.

만일 아이들이 다섯 살 이하이고 당신이 확신을 가지고 이야기한다면(아이들은 부모가 회의적인 것을 금방 알아차린다), 비교적 수월하게 받아들일 것이다. 하지만 10대 아이들은 거부할 수 있으므로 무조건 해야 한다고 말하는 것이 낫다.

어색하거나 불편할지 모르지만 우리 가족을 위해서 하는 것이니까 모두 함께해야 한다.

만일 "왜 갑자기 이런 걸 해요?"라고 따지거나 비웃으면, 이렇게 설명해주자. "그래, 우리는 이런 것을 해본 적이 없었지. 하지만 요즘 각자자기 일에만 파묻혀 있으니까, 우리가 함께하는 시간이 필요해. 일단 한번 해보고 잘되면 계속하고, 그렇지 않으면 다른 방법을 찾아보자."

아이들이 못마땅하다는 듯이 투덜거릴지 모르지만 중요한 것은 모두가 참여하는 것이다.

이것은 벌주는 시간이 아니야. 우리 가족이 함께하는 시간이란다. 유익한 시간으로 만들어보자.

계획대로 실행하자. 재미있고 공정하며 부모의 온전한 관심을 받을 수 있다면 10대 아이들도 결국 체크인 시간을 좋아하게 될 것이다.

어떤 준비물이 필요한가? 칠판이나 종이를 준비한다. 어떤 날은 적을 것이 없을지 모르지만, 예를 들어 새로운 규칙에 대해 토론한다면 적을 것이 많아질 것이다.

시간은 언제가 좋은가? 가능하다면 매주 같은 시간에 모두가 집에 있을 때 한다. 평일 저녁식사 이후나 주말이 편리할 것이다. 아이스크림을 좋아하지 않는다면 어떤 간식을 먹고 싶은지 물어보자.

얼마 동안 진행할 것인가? 체크인 시간은 5분에서 30분까지 할 수 있다. 아이들이 다섯 살 이하라면 처음에는 5분을 넘기지 않도록 한다. 휴가 계획이나 가족 행사가 있는 주에는 체크인을 한 번 더 해도 좋다. 반드시 어떤 문제를 해결하는 것보다는 모두가 유쾌한 시간을 보내는 것이 중요하다. "여름휴가에 대해서는 다음 시간에 다시 이야기하자. 웬디야, 휴가 이야기를 해줘서 고맙구나. 아주 좋은 생각이야."

어떤 형식을 취할 것인가? 촛불을 밝히거나 종을 울리는 것으로 체크인의 시작을 알린다. 한 가족은 휴가지에서 발견한 커다란 소라고둥을 부는 것으로 시작한다. 이것을 돌아가면서 하자. 모두가 자리에 앉으면 식탁 한가운데 그것을 내려놓는다. 어떤 의식으로 시작한다. 예를 들어 다 같이 두 손을 올리고 눈을 감고 심호흡을 몇 번 한다. 이러한 의식을 행하면 가족을 위한 신성한 공간이 만들어지는 효과가 있다.

무엇을 이야기할까? 어떤 주제로 이야기할 것인지는 가족마다 다를 것이고, 시간이 가면서 발전할 것이다. 처음에는 몇 분 동안 서로 농담을 주고받는 느슨한 방식으로 할 수 있다. 아니면 대략적인 형식 ─ 시작, 새로운 일, 지난 일, 마무리 ─을 갖추어서 진행해도 된다. 그리고 "누가 먼저 이야기할래?"라고 묻고 돌아가면서 이야기한다. 외출 계획을 세우거나, 어떤 문제를 해결하거나, 일주일 동안의 가사 분담에 대해 의논할 수도 있다. 아니면 규칙을 잘 지켰는지 점검하거나 가족이 중요하게 생각하는 것에 대해 이야기한다(별문 참고).

어떤 형식을 취하든 어떤 주제로 이야기하든, 다음과 같은 기본 규칙을 기억하자.


♥ 돌아가면서 각자 자신의 생각을 이야기한다. 누군가는 짧게 이야기하고 누군가는 너무 길게 이야기할 수 있다. 반드시 해야 하는 것도

아니다. 다만, 다른 사람이 말할 때 끼어들지 않도록 한다. 어떤 가족은 아메리카 원주민들이 사용하던 '토킹스틱'을 응용한다. 토킹스틱은 돌멩이, 동물 인형, 그릇 등을 가지고 할 수 있다. 그것을 받는 사람에게 발언권이 주어지며, 한 사람이 이야기하는 동안 모두가 주목해야 한다.

♥ 문제점을 이야기하는 것이 고자질로 변질되지 않도록 한다. 형제들은 서로에 대해 이야기할 수 있지만—정보를 공유하거나 도움을 청하는—고자질은 허용하지 말자. 그 차이는 빈도와 패턴에 있다. 불만을 한 번 이야기하면 주의를 기울이자. 두 번 이야기하면 의심해볼 수 있다. 세 번 이야기하면 분명 고자질이다(형제간의 다툼에 대해서는 10장에서 더 자세히 이야기하겠다).

♥ 피드백을 주고받는다. 이스라엘의 심리학자 다니엘 카너먼은 '진정한 직관적 전문성'은 실수를 지적해주는 훌륭한 피드백이 함께하는 경험에서 얻어진다고 지적한다. 관계, 과제, 역할은 시행착오를 겪는 과정에서 점차 더 잘하게 된다. 또한 각자 하는 방법이 다르더라도 우리를 있는 그대로 인정해주는 사람들이 있으면 도움이 된다.

♥ 체크인을 사용해서 부족한 점을 수정해준다. "잔디 깎는 기계를 익숙하게 다루려면 시간이 걸린단다. 네가 열심히 한 것은 알겠는데, 다음에는 같은 방향으로 당기고 밀고 해봐. 그러면 훨씬 쉬울 거야." 큰아이가 같은 일을 해본 경험이 있다면 동생을 도와주게 하자.

♥ 새로운 아이디어를 칭찬해준다. "장난감들을 분류해서 하나는 동생 학교에 보내고, 나머지는 노숙자 쉼터로 보내기로 한 것은 좋은 생각이구나. 나는 한꺼번에 자선단체로 보낼 생각이었어. 그런 생각을 하

다니 대견하구나." 이것은 아이가 자기 방을 정리하면서 선행도 하는 기회가 될 수 있다.

체크인을 계속해야 하는 이유는? 『드라이브(*Drive*)』의 저자인 대니얼 핑크는 유능하고 독립적이면서 소통을 잘하는 사람들을 '타입 아이(Type I)'이라고 칭한다. I는 내면의 동기(intrinsic motivation)를 의미한다. 즉 처벌을 두려워하거나 보상을 바라서가 아니라 우리 내면의 무언가가 원하기 때문에 하는 것이다. 핑크는 우리 사회가 점차 보다 큰 대의—여기서는 보다 건강한 가정을 위해—를 위해 자발적으로 협력하고 협조하는 타입의 아이들을 필요로 하고 있다고 주장한다. 우리는 누구나 내면의 동기에 의해 움직인다. 왜냐하면 사람은 어떤 사명감을 가지고 무리에 속해 있는 것을 좋아하기 때문이다. 8장에서는 가장 어린아이들까지 가족협동조합에 참여하도록 독려하는 방법에 대해 알아보겠다.

## '우리'는 공정해야 한다

시간과 돈의 문제에서 자유로운 가정은 없다. 무엇보다 시간은 가장 귀한 상품이므로 유익하게 사용해야 한다. 그리고 돈은 사람들이 이야기하기를 가장 꺼려하는 자원이다.

그러면 시간에 대해 먼저 생각해보자. 신뢰와 친밀감을 쌓기 위해서는 시간이 걸린다. 가정을 꾸려가는 것도 시간이 걸린다. 어떤 사람이 시간을 어떻게 사용하고 있는지 보면 그가 소중히 여기는 것, 또는 소중히 해야 하는 것에 대해 많은 것을 알 수 있다. 시간을 관리하면 유용하게 사용할 수 있다. 문제는 우리 대부분이 시간을 어떻게 사용하는지도 모르고 하루하루 살아간다는 것이다.

당신의 가족이 시간을 보내는 방식을 좀 더 의식해보자. 일지를 기록해서 시간대별로 어떤 일이 일어나고 있는지 알아보는 것도 좋다. 트레이시는 E.A.S.Y. 시간표를 만들어서 아기들이 먹고 자고 기저귀를 갈고 목욕하는 시간을 기록했다. 언제 무엇을 했는지 기록해보면 초보 부모들이 아이를 이해하고 알아가는 데 도움이 된다.

저마다 분주하게 움직이는 가족의 시간을 모니터하기는 훨씬 더 어렵다. 각자의 '나'를 추적해야 하기 때문이다. 또한 우리는 종종 아무 생각

# 가족 시간 일지

시간은 가족에게 가장 중요하고 귀한 자원이다. 다음 보기를 보고 당신의 가족이 시간을 어떻게 보내고 있는지 254쪽의 빈 양식에 채워서 알아보자. '준비 시간'을 제외하고 나머지 아홉 가지 시간대를 각각 어떻게 보내고 있는지, 잘하고 있는 것은 무엇인지, 어떤 부분에서 조정이 필요한지 알아본다. '우리'는 가족 모두가 함께하는 것을 의미한다.

| 시간대 | 누가 함께하는가? | 잘하고 있는 부분 | 조정이 필요한 부분 |
|---|---|---|---|
| 기상 시간 | 아이들 | 스스로 옷을 입는다. | 없음. 요즘 잘하고 있다. |
| 아침식사 시간 | '우리', 아이들 | 남편이 요즘 오전에 집에 있다. | 내가 음식을 만들고 도시락을 싼다. |
| 역할 전환 시간 (학교, 직장, 그 외) | 개인 | 남편이 아이들을 학교에 데려다준다. | 나는 귀한 시간을 낭비하고 있는 듯 느낀다. |
| 다시 만나는 시간(학교나 직장에서 돌아옴) | 아이들 | 아이들이 같은 학교에 다니고 있어서 통학이 좀 더 수월하다. | 노아는 활동 전환에 30분 이상 걸린다. |
| 돌보는 시간(아이들이나 노부모) | 아이들, 어른들 | 요즘 아이들이 스스로 하는 일이 많아졌다. | 친정어머니가 골반이 부서지는 사고를 당했다. 나는 계속 돌보는 시간에서 벗어나지 못하고 있다. |
| 가사 관리 시간 | 개인 | 사람을 고용해서 집수리를 했다. | 가사 관리에 너무 많은 시간을 뺏기고 있다. |

| 시간대 | 누가 함께하는가? | 잘하고 있는 부분 | 조정이 필요한 부분 |
|---|---|---|---|
| 저녁식사 시간 | 우리 | 가족이 함께하는 최고의 시간! | 가족이 다 같이 대청소하는 시간이 필요하다. |
| 자유 시간 | 어른들, 아이들 | 아이들은 점차 혼자서 숙제를 잘하고 있다. | 여전히 내 시간이 없다. |
| 취침 시간 | 우리, 아이들, 어른들 | 남편과 내가 돌아가면서 아이들에게 책을 읽어준다. | 윌리는 불을 끈 후에 종종 침대에서 나온다. |

주의 만일 게임이나 인터넷을 하거나 TV를 보는 시간이 문제된다면, 그 시간이 얼마나 되는지 별도로 확인해보자.

없이 하루를 보내기 때문에 의식하기 위해서는 노력이 필요하다. 시간대별로 모니터를 해보면 각각의 시간대마다 가족의 '나'가 서로 부딪치는 것을 알 수 있다. 그리고 누구의 '나'가 관심을 필요로 하는지, 어느 부분에서 조정이 필요한지—누구와 더 많은 시간을 보내야 하는지, 어떤 활동에 사용하는 시간을 늘리거나 줄여야 하는지—에 대한 힌트를 얻을 수 있다.

'우리'와 '나'가 충돌하는 것은 시간 문제와 관련이 있으므로, 누가 언제 무엇을 필요로 하는지 알면 미리 충돌을 예방할 수 있다. 가족이 함께하는 시간, 혼자 있는 시간, 일대일로 같이 있는 시간이 있을 것이다. 그런 시간들은 일과로 정해져 있는가, 아니면 그때그때 만들어지는가? 이 질

## ✿ 가족수첩: 가족 시간 일지에 기록하기

가족 시간 일지를 기록할 때 다음 질문에 답하는 것으로 가장 귀한 자원인 시간을 어떻게 보내고 있는지 알아보자.

♥ 만일 외부인이 당신 집에 들어온다면 그는 어떤 광경을 보게 될까? 가족 구성원들이 각자 자기 일을 하고 있을까? 두 사람이 함께 뭔가를 하고 있을까? 가족이 모두 함께하고 있을까?

♥ 두 사람이(어른과 어른, 어른과 아이, 아이와 아이) 일대일로 시간을 보내는가? 그들은 주로 무엇을 하는가? 그 시간은 두 사람에게 어떤 영향을 주는가? 형제끼리 자주 싸우는가? 부부가 서로 본체만체하는가?

♥ 집에 돌아오면 쌓인 피로와 스트레스를 풀고 있는가? 휴식 시간은 어떻게 보내는가? 함께 또는 혼자서 보내는가? 아이들뿐 아니라 어른들도 휴식을 취하고 있는가?

♥ 어떤 놀이를 하면서 보내는가? 각자, 두 사람씩, 또는 가족이 함께? 보통 잘 어울려 노는가, 아니면 종종 싸움으로 끝나는가?

♥ 게임이나 인터넷을 하거나 TV를 보는 시간이 얼마나 되는가? 전화 통화는 얼마나 하는가? 이런 활동들은 가족에게 어떤 영향을 주는가? 전자매체 사용에 대한 규칙이 정해져 있는가?

문에 답할 수 없다면 다음과 같이 시간 일지를 만들어보자. 254쪽에 빈 양식이 있으므로 복사해서 가족수첩에 붙이고, 위의 질문을 생각하면서 한 주에 걸쳐 기록해보자.

# 돈 이야기

어떤 가정에서는 돈에 대한 이야기를 금기시한다. 때로는 부부간에도 경제적인 문제에 대해 이야기하기를 꺼린다. 아이들에게 이야기하는 것은 생각조차 하지 않는다. 돈 걱정은 아이들과 무관한 문제라고 생각해서 말하기를 주저하거나 숨긴다.

하지만 돈은 가족의 자원이며 모두와 관련이 있다. 경제 사정을 생각하지 않으면 규모 있게 소비하고 저축하는 법을 배우지 못한다. 아이들에게 돈에 대한 책임감을 갖게 하는 것은 부담을 주는 것과 다르다. 물건을 살 돈을 벌기 위해서는 많은 수고를 해야 한다는 것을 모르면 소유물을 당연한 것으로 알게 된다. 비싼 운동화를 잃어버리거나("수돗가에 벗어놓은 것 같은데……") 전자기기가 비를 맞아도 그냥 내버려둘 수 있다.

가족 체크인 시간을 통해 가족의 욕구와 바람에 대해, 그리고 무엇이 공정하고 옳은지에 대해 이야기할 수 있을 것이다. 하지만 먼저 당신 자신에게 다음과 같은 질문을 해볼 필요가 있다.

돈과 소비에 대해 솔직하게 이야기하는가? 아이들에게 가치와 소비의 관계에 대해 가르치자. "케이티는 어느 날 우리 집이 가난한 것 같다고 하더군요." 안정적인 중산층에 속하는 사라 그린은 말했다. "왜 그렇게 생각하느냐고 물었더니 우리 부부가 항상 '우리는 그럴 만한 형편이 되지 않는다'는 말을 한다는 거예요. 그래서 그 말의 의미는 '우리 가족은 그런 것에 돈을 쓰지 않는다'고 선택한 것이라고 말해주었죠." 사라는 그들 부부가 돈을 어디에 왜 쓰는지 설명한다. 그들은 지식과 교육이 보다 풍요로운 삶에 도움이 된다고 생각하기 때문에 책과 학교에 돈을 쓴다. 아이들의 재능을 길러주기 위해 강습을 받게 한다. 사회화가 중요하기 때문에 음식과 여가생활에도 돈을 쓴다. 그들은 일부 전자기기나 유행하는 운동화에는 돈을 아끼지만 분명 가난하지는 않다.

당신의 아이들은 돈에 대해 어느 정도 알고 있는가? 케이티처럼 가정 형편에 대해 잘못 알고 있는 것은 아닌가? 아이들은 학교에 가고 친구 집에 놀러 다니면서 다른 가족들이 어떻게 생활하는지 보고 비교하기 시작한다. 부모가 돈에 대해 이야기하지 않으면 아이들이 어떤 생각을 갖게 될지 알 수 없다. 경제적인 문제에 대해 자연스럽게 질문하고 이야기하자. "샐리가 큰/작은 집에 사는 것을 보니까 어떤 생각이 드니?" 만일 아이가 소유물에 대해 물으면 솔직하게 답해주자. "왜 우리는 데비 집에 있는 것 같은 커다란 그네가 없어요?" 또는 "수지는 왜 장난감이 거의 없어요?"

소비에 가족의 가치를 반영하고 있는가? 1장 끝 부분의 '우리 가족은 어떤 모습인가?'에서 답한 것을 참고하자. 만일 가족의 약점에 과소비 성향이 포함되었다면 새롭게 의지를 다져야 할 것이다. 가족의 가치관에 부합하는 현명한 소비를 하도록 노력해야 한다.

예를 들어 만일 자연을 소중하게 생각한다면 물건 구입이나 어떤 활동에 돈을 지불할 때 생태계에 미치는 영향을 생각하고 있는가? 우리는 소비를 선택할 수 있다. 퇴비를 만들거나 재생제품을 구입하는 것처럼 친환경적인 선택을 할 수 있다. 또한 자연보호에 대해 더 많이 배우고 새로운 정보 수집을 위해 책과 잡지를 사볼 수 있다. 아이들을 캠프나 야외 활동에 보낼 수 있다. 다른 가족들과 물건을 나누어쓰는 방법을 생각할 수 있다. 그러면 탄소 배출도 감소할 뿐 아니라 가족의 지출도 줄어든다.

가정형편에 대해 솔직하게 이야기하는가? 구두를 사러 가면 점원에게 원하는 가격을 당당하게 이야기하자. 아이들에게 어떤 물건을 살 형편이 되지 않는다고 솔직하게 이야기하자. "학교 친구들이 에어조던을 신는 것을 알지만 우리 가족은 운동화에 150달러나 쓸 수 없어. 형편에 맞는 신발을 사서 신어야 해."

어떤 선택을 할 때 가족이 함께 상의하는가? 어떤 활동을 하거나 물건을 구입할 때 찬반 토론을 해보자. 예를 들어 아이가 축구팀에 들어가기를 원한다면 그 비용에 대해 터놓고 이야기하자. 돈과 에너지뿐 아니라 가족 시간을 뺏기는 것에 대해서도 고려하자. 개인적인 흥미를 추구하지 말라는 것이 아니다. 그러한 결정을 함께 하는 이유는 가족 모두의 '나'를 배려하기 위해서다.

얼마나 가치 있는 소비를 하는지 점검하고 있는가? 지난번 박물관 관람은 그곳에 가기 위해 투자한 입장료, 교통비, 시간, 에너지에 합당한 가치가 있었는가? 이 질문에 대한 정답은 없지만, 적어도 그 경험에서 무엇을 얻었는지는 알아볼 수 있다. 그리고 다음번 외출을 계획할 때 참고할 수 있다. 물건을 구입하는 것도 마찬가지이다. 장난감이나 전자기기를 사서 한 달 만에 잃어버렸는가? 그 물건을 생각한 것만큼 충분히 사용했는가? 활동에도 같은 질문을 할 수 있다. 어떤 활동을 시작했다면 꾸준히 계속하고 있는가? 이런 질문을 해보면 점차 현명한 소비를 하는 능력이 길러질 것이다.

진정한 가치에 대한 인식을 깊이 하고 있는가? 어떤 물건을 구입하거나 어떤 활동을 시작할 때 먼저 우리 자신에게 질문해보자, "이것은 정말 필요한가? 합리적인 소비인가? 비용을 줄이는 방법은 없는가?", "이것은 우리 가족이 정말 원해서 하는 것인가, 아니면 남들이 다 하니까 무조건 따라하는 것인가?", "이 선택에 대해 책임질 자세가 되어 있는가?", "이것은 가족 구성원들을 가까워지게 하는가, 멀어지게 하는가?", "가족에게 어떤 의미가 있는가?" 만일 경제적으로 부담을 느끼거나, 아이가 한 달 전에 사준 물건을 거들떠보지 않는다면 소비의 우선순위를 조정해야 할 것이다.


## '우리'를 사랑하자

'맥링'은 진짜 성이 아니라고 마흔여덟 살의 맥신 링은 설명한다. "그것은 우리 두 사람을 가리키는 말입니다." 그들이 지은 성은 맥신과 리엄 부부가 양쪽의 가계를 존중한다는 의미를 담고 있다. 아내의 부모는 중국에서 이주해왔고, 남편의 친척들 대부분은 아직 스코틀랜드에서 살고 있다. 두 사람은 시카고에서 만났다. 처음부터 그들은 서로를 존중하는 마음에서 양국의 의식과 전통을 아이들에게 물려주고자 했다.

"우리 가족은 서로에 대해 아주 잘 알아요. 매주 금요일 저녁에는 모두 모여 외식을 합니다. 가족의 웹사이트를 만들었고, 샤토 맥링 포도주도 만들었죠. 우리는 뭐든지 함께합니다. 그러면서 가족이 똘똘 뭉치게 되죠."

맥링 가족은 2년 전 시카고에서 영국으로 이주했다. 그들의 의식, 전통, 유대감은 그 전환을 수월하게 해주었다. 그즈음 브레나는 사춘기가 시작되었고, 지금 열다섯 살이다. "우리 가족은 모든 것을 함께했지만 이제 점차 어려워지고 있어요. 브레나는 주말이면 12시까지 잠을 자죠." 또한 브레나는 친구들과 시간을 보내고 싶어 한다. "올해는 내내 그럴 거예요." 맥신은 브레나의 변화를 솔직하게 인정한다. "브레나는 바이올린 연습도 하고, 숙제도 하고, 친구들과 어울리고 싶어 해요." 그래서 맥링 가족은 브레나의 바쁜 일정에 맞추어 새로운 의식을 만들고 세 사람을 연결할 수 있는 공간을 창조한다. "우리 부부는 매주 일요일 브레나가 공부하는 도서관 근처에 있는 작은 음식점에서 함께 점심을 먹어요. 그리고 나서 브레나는 다시 도서관으로 돌아갑니다."

"브레나가 우리에게서 멀어지고 있다는 것을 알아요. 어떤 부모들은 어쩔 수 없다고 하지만, 우리는 끌어당기려고 합니다. 우리 아이는 아직 부모 말을 잘 듣고 있어요. 점점 귓등으로 듣기는 하지만, 어쨌든 듣고 있죠. 부모로서 우리가 할 일은 아이를 지도하는 동시에 독립적으로 자라게 하는 겁니다."

그들은 가족의 의식과 전통을 만들어서 특별한 시간을 함께 보내며 좋은 추억을 차곡차곡 쌓아 올리고 있다. 일종의 '추억 은행'이다. 그런 추억은 그들이 '우리'를 사랑할 수 있게 한다.

이것은 새로운 아이디어가 아니다. 우리는 전작에서 반복되는 일과와 의식을 통해 아이들에게 안정감을 제공하는 것이 중요하다는 이야기를 했다. 트레이시는 항상 부모들에게 여행을 하거나 평소와 다른 일이 생겨도 규칙적인 일과를 유지하라고 조언했다. 10년이 지난 지금 그녀의 고객들은 E.A.S.Y. 일과가 가족 모두를 위한 선물이었다고 말한다. 쉰 살의 나이로 여덟 살과 여섯 살 두 아이를 키우는 데일 오그레이디는 E.A.S.Y. 일과에 대해 말했다. "그것은 단지 시간표가 아니었어요. 우리 생활을 어느 정도 예측하고 뭔가에 의지할 수 있게 해주는 것이었죠."

규칙적인 일과와 의식은 가족 모두를 위해 더욱 중요하다. 가족이 함께

하는 순간은 '우리'를 행복하게 한다. 가족이 함께할 때 긍정적 감정이 생산되고, 그 추억은 '우리의 것'이 된다. 무엇보다 추억은 은행에 저축을 하듯이 시간이 지나면서 축적되고 이자가 붙는다. 추억 은행은 지칠 때 찾아 쓸 수 있는 가족의 힘을 넣어두는 곳이다.

"당신의 가족은 어떤 일과나 의식, 또는 전통을 중요하게 생각하는가?"라는 질문에 대해 부모들은 대부분 예를 들어서 설명한다. 그들은 종교 의식(교회에 가고 그곳 행사에 참여하는), 휴가, 명절, 함께하는 식사, 주말 외출, 영화, 운동 경기, 그리고 아이들의 잠자리를 보살펴주는 시간을 이야기했다. 또한 아이와 일대일로 만나는 시간의 중요성을 강조했다.

추억 은행은 가족이 즐거움과 기쁨을 함께 나눌 뿐 아니라 힘든 시련을 어떻게 극복했는지 돌이켜보는 것도 포함한다. 정기적인 가족 체크인에서, 이를테면 누군가 아팠을 때 우리 가족은 어떠했는지, 지난여름 태풍이 지나갔을 때 얼마나 무서웠는지, 가고 싶던 대학에 못 가 실망했지만 지금 다니는 대학에서 어떻게 지내고 있는지, 혹은 소중한 존재를 잃었다면 그 슬픔이 얼마나 큰지 털어놓고 이야기할 수 있다. 때로 부모들은 과거에 있었던 불편한 이야기를 말하기 두려워한다. 그렇게 하는 것이 아이들을 보호하는 것이라고 생각한다. 하지만 사실은 그렇지 않다. 이야기하지 않는다고 해서 충격이 잊히는 것은 아니다. 실망과 슬픔은 삶의 일부다. 실제로 칼리가 로리 이모에게 감사하는 또 다른 이유는 "엄마가 무척 자랑스러워하셨을 거야!"라며 계속해서 엄마를 기억하게 해주었기 때문이다.

추억 은행은 우리가 최선을 다한 시간을 돌아보게 한다. 힘든 역경을 이겨냈다는 것을 알면 앞으로 나아갈 마음의 준비를 할 수 있다.

여기 계속해서 좋은 추억을 만들어낼 수 있는 몇 가지 아이디어가 있다.

가족의 일과와 의식을 돌아본다. 예측 가능하고 믿을 수 있는 일과를 수립하자. 무엇을 잘하거나 잘못하고 있는지 생각해보자. 생일잔치를 성대하게 치르고 명절에 집을 화려하게 꾸미는 것보다 어떤 식으로든 가족 구성원들의 변화와 발전을 기념하는 것이 중요하다. 가정의 일과, 의식, 전통은 '나'에게 어떤 문제가 있든지 '우리'가 존재한다는 정서적 안정감을 제공한다. '나'에게 어떤 어려움이 생겼을 때 언제나 '우리'에서 힘을 찾을 수 있다.

매일 가족이 함께하는 일과를 만든다. 가족이 함께 잠시 속도를 늦추는 시간을 갖자. 틱낫한 스님은 "아이들을 바깥세상에 내보내는 준비를 하려면 무엇을 가르쳐야 합니까?"라는 부모들의 질문에 다음과 같이 말했다.

아이들이 마음을 평온하게 하고 현재의 순간에 있을 수 있도록 하는 법을 가르쳐야 합니다. 격한 감정을 다스릴 수 있도록 해야 합니다. 심호흡이나 산책을 하면서 걷잡을 수 없는 감정을 인지하고 다스릴 수 있어야 합니다.

양가의 전통을 존중한다. 가정에서 행하는 의식과 관습에 부부가 각자 어린 시절에 배운 것을 함께 반영하자. 각자 자신의 방식을 주장하기보다는 양쪽의 문화를 융합할 필요가 있다. 가정의 일과와 의식이 가족의 '우리'에 정체성을 부여한다는 점을 염두에 두자. 우리 가족은 식전 기도를 하고, 자기 전에 책을 읽는다. 우리 가족은 명절을 풍성하게 보내고, 서로를 믿는다. 또한 가정 일과의 의식이 때로 시행착오를 거쳐서 완성된다는

248

점을 기억하자. 가족의 반응을 보고 필요하면 수정하자. 직장, 학교, 환경이 변하면 올해의 방식이 내년에는 적절하지 않을 수 있다.

서로 연결하는 순간들을 의식한다. 기억에 남는 순간을 창조하기 위해 디즈니랜드 여행을 해야 하는 것은 아니다. 작은 것들이 주는 의미를 생각해보자. 당신의 목을 끌어안는 아이의 작은 손, 당신을 바라보는 배우자의 따스한 눈길을 느껴보자. 서로의 '나'가 어떻게 연결되는지 주목해보자. 소파에 앉아 TV를 보고 있는 오빠 옆으로 여동생이 다가간다. 오빠는 동생을 귀찮아하지 않고 자신의 무릎을 두드리며 말한다. "우리 같이 보자." 여동생은 그의 무릎을 베고 눕는다.

이런 순간들을 통해 가족은 서로를 아끼고 있다는 것을 느낀다. "나는 아이와 단둘이 차를 타고 가면서 스스럼없이 대화를 나눌 때가 좋아요," 네 아이의 엄마인 래니 앨런은 말한다. "그날 무슨 일이 있었는지, 어떤 생각을 했는지, 무슨 걱정이 있는지, 무엇이 즐거웠는지에 대해 듣지요." 앨런 가족은 또한 저녁을 먹으면서 아이들에게 돌아가며 이야기를 시킨다.

열두 살 아들을 둔 홀리 버뱅크는 트레이시의 조언이 자신의 가족에게 큰 도움이 되었다고 회상한다. "우리 아들이 아기였을 때 트레이시가 말했어요. 엄마가 무엇을 할 것인지 아기에게 말해주라고요. '이제 네 기저귀를 갈아줄게'라고 말이죠. 그러면 아기는 말을 알아듣지는 못해도 엄마를 믿을 수 있다는 것을 알게 될 거라고 했죠." 홀리는 대니와 대화를 계속해왔다. 요즘은 주로 그를 학교에서 차에 태우고 돌아오는 길에 많은 이야기를 나눈다. "대니는 원래 말을 잘하지만 제가 질문을 많이 합니다. '오늘은 누가 너를 웃게 했니?', '누가 말썽을 부렸니?' 하고 물어보죠. 그러다보면 이런저런 이야기를 나누게 됩니다."

# 차 안에서 대화하기

자동차는 대화를 나누고 추억을 쌓는 장소이자 가족이 오붓하게 만나는 특별한 공간이 될 수 있다.

부모와 아이 '오보에 시간'을 기억하자(121쪽 참고). 사전트-클라인 부부는 아들이 오보에 레슨을 지루해하는 것을 알고 있었지만, 그만두라고 하지 않았다. 아들을 데려다주는 차 안에서 마음을 터놓고 대화를 나눌 수 있었기 때문이다.

부부 물론 부부도 오보에 시간을 가질 수 있다. 차 안에서는 오붓하게 대화를 나눌 수 있다. 그 시간을 중요한 결정을 하거나 문제를 해결하는 목적으로 사용하기보다 서로에 대해 새롭게 알고 발견하는 시간으로 만들어보자.

아이들 규칙을 정하자. 차에 타자마자 비디오 게임을 하기보다는 소리 높여 함께 노래를 부르거나, 스무고개나 수도 이름 맞히기 게임을 하자. 어릴 때 하던 게임을 하거나 새로 만들어보자. 모두가 자동차 여행에 동참하게 하자. 지도에서 랜드마크를 찾아보고 돌아가면서 자리를 바꿔 앉아보자. 모든 것을 공평하게 해서 한 사람이 지치거나 피곤하지 않도록 해야 한다. 아이들은 선택권이 주어지면 불평하지 않는다. 한 부모는 아이들에게 필요하면 언제든지 차를 세워달라고 요구할 수 있도록 한다. 그러면 10분마다 차를 세워야 할 것 같지만, 사실 아이들은 자신이 발언권을 가지고 있다고 느끼면 그 특권을 남용하지 않는다.

가족의 역사를 기록하고 돌아본다. 디지털 혁명과 다양한 전자매체 덕분에 추억을 남기는 것이 그 어느 때보다 수월해지고 있다. 아이가 커다란 가방을 메고 유치원에 가는 모습, 핼러윈 의상을 직접 만들어 입은 모습, 배우자가 당신을 감동시킨 순간, 가족이 모두 모여 명절 음식을 즐기는 시간 등을 사진이나 동영상으로 저장할 수 있다. 많은 사람이 블로그나 SNS에 올리기도 한다. 남들에게 보여주는 것도 좋지만 가족이 함께 추억을 음미하자. 사진으로 스크랩북을 만들거나 액자에 넣어두자. 여행지에서 가져온 한 줌의 모래, 하이킹을 가서 발견한 재미있는 모양의 나뭇가지로 집 안을 장식하고 추억을 이야기하자.

하지만 어떤 가족에게는 그런 것들이 잡동사니가 될 수 있다. 각자 자신의 가족에게 맞는 방법을 생각하자. 우리의 취향과 바람은 시간이 지나면서 변할 수 있다. 한 엄마는 셋째 아이가 태어날 때까지 의무적으로 모든 행사에서 사진을 찍고 스크랩을 하다가 자신이 수집광이 되어 있는 것을 깨달았다. 이제 그녀는 특별한 행사가 있을 때 몇 장씩만 사진을 찍는다. 어떤 방법으로 하든지, 다양한 형태의 추억 은행은 또한 가족 구성원들의 재능과 특성을 담아서 보여준다. 스크랩북은 지난날의 기억을 되살려준다.

가족이 함께하는 일을 계획한다. 가족이 함께하는 활동은 활력과 기대감을 주고 추억을 남긴다. 세스는 오븐 요리에 흥미를 가지고 잘하게 되었을 때 아빠와 함께 마당에 장작을 때는 오븐을 설치하기로 했다. 두 사람은 연구하고 계획하고 재료를 구입해서 몇 달에 걸쳐 완성했다. 요즘 세스는 그 오븐으로 요리를 할 때마다 아빠와 함께했던 시간을 기억한다.

가족 프로젝트는 한두 사람이나 가족 전체가 함께할 수 있다. 복잡하거나, 돈이 많이 들거나, 시간이 오래 걸리는 일이 아니어도 된다. 휴가 때 찍은 사진으로 콜라주를 만들거나, 태풍이 지나간 후 마당을 쓰는 일이 될 수도 있다. 정원이나 구조물을 만드는 것처럼 장기적인 프로젝트는 계획이 필요하고 시행착오를 거쳐야 한다. 부담이 되지 않도록 단계적으로 나누어서 하자. 최고의 보상은 결과가 아닌 과정이다. '우리'가 뭔가를 함께하는 동안 모두의 '나'는 더욱 건강해진다.

또한 '우리'에게는 새로움이 필요하다. 서로에게 즐거운 놀라움을 주자. 우리는 한계를 극복하고 생소한 아이디어나 경험에 마음을 열고 노력이 필요한 일을 하면서 성장한다. 그리고 가족이 함께한다면 더욱 용기를 낼 수 있다.

결국 긍정적 경험이 쌓이면서 '우리'는 번창하고 '나'는 성장한다. 심리학자 바버라 프리드리히는 좋은 기분이 주는 다양한 효과에 대해 설명했다. 긍정적인 경험은 자존감을 높이고, 관계를 발전시키고, 또 다른 경험에 마음을 열게 한다.

**가족수첩: 당신 가족의 '우리'는 다음 네 가지 조건을 갖추고 있는가?**

♥ '우리'는 그 구성원들을 소중히 여기는가? 가족 모두가 서로에게 소중한 존재라는 것을 알고 있는가? 개인의 '나'를 있는 그대로 존중하고 인정하는가?

♥ '우리'를 돌보고 있는가? 모두가 함께 '우리'를 보호하고 발전시키기 위해 노력하는가?

♥ '우리'는 공정한가? 가족의 자원, 특히 돈과 시간을 신중하게 사용하고 공정하게 나누고 있는가?

♥ '우리'를 사랑하는가? 가족이 함께 보내는 시간을 계획하고, 작은 기쁨을 나누며 연결하는 순간에 주목하고 중요한 행사를 기념하는가? '우리'는 그 구성원들을 언제라도 따뜻하게 맞이해주는 장소인가?

만일 당신 가족이 이 네 가지 필요조건에 부합하지 못하는 부분이 있다고 느끼면 계속해서 읽어보자. 앞으로 4장에 걸쳐 '나'와 '우리'의 균형을 위협하는 가사 전쟁, 변화와 같은 문제들에 대해 알아보겠다.

# 가족 시간 일지

239쪽의 '가족 시간 일지'를 참고해서 다음 빈칸을 채워보면 당신 가족이 어떻게 시간을 보내고 있는지 좀 더 분명히 알 수 있을 것이다. 적어도 일주일 동안 추적해서 기록해보자. 각각의 시간대를 어떻게 보내고 있는지 솔직하게 적어보자. 예를 들어 당신은 아침 시간에 아이들을 재촉하느라 바빠서 배우자 얼굴을 보는 시간이 채 5분도 되지 않을 수 있다! 만일 저녁식사를 하는 도중에 직장에서 걸려오는 전화를 받느라고 계속 일어난다면 그것은 가족 시간이 아니다. 배우자와 아이들에게도 이 양식을 채워보도록 해서 가족 체크인 시간에 토론해보자.

| 시간대 | 가족 | 잘하고 있는 부분 | 조정이 필요한 부분 |
| --- | --- | --- | --- |
| 기상 | | | |
| 아침식사 | | | |
| 전환(직장, 학교, 그 외) | | | |
| 다시 만나는 시간(직장이나 학교에서 돌아옴) | | | |
| 돌보는 시간 | | | |
| 가사 관리 | | | |
| 저녁식사 | | | |
| 자유 시간 | | | |
| 취침 시간 | | | |

8장

# 가사 분담

과거로 돌아가서 새출발을 할 수는 없어도
오늘 출발해서 새로운 결실을 맺을 수는 있다.

마리아 로빈슨


언제 어디에서 무엇을 하는지를 보면
그가 어떤 사람인지 알 수 있다.

조이스 캐럴 오츠

# 가사 전쟁의 시작

"거실이 난장판이구나!"

"집에 들어오자마자 코트를 걸면 어디가 덧나니?"

"양말을 벗으면 빨래통에 넣어야지."

"어째서 한 번 말하면 듣지 않는 거지?"

"아직도 설거지를 안 했니?"

부모라면 누구나 이런 잔소리를 해본 적이 있을 것이다. 대부분은 아니라도 많은 가정에서, 누가 설거지나 빨래를 하고 어떻게 하느냐를 놓고 가족 간에 말다툼을 한다. 1970년대에 부부의 역할이 새로 조정된 이래로 필자들과 연구자들은 이런 상황을 '가사 전쟁'이라고 불러왔다.

가사 전쟁은 처음에 가벼운 잔소리로 시작된다. 그러나 이것은 반드시 전쟁으로 악화되지 않을 수 있다. 가정사는 허리케인이나 전염병처럼 우리가 통제할 수 없는 힘에 의한 결과가 아니다. 바깥세상이 아니라 가정 안에서 일어나는 문제이다. 따라서 적어도 문제가 더 커지기 전에 해결할 수 있다.

가사 전쟁은 몸통—이 경우, 가족 전체—이 병을 앓고 있다는 신호다. 가사 분담 문제에 대한 조언들은 대부분 부부간에 일어나는 일에 초점을 맞춘다. 부부간에 대화가 부족한 것은 아닌가? 물론 부모는 가장이고 두 사람의 관계에 문제가 생기면 아이들에게 피해가 돌아간다. 아이들은 부모의 부정적 감정을 흡수하기 때문이다. 하지만 건강한 '우리'를 만드는 일에는 부모와 아이들이 함께 참여해야 한다.

> 가사 전쟁을 줄이고 끝내기 위해서는 가족 중심의 사고가 필요
> 하다.

모든 가족은 때로 누가 무엇을 해야 하는지, 이번에는 누가 할 차례인지를 따지면서 티격태격한다. 특히 각자 해야 할 일은 많고 시간과 에너지는 부족할 때 충돌이 일어나기 쉽다.

♥ 부부가 종종 말다툼을 하거나 아이들을 야단치는 시간대가 있는가?
  (시간대에 관한 177~212쪽의 내용을 참고할 것!)
♥ 몸이 열 개라도 부족할 것처럼 느껴질 때가 있는가?
♥ 형제들이 어김없이 다투는 시간대가 있는가?

위의 질문에 대해 각각 어떤 문제가 있는지 생각해보자. 문제는 언제나 생기기 마련이지만 부모가 공동 가장으로서 서로 협력하고 아이들이 가사에 참여한다면, 뭔가 잘못되었을 때 가족이 함께 상의해서 문제를 해결할 수 있다. 그 원인은 가족 간의 소통이 부족하거나 누군가에게 관심이나 도움이 필요한 것일 수 있다. 이런 신호들을 무시하면 염증이 퍼져서 가족 전체가 힘들어진다.


## 가사 전쟁은 어디까지 와 있는가?

다리아는 결혼 초기에 남편 콘래드가 가사를 도와주지 않는다고 종종 불

평을 쏟아냈다(145~146쪽 참고). 다행히 그녀는 화를 낼수록 점점 더 우울해지고 상황만 악화된다는 것을 깨달았다. 그녀는 심리치료를 받으면서 자신을 돌아보았고, 남편이 일부러 그러는 것이 아니라는 사실을 이해하기 시작했다. 단지 두 사람의 성격과 사고방식이 다를 뿐이었다. 만일 그녀가 그런 깨달음을 얻지 못했다면 계속해서 속을 끓이며 남편을 비난했을 것이고, 두 사람은 점점 더 서로를 원망하다가 막다른 골목에 다다를 수도 있었다. 은근히 비난하는 질문("왜 그릇이 아직 싱크대에 그대로 있어요?")이 전면적인 공격("당신은 대체 하는 일이 뭐예요?")으로 바뀌면 가사 전쟁보다 더 깊은 갈등의 늪에 빠지게 된다.

아내가 가사를 도맡아서 하고 남편은 아무것도 하지 않는 경우, 처음에 아내는 잔소리를 하면서도 속으로는 '그래, 남편은 밖에서 열심히 일하니까', '저 사람은 원래 무심한 사람이야'라며 남편을 두둔할지도 모른다. 하지만 결국 언젠가는 폭발할 것이다. 그러면 남편은 저항하거나 움츠러든다. 양쪽 모두 화가 나고 배신감을 느낀다. 이런 상태에서는 무심코 하는 한마디 말이 큰 다툼으로 번지기 십상이다.

최악의 경우 가사 전쟁으로 인해 가족협동조합의 네 가지 조건이 흔들릴 수 있다.

♥ '우리'를 돌보지 않는다. 누가 무엇을 할 것인지를 놓고 부부가 싸우거나 아이들에게 방 청소를 하라고 잔소리하고 있다면 가족 모두가 참여하지 않고 있는 것이다. '우리'를 돌보기 위해서는 가족 모두가 참여해야 한다.

♥ '우리'가 '나'를 돌보지 않는다. 가사 전쟁의 원인은 누군가의 '나'가 관

# 우리 가족의 가사 전쟁은 어느 정도 진행되었는가?

관계에 변화가 생겼다는 것은 부부의 가사 전쟁이 점점 악화되고 있다는 신호일 수 있다. 가사 전쟁은 다음과 같이 진행되는데, 어떤 단계는 생략되기도 한다. 많은 부부가 곧바로 재고 단계로 넘어가거나 다시 뒤로 돌아가기도 한다.

## 인지 단계

"이번에는 네가 할 차례야." 당신은 가정을 운영하는 것이 생각했던 것과 다르다고 느끼기 시작한다. 공정을 기하려고 노력하지만 살다보면 문제가 생기고, 누군가는 비난을 받는다. 이 단계에서는 상대방을 변화시키려고 하기보다 서로의 차이점을 들여다보아야 한다. 당신과 다른 점을 못마땅하게 생각하지 말고 공평하게 가사 분담할 수 있는 방법을 생각해보자.

## 재고 단계

"나는 그런 일을 할 시간이 없어." 가정을 꾸려가기 위해 해야 하는 일이 많아지면 성격 차이와 사회적 조건이 문제가 될 수 있다. 충분히 하고 있다고 느끼는 쪽에서는 이런저런 변명을 할 것이다. 혼자 다 하고 있다고 느끼는 쪽에서는 상대방을 비난할 것이다. 각자 자기 자신에게 솔직해지고 원망하는 마음이 자리 잡기 전에 문제를 해결해야 한다.

## 극단적 단계

"당신은 어떻게 손 하나 까딱하지 않는 거죠!" 부부가 서로 반대편에서 대치하고 있다. 한쪽은 부담과 원망을 느끼고, 다른 쪽은 부당하게 비난받고 있다고 느낀다. 가사 분담을 공평하게 나누고 아이들을 참여시키는 조치를 취하지 않는다면 가족 전체가 힘들어질 것이다. 각자의 역할에 변화를 주는 구체적인 조치를 취해야 한다.

심을 필요로 하기 때문이다. 분노와 원망이 일어나는 이유는 해결해야 하는 문제가 있기 때문이다. 가사 문제로 다투는 것은 가정의 분위기를 흐려놓을 뿐 아니라 종종 전면전으로 번질 수 있다.

♥ '우리'가 사랑스럽지 않다. 가사 전쟁은 가족이 숨 쉬는 공기를 오염시킨다. 가족 구성원들이 능력을 펼치지 못하고 위축되고 방어적이고 무기력해진다. '우리'는 즐거운 장소가 되지 못한다.

♥ '우리'가 공정하지 않다. 가사 전쟁이 일어나는 가정을 보면 여자가 대부분의 가사를 도맡아서 하고 있다. 이런 생활방식은 종종 처음 부모가 되었을 때 시작된다고 심리학자 필립과 캐럴린 코언은 말한다. "여자는 해야 한다고 생각한 것보다 많이 하고, 남자는 하겠다고 말한 것보다 적게 한다." '우리'가 공정하지 않으면 가사 전쟁은 계속될 수밖에 없다.


## 성별이 문제인가?

"내가 남편과 하던 말다툼을 우리 딸도 똑같이 하고 있다니 믿을 수가 없어요." 예순다섯 살 여성은 자신의 딸이 집안일을 도와주지 않는 남편 때문에 속상해한다며 의아스러워했다. "그동안 세상이 바뀌지 않았나요?"

사실 세상은 변했다. 최근의 연구에서 부부들이 시간을 어떻게 보내고 있는지 일지를 쓰게 해서 알아본 결과, 가정에서의 성차별이 확연하게 줄어든 것으로 나타났다. 맞벌이 부부들의 경우 아내가 남편보다 가사를 돌보는 시간이 하루 20분 정도 더 많았다.

하지만 여자들은 그보다 훨씬 더 많은 일을 하는 것처럼 느낀다. 그 이유는 여자들이 가사에 정신적 에너지를 더 많이 사용하기 때문이라고 루스 데이비스 코니그스버그 기자는 말한다. "그 시간 일지에는 저녁에 무엇을 먹을지, 어떤 재료가 필요한지, 냉장고 안에 무엇이 있는지 기억해야 하는 부담은 표시되어 있지 않다."

또 다른 이유는 성 역할에 대한 과거의 사고방식이 여전히 남아 있기 때문이다. 문화는 우리에게 강력하고 보편적인 영향력을 행사한다. 그래서 우리는 유튜브 동영상에서 네 살배기 꼬마 소녀 라일리가 하는 말에 뜨끔해한다. 여자아이들은 공주 인형과 핑크색 물건을 사고, 남자아이들은 수퍼히어로 장난감을 사는 것을 당연하게 생각하는 것에 대해 라일리가 분노하는 모습을 담은 영상을 400만 명 이상이 시청했다(http://www.youtube.com/watch?v=-CU040Hqbas).

그 동영상을 보면 라일리 아빠의 목소리가 들리기 때문에 그가 꼬마 페미니스트에게 코치한 것은 아닌지 의심할 수 있다. 하지만 그렇지 않았다. 우리는 라일리의 엄마인 사라에게 연락을 해보았다. 그녀는 변호사이고 남편 데니스 배리는 특수교육 교사인데, 두 사람은 각자의 여력에 맞게 가사 분담을 하고 있다. "남편은 저보다 일정이 유연해요." 사라가 설명한다. "사실 남편은 예전에 여자들이 주로 하던 일들을 많이 하고 있어요." 하지만 네 살배기 꼬마도 학교나 장난감 가게에서 성을 구분한다는 것을 알고 있다.

남녀는 서로 다른 신체 조건, 뇌 구조, 호르몬을 가지고 있고, 그로 인해 신체적 능력과 감정 반응에 서로 다른 영향을 받는다. 성의 차이는 충분히 입증되었다. 하지만 타고나는 기질이 운명이 아니듯이 성도 마찬가지다. 가족 연구자들이 말하듯이 "가정 연구에서 볼 수 있는 남녀 간의 많은 차이점은 생물학적으로 불가피한 것이 아니라 사회적으로 학습된 것이다."

다시 말해, 우리는 성 역할을 주변을 통해 배워서 구분한다. 만일 집에서 엄마는 요리하고 청소하느라 바쁘고 아빠는 TV 앞에만 앉아 있는 것을 보고 자란다면, 나중에 결혼해서 자신도 모르게 부모를 따라할 수 있다. 사람마다 자란 환경은 다르다. 어떤 사람은 손에 물 한 방울 묻히지 않고 자랐을 수 있고, 어떤 사람은 음식을 만들고 빨래를 했을 수도 있다. 어떤 사람은 외동으로 자랐고, 어떤 사람은 동생들을 돌봐야 했을 것이다. 따라서 가정과 부모 역할을 배우는 학습 곡선의 출발점은 사람마다 다를 수밖에 없다.

성의 차이가 성차별이 되지 않도록 하자.

사실, 사람은 각자 서로 다른 능력을 가지고 있다. 하지만 성별에 따라 능력이 달라지지는 않는다. 한 아빠는 육아에 대해서는 여자들이 더 잘 알고 더 준비가 잘되어 있는 줄 알았다고 말한다. "저는 아이가 태어나면 어떻게 해야 할지 전혀 생각해본 적이 없었어요." 그는 처음에 적응하는 시간이 필요했지만 요즘은 진정한 공동 양육을 하고 있다. 첫아기 엘리가 태어났을 때 스티븐 클라인이 어떻게 했는지 기억하는가? 여자라고 해서 저절로 아기를 잘 돌보고 요리를 능숙하게 하는 것은 아니다. 스티븐 역시 발 벗고 나서서 그런 일들을 했기 때문에 잘할 수 있었다.

가사 전쟁이 항상 남녀 차이로 인해 일어나는 것은 아니다. 만일 성별

## 부모들에게 배우는 지혜

소개하는 요령들은 패밀리 위스퍼링의 아이디어와, 베이비 위스퍼 포럼 회원들의 아이디어와 지혜를 취합한 것으로 아이들과 어른들 모두에게 적용할 수 있다.

**본보기를 보인다.** 한 엄마는 아이들이 성에 대한 편견을 갖지 않도록 하기 위해 스스로 노력한다. "아이들에게 본보기를 보여주어야 합니다. 못질을 하는 일이 있으면 남편을 기다리지 말고 직접 하고, 남편에게는 아이들 도시락을 싸라고 하세요."

**성별이 아닌 개인을 존중한다.** 아이들이 성별과 무관하게 개인적 능력을 마음껏 펼칠 수 있도록 한다.

**못한다고 포기하지 않는다.** 트레이시는 엄마가 하는 것이 더 빠르고 쉬워도 아이들에게 장난감을 정리하도록 가르쳐야 한다고 말했다. 남편에게도 마찬가지로 해야 한다. 남자들에게만 문제가 있는 것은 아니다. 어떤 여자들은 장부 정리나 잔디 깎는 일을 못한다고 엄살을 부린다. 사실 그런 일들은 누구나 마음만 먹으면 할 수 있다.

**가족이 함께 언론이나 광고에서 보는 이미지에 대해 토론한다.** 배우자나 아이들과 함께 TV를 보거나 책을 읽을 때, 장난감이나 스포츠 용품을 고를 때 남녀의 정형화된 이미지에 매달리지 말자. 여자이면서 힘과 용기와 머리를 현명하게 사용하거나('해리포터' 시리즈의 헤르미온), 남자이면서 감성적인 면을 솔직하게 드러내 보이는(영화 〈돌핀 테일〉에서 돌고래를 간호하는 소년) 역할 모델을 찾아보자.

게릴라 전술을 사용한다. "저는 종종 동화책에 나오는 인물들의 성별을 바꿔서 읽어줍니다(우리 아이는 아직 글을 읽지 못하니까 눈치를 채지 못해요!). 또한 전형적인 공주와 마녀보다는 개성 있는 인물들이 나오는 책을 선택합니다."

성별을 인정하지만 거기에 얽매이지 않도록 한다. "성별로 사람을 구분하지는 않지만 남자는 남자답고 여자는 여자다워야 합니다. 만일 당신 아들이 물건을 해체하고 조립하는 것을 잘한다면, 그러한 장점을 활용할 수 있도록 도와주어야죠. 하지만 또한 집안일을 하고 다른 사람들을 돌보는 일도 하게 해야 합니다." 마찬가지로 딸이 공주 인형과 핑크색에만 빠져 있다면 밖에 나가서 뛰어놀도록 유도하자.

반드시 해야 하는 일이 있다. "우리는 아이들에게 먹은 그릇을 싱크대에 갖다놓거나 장난감을 정리하는 것을 가르칩니다. 하기 싫어도 해야 하는 일이 있다는 것을 알아야 해요."

이 유일한 이유라면 동성 커플은 부부 싸움을 하지 않을 것이다. 하지만 게이나 레즈비언 커플들도 누가 무엇을 어떻게 하느냐를 놓고 다툼을 벌인다. 어떤 관계에서나 불균형이 일어나는 법이다.

동성 커플은 이성 커플보다 가사 분담 문제에서 장점이 있는 것으로 보인다. 그들은 보다 자유롭게 각자의 책임을 선택한다. 시애틀의 언론인 댄 새비지는 자신의 가정생활에 대해 말했다. "우리는 집에서 남자와 여자의 역할에 준하는 방식으로 각자 다른 역할을 하고 있습니다. 어떤 일을 하든지 각자에게 주어진 역할을 기꺼이 하죠. 이성 커플에게서 빌려온 역할이지만, 대체로 우리 각자에게 잘 맞습니다."

사실 부부는 각자 생활 철학과 가족을 돌보는 방식이 다를 수 있다. 부부가 충돌하는 이유는 성별보다는 성격과 취향에 차이가 있기 때문이다. 만일 부부가 상대방을 인정하거나 배려하지 않고 가사 문제로 계속 서로를 비난한다면, 갈등이 깊어져 점점 더 돌이키기 어려워진다.

당신과 배우자는 집에서 어떤 일을 하고 어떤 일은 하지 않는지, 그러면서 무의식중에 아이들에게 어떤 메시지를 보내고 있는지 생각해보자.


## 아이들을 참여시킨다

아이들에게 가정을 꾸리는 일에서 실제로 한몫을 하게 하면─단지 인격 형성을 위해 하는 일이 아니라─가사 전쟁을 줄일 수 있다. 하지만 1장에서 지적했듯이, 아내들은 남편들이 가사를 분담하지 않는다고 불평하면서 아이들에게는 일을 시키지 않는다.

어떤 부모들은 마음먹고 아이들에게 일을 시키기도 하지만, 얼마 안 가다시 원래 상태로 돌아간다. 그러면 아이들은 부모를 돕는 일이 선택이라는 메시지를 받는다. 부모들은 또한 아이들이 할 수 있는 일에 대해 과소평가한다. 유치원 교사는 원아들에게 장난감 정리를 시킨다. 하지만 그 아이들은 집에서 아무 일도 하지 않는다.

예를 들어 40대 부부 앤과 아널드는 아들 올리버를 애지중지 키우고 있다. 일곱 살인 외아들 올리버는 경미한 발달 문제를 가지고 있다. 학부모 회의에서 올리버의 담임교사는 앤과 아널드에게 집에서 올리버에게 좀 더 독립심을 길러주라고 조언한다. 아이 스스로 하는 법을 가르치지 않으면 발달이 늦어질 수 있다는 것이다. 그 말을 듣고 두 사람은 마음을 단단히 먹고 집에 와서 올리버에게 말한다. "스테이시 선생님이 그러시는데, 우리가 좋은 엄마 아빠가 되려면 네가 혼자 옷을 입도록 해야 한대."

앤은 교사에게 책임을 떠넘긴다. 아이에게 집안일을 시키면서 사과를 하는 부모들도 있다. 아니면 일을 시키는 것은 그의 '미래'를 위해서라고 설명한다. 물론 그 말이 틀린 것은 아니다. 가정교육을 잘 받아야 보다 유능한 성인이 된다. 하지만 초등학교도 들어가지 않은 아이에게 "동생을 잘 돌봐야 한다. 언젠가는 너도 아빠가 될 테니까"라고 말하는 것이 과연 효과 있을까? 아이들에게 미래는 중요한 관심사가 아니다. 더구나 아이들이 집에서 부모를 도와야 하는 이유는 될 수 없다.

> 아이들에게 가족의 일원으로서 가사에 협조해야 한다는 메시지를 전달한다.

부모의 '동정심'도 방해가 되는 요인의 하나다. 많은 부모가 어린아이에게 숙제, 레슨, 운동, 연습, 과외 활동 등 너무 많은 부담을 주는 것에 대해 안타깝게 생각한다. "우리 아이는 너무 지쳐 있어요." 재택근무를 하는 댄은 뮤지션을 꿈꾸는 외아들 애덤에 대해 말한다. "집에 오자마자 쓰러져서 꼼짝도 하지 않아요." 댄과 그의 아내 로베르타는 종종 아들이 그렇게 하도록 부추긴다.

트레이시는 초보 부모들에게 "마음을 먹었으면 당장 시작하라"고 강력히 충고했다. 부모가 어떻게 하느냐에 따라 아이는 달라질 수 있다. 임기응변식 육아는 아이에게 나쁜 습관을 들이고 종종 의도하지 않은 결과를 불러올 수 있다.


## 임기응변식 육아

임기응변식 육아는 종종 아기를 병원에서 집에 데려오는 첫 순간부터 시작된다. 엄마는 보채는 아기를 안아서 재운다. 아이가 우는 것이 안쓰러워 안아주면 금방 잠이 드는 것 같다. 거의 매일 아기는 엄마의 품 안에서 잠이 든다. 이것은 아기에게 엄마 품에 안겨 잠이 들도록 가르치는 것이다. 몇 달 지나 아기가 무거워지면 안고 재우기가 힘들어서 침대에 내려놓는다. 혼자 잠드는 법을 배우지 못한 아기는 울기 시작한다. 엄마는 본의 아니게 아기가 자신에게 의지해서 잠들도록 만든 것이다.

임기응변식 육아는 여러 가지 형태로 나타날 수 있지만, 아이 스스로 할 수 있고 해야 하는 것을 부모가 대신해준다면 아이의 발달을 저해하는 결과를 불러온다. 애덤의 부모는 아이가 할 일이 너무 많아서 집안일을 시킬 수 없다고 변명한다. 그러다가 아이 자신을 위해서 가사를 도우라고 한다. 하지만 그동안 집에서 아무것도 하지 않던 아이는 말을 듣지 않는다. 그는 가사를 돕는 것은 선택이며 하지 않아도 된다는 것을 알고 있다. 부모는 애덤이 공부나 다른 활동은 "책임감을 가지고 잘하고 있다"고 합리화한다. 하지만 가족의 일원으로 생활하는 법을 배우지 못한다면 어떻게 더 큰 세상의 일부가 되는 법을 배울 수 있을까?

그것은 가정에서 배워야 한다. 아이들이 가정 운영을 위해 한몫을 하게 해야 한다. 아이를 물속에 던져놓고 수영을 하게 하라는 말이 아니다. 옆에서 지도는 하되, 대신해주는 것이 아니라 아이에게 믿고 맡겨야 한다.

물론 어떤 부모들은 그 선을 지키지 못한다. 네이선은 4학년인 딸 욜리가 과학 숙제를 다음 주까지 제출해야 한다고 하자 도와주기로 한다. 그는 욜리가 그 나이 때 아이가 한 것처럼 보이는 결과물을 제출하는 것을 두고 보지 못한다. 아이는 당연히 아빠가 나서서 숙제를 대신해주는 것을 기뻐한다.

다음 주 네이선이 과제물을 든 욜리를 학교 앞에 내려주다가 카드보드로 만든 숙제를 들고 있는 한 아이와 그 아이의 엄마를 만난다. "정말 잘 만들었네요." 그 엄마는 네이선을 똑바로 쳐다보면서 말한다. "욜리는 벌써 톱질을 할 수 있나 보네요?"

네이선은 그 말을 못 들은 척한다. 그는 나중에 아내에게 "어떤 학부모가 샘나서 심술을 부리더라"고 말하며 웃어넘긴다. 그 부부는 '그 작품은 우리 아이가 직접 생각해낸 것이고, 아빠가 만드는 것을 처음부터 끝까지 지켜보았으며, 스스로 자랑스러워한다'고 자신을 설득한다. 그들은 그것이 아이의 작품이 아니라고는 생각하지 않는다. 무엇보다 그 경험에서 욜리가 무엇을 배웠을지 생각하지 않는다. 욜리는 뭔가를 해야 할 때 다른 사람들을 시켜도 된다는 것을 배웠다. 게다가 스스로 무력하다고 느낄 수 있다. 혼자서는 그런 작품을 만들 수 없다는 것을 알기 때문이다.

무엇보다 네이선은 학교에서 아이들에게 과제를 내주는 취지를 무시했다. 과제를 수행하는 목적은 아이들 스스로 뭔가를 계획하고 단계적으로 완성해가는 법을 배우는 것이다. 아이들은 실패할 수 있다는 것을 배워야 한다. 세상일이 항상 마음먹은 대로 되지 않으며 원하는 결과가 나

## H.E.L.P. 부모는 어떻게 하는가?

아이와의 관계를 강화하는 한 가지 방법은 머리글자 H.E.L.P.를 기억하는 것이다.

H(Hold back before you rush in): 달려들기 전에 한 발짝 뒤에서 잠시 기다린다. 예를 들어 아이가 집짓기에 열중해 있다면 잠시 두고 보다가 당신의 생각을 말한다.

E(Encourage exploration): 모험을 격려한다. 아이의 '나'는 발견을 통해 성장한다. 연령에 적절한 모험을 격려한다. 때로는 먼저 하는 법을 보여주고 따라하게 하더라도 대신해주지는 말자.

L(Limit them): 제한한다. 설탕은 얼마나 먹어도 되는지, 잠은 얼마나 자야 하는지, 게임과 인터넷, TV는 어느 정도 허용할 것인지 정한다. 떼를 쓰거나 함부로 말하는 것은 용납하지 않는다. 형제와 친구를 어떻게 대해야 하는지 지도한다.

P(Praise their competence and confidence): 능력과 자신감을 칭찬해준다. 마음에서 우러나 이야기한다. 아무 때나 잘했다고 칭찬하지 않는다. 아이들은 부모를 꿰뚫어보고 있다. 무성의한 칭찬을 하면 오히려 신뢰만 잃을 뿐이다. 결과가 아닌 노력을 칭찬하자. 과정을 즐기고 인내하고 실수에서 배울 수 있도록 도와주자.

오지 않을 수도 있다는 것을 배워야 한다.

## 진정한 선택권을 제공하자

어떤 부모들은 아이들에게 무한한 선택을 제공하는 것을 '민주적'이라거나 '존중'이라는 이름으로 합리화한다. 그래서 아이에게 질문한다. "지금 목욕할래?", "저녁 먹기 전에 장난감을 치우지 않을래?", "오늘 잔디를 깎는 것이 어떨까?"

트레이시는 물론 아이들의 선택권을 존중했다. "오렌지주스를 줄까, 사과주스를 줄까?" 하지만 반드시 해야 하는 일에 대해서는 질문을 하지 말아야 한다. 질문할 때 어떤 일이 일어나는지 생각해보자. "아니요, 안 할래요!"라는 대답이 돌아올 수 있다. 아이가 해야 하는 일이라면 싫어도 해야 한다. 질문을 하고 그 대답을 무시하면 결국 아이의 생각은 중요하지 않다는 메시지를 전달하게 된다. 아니면 해야 할 일을 미루게 해서 모든 의무를 협상의 대상으로 만들어버린다.

아이들에게 해야 하는 것을 말해주고, 실제로 가능한 선택권을 주는 부모를 우리는 'H.E.L.P. 부모'라고 부른다. 그들은 서둘러 달려들어 힘든 일을 대신해주거나 앞에 놓인 장애물을 치워주지 않는다. 아이 스스로 탐구하도록 격려한다. H.E.L.P. 부모는 아이가 할 수 있는 것이 무엇인지 유심히 관찰하면서 계속 시도할 기회를 제공한다.

## 우리 아이가 할 수 있는 것

노엘은 집에 놀러온 여동생에게서 프레디가 체스를 잘 두더라는 말을 듣고 깜짝 놀랐다. 그녀는 아들이 체스를 두는지도 모르고 있었다. 알고 보니 이제 여덟 살인 프레디는 체스에 대해 훤히 알고 있었다. 또한 노엘은 프레디가 스스로 침구를 정리하고 단추를 달거나 야구 글러브에 기름칠을 할 수 있다고는 생각하지 않는다. 프레디가 휴지통을 비우거나 개똥을 치우는 것은 꿈도 꾸지 않는다.

많은 부모가 아이들의 성장 발달에 눈을 감고 있다. 아이 키가 자라고, 진지한 대화를 나누고, 수학 문제를 풀고, 자전거를 타는 것을 보면서도 그 외에 다른 것들을 할 수 있다는 생각은 하지 않는다. 여러 가지 이유가 있지만 그중 한 가지는 아이가 학교나 친구 집에 가서 무엇을 배우는지 모르기 때문이다. 그래서 아이를 아직 어리게만 생각한다. 아니면 부모 자신이 인정하는 재능에만 초점을 맞추기 때문일 수도 있고, 아이가 안전지대 밖으로 나가는 것을 원하지 않기 때문일 수도 있다. 대부분은 이 모든 이유가 복합적으로 작용한다. 결론을 말하자면, 아이들은 종종 부모가 생각하는 것보다 훨씬 더 많은 것을 할 수 있다.

아이들이 가사에 참여하도록 유도하기 위해서는 그들이 무엇을 할 수 있는지 알아야 한다. 가능하면 일찍 출발하자. 18개월에서 24개월 사이에 아이가 생각하고 말을 하게 되면 특별한 취향과 정체성과 독립심이 발달하기 시작한다. 이 무렵의 아이들은 돕는 것을 좋아하고 하루가 다르게 발전한다.

하지만 아이가 어떤 나이라도 지금부터 시작할 수 있다. 가정은 아이가

## 스위트 스폿 찾기: 아이들의 능력을 과소평가하지 말자

부모들은 아직 어려서 칼을 사용하지 못한다고 생각하는 아이에게 종종 운동이나 악기 연주는 더 높은 수준을 기대한다. 그 이유는 아마 아이들이 할 수 있는 '유일한 일'이 학습이라고 생각하기 때문일 것이다. 그런 부모들은 어릴 때 악기를 연주했거나 항상 하고 싶어 했을지 모른다. 아니면 그들 역시 부모에게서 비슷한 기대를 받고 자랐을 것이다. 그 이유가 무엇이든 아이들을 밀어붙이는 경향이 있는 부모들은 종종 '도와준다'는 명목으로 아이에게 엇갈린 메시지를 전달한다("아주 잘했지만 다음번에는……").

물론, 격려하는 것과 기를 죽이는 것 사이의 경계는 분명하지 않으며, 중요한 것은 진정성이다. 하지만 아이가 뭔가를 배우고 있을 때는 발전("기타 연주가 아주 많이 좋아졌구나")과 노력("그렇게 열심히 연습하니까 분명 결실을 맺을 거야")을 칭찬하는 것이 바람직하다. 특히 누군가에게 아이의 학습을 지도해달라고 맡길 때는 그의 의견을 존중해야 한다. 그에게 아이가 언제부터 학습했는지 이야기하고 어느 정도 기대를 걸어야 하는지, 타고난 재능이 있는지에 대해 상의해보자. 아이의 학습이 부진하자면 어떤 문제가 있는지, 어떤 식으로 도움을 주어야 하는지 전문가의 조언을 들어보자.

평생 살아가는 데 도움이 되는 능력과 태도와 습관을 배우는 곳이다. 아이들에게 분명한 책임을 주고 유능하고 자신감 있고 따뜻한 사람으로 자라도록 해야 한다. 그리고 무엇보다 기꺼이 '우리'의 일원이 되도록 해야 한다.

아이들의 능력을 과소평가하지 말자. "이런 일은 우리 아이에게 시켜본 적이 없는데……"라고 걱정할지 모른다. 아이들을 하인으로 부리라는 것이 아니다. 또한 아이가 할 수 있는 일을 모두 시켜야 하는 것도 아니다. 어른들도 저마다 정리정돈에 대한 기준이 다르다. 짝을 맞추지 않은 양말을 그대로 서랍에 넣어둘 수도 있다.

다음 사항들을 염두에 두고 '아이들이 할 수 있는 일들'이 무엇인지 알아보자.


♥ 아이들은 각자 다른 능력을 가지고 있다. 운동 능력, 자제력, 지금까지 배우고 경험한 것이 각자 다르기 때문이다. 어떤 아이들은 또래보다 책임감이 강하고 유능할 수 있다.

♥ 아이들마다 발달 시기가 다르다. 대개 세 살이 지나면 어른의 감독을 받지 않고 혼자 놀 수 있다. 손위 형제가 있다면 그 시기가 더 빨라질 것이다. 그리고 다섯 살이 되면 대부분의 아이들이 혼자 노는 법을 배운다.

♥ 한 번에 한 가지씩 배우게 한다. 아이가 운동화 끈을 맬 수 있다면 단추 다는 법을 가르칠 수 있다.


## 10세까지의 아이들이 할 수 있는 것

### 훌륭한 시민(기본적인 예절을 지키고 다른 사람들을 배려한다)

♥ 3세 이하  만나거나 헤어질 때 인사를 한다. 경어를 사용한다. "부탁합니다", "감사합니다", "실례합니다"를 말한다. 아직 감정을 제어하

거나 말로 표현하는 것이 서툴다. 아이의 감정을 확인해주는 것으로 도움을 줄 수 있다("화가 많이 났구나!"). 투정을 부리거나 떼를 쓰는 것은 받아주지 말자.

♥ 3~5세   그림을 그릴 수 있다. 생일 카드, 감사 카드, 안부 카드에 글을 받아쓴다. 친구들과 장난감을 가지고 논다. 허락을 구한다("밖에 나가도 돼요?"). 무엇을 할지 알린다("내 방에 가서 놀게요"). 장난감을 다른 아이에게 양보한다.

♥ 5~7세   주어진 책임을 수행하고 도움을 준다. 전화 예절을 지킨다. 전화를 걸 수 있고, 메시지를 받아서 전달한다. 일곱 살이 되면 간단한 편지나 감사의 쪽지를 쓰고 생일 카드를 만들 수 있다.

♥ 7~10세   기본적인 예절을 지킨다. 손님을 맞이해서 보살핀다. 자신의 생일을 계획한다. 감사를 표하고 선행을 한다. 동생을 돌본다(기저귀 갈기, 목욕시키기, 우유 먹이기, 간단한 가사를 수행한다). 부탁을 하면 책임감을 가지고 도와준다(자진해서 도움을 주기도 한다). 체면을 차린다. 혼자 가방을 꾸린다.


## 아이 스스로 할 수 있는 것

♥ 3세 이하   간단한 선택을 한다("아침으로 시리얼을 줄까, 와플을 줄까?"). 다소 복잡한 지시를 따라한다(아빠에게 양동이를 갖다드려라. 종이 타월을 쓰고 휴지통에 넣어라).

♥ 3~5세   혼자 노는 시간이 점차 길어진다. 방을 정리한다(시키면). 아침 일과를 좀 더 잘 따라한다(다섯 살이 되면 혼자 옷을 입고 방을 정리한다). 음식 선택, 외출, 친구들과 보내는 시간과 관련해서 좀 더 복잡한 결정

을 내릴 수 있다. 전화 통화를 한다. 전화번호와 주소를 기억한다.

♥ 5~7세  알람을 듣고 일어난다. 스스로 옷을 골라 입는다. 운동화 끈을 묶는다. 침대 시트를 벗겨서 빨래통에 넣는다. 침구와 방을 정리한다. 상황에 적절한 옷을 알고 있다(놀이옷, 학교 갈 때 입는 옷, 나들이옷). 부모와 옷이나 구두를 사러 가서 스스로 선택한다. 여러 가지 집안일을 할 수 있다(휴지통 비우기, 깔개 털기, 땔감 모으기, 낙엽 쓸기, 잡초 뽑기). 저축을 하고 어디에 쓸지 결정한다. 전기 사용이 아직 서툴지만 위험에 대해 알고 있다. 학교에서 돌아오면 옷을 갈아입는다.

♥ 7~10세  스스로 할 수 있는 일이 많아진다. 약속 시간을 지킨다. 우편물/이메일을 주고받는다. 인터넷을 능숙하게 한다(부모는 아이의 아이디, 비밀번호와 접속 사이트를 알고 있어야 한다). 혼자 일어나고 자러 간다. 침대 시트를 간다. 도시락과 간식을 준비한다. 혼자 길을 건넌다. 혼자 밖에 나가는 일이 많아진다. 심부름을 한다. 주말과 방학에 용돈을 번다(잔디 깎기, 아기나 애완동물이나 화초 돌보기, 페인트칠하기 등). 돈을 절약한다. 저축할 돈과 기부할 돈으로 나누어 소비 계획을 세운다. 열 살이 되면 잠깐씩 집에 혼자 있을 수 있다.


### 위생 관리

♥ 3세 이하  음식을 먹기 전에 손을 씻는다. 욕조에 넣어주면 몸을 닦는다. 혼자 옷을 입고 벗는다.

♥ 3~5세  화장실을 이용한다. 이를 닦는다. 손과 얼굴을 씻고 말린다. 빗질을 한다.

♥ 5~7세  혼자 샤워나 목욕을 한다. 머리를 감는다. 추위나 더위를 피

하는 요령을 알고 있다. 작은 부상은 스스로 처리한다(반창고, 얼음, 휴식). 남자아이들은 변기 사용 후 시트를 내린다(내려야 한다).

♥ 7~10세 응급처치에 대한 기본 지식을 가지고 있다. 목욕이나 샤워를 하고 나서 욕실 정리를 한다.

## 옷과 준비물 관리

♥ 3세 이하 빨랫감을 바구니에 넣는다.

♥ 3~5세 어두운 색과 밝은색 옷을 분류한다(감독이 필요). 건조기에서 세탁물 꺼내는 것을 돕는다. 양말의 짝을 맞춘다. 행주와 팬츠 같은 작은 세탁물을 접는다.

♥ 5~7세 세탁기/건조기 사용법과 세제 측정법을 배운다. 세탁물을 접어서 제자리에 가져다놓는다. 일곱살이 되면 혼자 세탁을 할 수 있다. 운동기구와 같은 장비들을 조심해서 다룬다.

♥ 7~10세 세탁과 다림질을 한다. 큰 물건을 접는다(담요, 텐트). 간단한 바느질을 한다(단추를 달거나 솔기를 깁거나 단을 올리는 등). 누빔, 뜨개질, 매듭 공예를 배울 수 있다. 시키지 않아도 자신의 장비를 관리한다(야구 글러브를 오일로 닦고 운동화를 세척한다).

## 식사 준비 도와주기(장보기/요리하기/상차리기)

♥ 3세 이하 물건을 건네준다. 차에서 가벼운 짐을 내린다. 음식 재료를 섞고, 뿌리고, 첨가한다. 먹다가 떨어지거나 흘린 것을 치운다.

♥ 3~5세 음식 준비를 돕는다. 식료품 목록을 만든다. 장을 보고 와서 차에서 식료품을 내리고 낮은 선반에 올려놓는다. 상을 차린다. 보다

능숙하게 음식 준비를 돕는다. 샌드위치 빵에 버터를 바르고 시리얼이나 간단한 디저트를 준비한다. 청소를 돕는다. 냉장고에 물건을 넣는다. 남은 음식을 버린다. 식기세척기에 그릇을 넣는다. 가벼운 식기를 닦는다.

♥ 5~7세  쇼핑 목록을 작성한다. 어른과 함께 슈퍼마켓에 가서 목록을 보고 물건을 찾는다. 차에서 좀 더 무거운 물건을 내린다. 혼자 샌드위치를 만들어 먹는다. 다른 사람들을 위해 음료를 따라주거나 간단한 음식을 준비한다(가족의 아침식사). 소형 조리기구와 요리법에 점차 익숙해진다(토스트와 스크램블드에그를 만들거나, 무딘 칼을 사용하고, 채소 껍질을 벗기거나 냉동 농축액으로 음료를 만든다). 학교에 가져갈 도시락을 준비한다.

♥ 7~10세  목록을 보고 식료품을 산다. 상품을 비교한다. 음식을 계획하고 준비한다. 날카로운 도구를 사용해서 자르거나 저민다. 재료를 측정한다. 가전제품을 사용한다. 뒷정리를 한다. 냉장고 청소를 돕는다. 야외 요리를 위해 그릴이나 캠프파이어를 준비한다(열 살이 되면 불을 피울 수 있다).


### 가사 관리(집/정원/화분/잔디)

♥ 3세 이하  작은 청소 도구나 걸레를 들고 '청소하는 시늉'을 한다. 책과 잡지를 낮은 선반에 올려놓는다. 베개를 건네주는 것으로 침대 정리를 돕는다. 그릇에 물을 떠주면 화분이나 정원에 물을 준다. 장난감이나 휴지를 줍는다.

♥ 3~5세  진공청소기를 사용한다. 빗자루로 쓴다(완벽하지는 않지만).

세차를 돕는다. 쓰레기를 내다놓는다. 가구의 먼지를 턴다. 이불을
반듯하게 편다.

♥ 5~7세 청소용품을 올바로 사용한다. 싱크대와 욕조를 청소한다. 가
구를 반짝거리게 닦는다. 거울과 창문을 닦는다. 분리수거를 한다.
도구의 사용 목적과 기본 사용법을 배우고 가사 관리를 돕는다. 식물
과 꽃에 물을 준다.

♥ 7~10세 자기 방을 정리한다(침구, 옷장, 서랍). 진공청소기를 사용한
다. 좀 더 어려운 청소를 한다(주방 바닥, 유리창, 청소용품 닦기). 자전거에
기름칠을 하고 관리한다. 현관을 쓸고 닦는다. 쓰레기통을 세척한다.
자동차 내부를 청소한다. 정원일을 한다(잔디 깎기, 청소, 식물 가꾸기).

## 정리정돈하기

♥ 3세 이하 장난감을 치운다. 종류별로 분류한다(공은 바구니에 넣고 트
럭은 선반에 올린다).

♥ 3~5세 가방, 장비, 의상, 개인 물건 등을 정해진 장소에 놓는다.

♥ 5~7세 옷을 걸거나 서랍에 넣는다. 나름의 방식으로 수집하고 분류
하고 저장한다.

♥ 7~10세 해야 할 일의 목록을 만든다. 약속을 수첩이나 공책에 기록
한다. 가사를 돕는다. 시키지 않아도 숙제를 한다. 벽장을 정리하면
서 사용하지 않는 장난감과 기구를 골라낸다. 설거지를 하고 뒷정리
를 한다. 창고 정리를 돕는다.

## 애완동물 돌보기

♥ 3세 이하  먹이를 준다. 물통이 비어 있지 않은지 확인한다.

♥ 3-5세  네다섯 살이 되면 먹이 주는 일을 맡아서 한다(감독이 필요하다).

♥ 5~7세  먹이를 주고 우리와 배설물 청소를 돕는다. 개를 훈련시키고 산책시킨다.

♥ 7~10세  목욕을 시킨다. 집 안팎에서 배설물을 치운다. 책을 읽거나 동물병원에 따라다니면서 애완동물의 습성과 건강 문제에 대해 배운다.

## 역할 분담: 다 함께 가정을 꾸려가기

이제 가사 전쟁을 해결하는 가족의 역할 분담에 대해 이야기할 때가 되었다. 역할 분담의 개념은 단순하다. 가족이 가사 관리의 책임을 공정하고 합리적으로 나누는 것이다.

가정을 꾸려가기 위해서는 어떤 역할들이 필요한지 생각해보는 것으로 출발하자. 만일 책임을 나누는 것이 익숙하지 않다면 가족 체크인 시간에 어떤 행동가와 전략가가 필요한지 알아보자. 칠판이나 커다란 종이에 역할들을 열거해보자.

> 역할에 대해 의논하는 것은 모두가 가정의 운영을 위해 무엇이
> 필요한지에 대해 생각하는 법을 배우는 중요한 단계이다.

각자 하고 싶어 하는 역할을 선택한다. 만일 두 사람이 같은 일을 하겠다고 하면 번갈아서 하거나 함께 할 수 있다. 아빠가 피자를 만들면 아들이 조수 역할을 할 수 있다. 아무도 원하지 않는 일도 마찬가지다. 형제들이 함께 애완동물 우리를 청소하게 하자. "미키는 이번 주에 식탁을 닦는 담당을 하면 어떨까?", "수지는 오빠를 도와서 그릇 닦는 것을 도와줄래?" 특히 어린아이들에게 일거리를 줄 때는 창의성을 발휘하자. 아침에 일찍 일어나는 아이는 '가족을 깨우는 역할'을 할 수 있다.

각각의 역할에 필요한 조건을 감안한다. 저녁식사 준비는 힘든 일이 될 수 있으므로 두세 명이 함께 한다. 또한 개성을 허락한다. 개인의 음식 취향과 요리 방식에 따라 이번 주 저녁식사는 지난주와 완전히 다를 수 있

## 가사 분담을 제안할 때 주의할 점

만일 부부 중 한 사람이 가사를 도맡아서 하고 아이들은 집에서 거의 아무 것도 하지 않고 있다면, 처음에는 가사 분담이 쉽지 않을 것이다. 가사를 도맡아서 하던 사람은 자신이 하던 일을 다른 사람에게 시키는 것이 불안할지도 모른다. 하지만 그로 인한 폐해를 생각해보자. 혼자 모든 일을 하면서 가족을 비난한다면 가사 전쟁은 더욱 심해질 수밖에 없다. 대신 다음과 같이 해보자.

도움을 청한다. 3장에서 잠깐 이야기했지만 여기서 다시 되풀이하겠다. 도움을 청하는 것은 잔소리를 하는 것보다 효과적일 뿐 아니라, 가족 모두가 중요하다는 것을 알릴 수 있다.

필요로 하는 것을 분명하게 요구한다. 배우자에게 도움을 청하는 것은 그에게 여행의 동반자라는 사실을 상기시켜준다. 아이들 역시 책임감을 갖게 되고, 실제로 가사에 한몫을 하고 있다고 느낄 것이다.

평가하기 전에 생각한다. 누군가 청소를 한 후 주방에 들어간다고 하자. 얼마나 잘했는지 평가하기 전에 우선 생각해보자. 만일 그 평가가 칭찬이라면 소리 내어 말하자. 하지만 비판이나 잔소리라면 입 밖으로 꺼내지 말자. 열심히 했는데도 핀잔을 듣는다면 더 이상 그 일을 하고 싶지 않을 것이다.

알아서 할 것이라는 기대는 하지 않는다. 한 할머니는 여섯 살배기 손자에게 "네가 도와줘야겠구나"라는 말로 시작한다. "나 혼자서는 비가 오기 전에 빨래를 다 들여놓을 수 없겠다. 좀 도와줄 수 있겠니?" 그러면 손자는 기꺼이 도와줄 뿐 아니라 자부심까지 느낀다.

정직하게 이야기한다. 아이들은 눈치가 빠르다. 없는 이야기를 지어내지 말자. 혼자 하기 힘든 일이 있으면 도와달라고 하자. 진정성은 배우자와의 관계에서도 중요하다. 어떤 여자들은 일부러 어떤 일을 하지 않고 내버려두는 것으로 남편을 시험한다. 그러고는 남편이 모르고 지나치면 도와주지 않는다고 비난한다. 결국 부부싸움만 잦아진다. 가정 운영은 두 사람이 공동의 목표를 향해 가는 것이라는 사실을 기억하자.

다. 필요하면 도움을 청하도록 한다.

성별이 아닌 능력에 따라 역할과 책임을 나눈다. 가사는 대부분 성별에 관계없이 할 수 있는 일들이다. 각자 무엇이 하고 싶은지 물어보면 뜻밖의 답을 들을지도 모른다. 트레이시는 남편이 다림질을 좋아하는 것을 알았다. 그녀는 다림질을 싫어해 기꺼이 분리수거를 자원했다.

요점은 고정관념에서 벗어나 가족 구성원들에게 새로운 역할을 해볼 수 있는 기회를 주는 것이다. 아이의 머리카락을 묶어주고 다친 무릎에 약을 발라주는 것은 엄마만 할 수 있는 일이 아니다. 남자아이도 기회를 주면 동생을 돌보거나 요리와 청소를 할 수 있다. 여자아이라도 도구를 다룰 수 있는 나이가 되면 울타리나무의 가지치기를 할 수 있다.

어떤 역할을 하면서 처음에 불편하거나 서툴게 느껴진다면 그 이유가 무엇인지 생각해보자. 과거의 경험이나 문화적인 편견이 그런 일을 할 수 없거나 하면 안 된다고 말하는가? 264쪽에 나오는 전략들을 사용해서 익숙한 역할에서 벗어나는 시도를 해보자. 부모가 솔선수범하면 아이들도 따라할 것이다.

기간을 정한다. 어떤 역할을 얼마나 오래 할 것인지 정한다. 아무도 원하지 않는 일은 기간을 짧게 하면 덜 부담스럽다. 어떤 역할이 좋거나 나쁘다는 것은 보는 사람에 따라 다를 수 있고 시간이 가면서 바뀔 수 있다. 한 10대 아이는 어렸을 때 쓰레기를 내다버리는 일을 좋아했는데, 그 이유가 밤에 혼자 밖에 나가는 일을 하면서 어른이 된 기분을 느꼈기 때문이라고 한다. 지금 그는 요리하는 것을 좋아한다.

횟수를 정한다. 주어진 역할은 얼마나 자주 해야 하는가? 아니면 필요할 때 하면 되는 일인가? 새 모이통을 채우는 역할은 얼마나 자주 해야 할까? 그 일을 먼저 해본 사람이 정보를 줄 수 있을 것이다. 아마 계절에 따라 달리해야 한다고 알려줄 것이다. 모두의 제안을 들어보자. 세차나 청소를 얼마나 자주 하는지에 대해서도 각자 생각이 다를 수 있다.

방법이 정해져 있는 것은 아니다. 제안에 귀를 기울이자. 의견이 일치하지 않으면 이번 주에는 한 가지 방법을 시도해보고 다음 주에 다른 방법을 시도해본다.

누가 어떤 일을 하는지 기록한다. 목록과 도표는 모두가 알아볼 수 있도록 만든다. 어느 가족은 벽에 도표를 붙이는 대신 바구니를 사용한다. 각각의 역할을 색인 카드에 적는다. 어떤 역할을 맡으면 그 카드를 가지고 있다가 끝나면 바구니에 넣는다. 글을 못 읽는 어린아이들이 있다면 대신 그림을 그려서 표시한다.

연습을 한다. 삶은 도전과 모험의 연속이다. 전작에서 우리는 아이들이 새로운 환경에 익숙해지고 새로운 능력을 습득하도록 도와주는 변화를 위한 리허설에 대해 이야기했다. 여기서도 같은 전략을 사용할 수 있다.

예를 들어 마니는 10대 아들 케리에게 혼자 생활하는 연습을 시켰다.

그는 고등학교 졸업을 앞두고 여름 방학에 다른 도시에 가서 인턴십을 하길 원했다. 케리가 혼자 생활할 수 있는지 시험해보기로 한 마니는 자신의 생일날 아들에게 집을 맡기고 1박2일로 남편과 여행을 떠났다. "몇몇 친구들은 저에게 미쳤다고 했어요. 하지만 그는 열여덟 살이에요. 저는 아들에게 제대로 하지 않으면 인턴십은 꿈도 꾸지 말라고 했지요." 케리는 잘해냈다. 혼자 음식을 만들어 먹고 집을 청소했다. "집안일이 만만치 않았다고 하더군요." 케리는 시험을 통과했고, 마니는 편안한 마음으로 그를 보낼 수 있었다.

변화에 대비하는 연습은 깊은 물에 들어가기 전에 먼저 얕은 물과 친해지는 시간을 갖는 것이다. 쉬운 것부터 시작하자. 분리수거를 하기 전에 쓰레기통을 비우는 일부터 한다. 가정법 문장을 사용해서 가르쳐보자. 쓰레기를 들고 가다가 봉투가 찢어지면 어떻게 하지? 어떻게 하면 찢어지지 않을까? 대화를 나누면서 의견을 들어보자. 아이들은 자신감이 생기면 스스로 좀 더 어려운 일에 도전할 것이다.

어른들도 마찬가지로 새로운 역할을 맡을 때는 연습이 필요하다. 다만 어른들은 전후 사정을 짐작할 수 있는 반면, 아이들은 일일이 알려주어야 한다. 이유와 방법을 설명하고 시범을 보인다. 아이들에게 가사를 가르치는 것은 운동의 규칙과 기법을 가르치는 것과 다르지 않다. 경기에 대해 알면 더 열심히 참여하게 된다.

인내심을 가지고 지켜보자. 일일이 잔소리하지 말자. 일단 어떤 역할을 맡기면 그대로 두고 보자. 질문을 하면 알려주지만 참견하거나 대신 해주지는 말자. 가정은 학교가 아니다. 가정은 가족이 함께 도우면서 서로에게 배우는 곳이다. 도움을 청하거나 위급한 상황이 아니라면 끼어들지 말자. "고맙다"는 말은 잊지 않도록 한다.

> 각자 맡은 일은 언제 어떻게 할 것인지, 누구에게 도움을 받을 것
> 인지 자율적으로 결정하게 한다.

각자 자신이 한 일을 돌아보고 평가하는 시간을 갖는다. 어떤 점이 힘들었는가? 보람을 느꼈는가? 다음에는 어떤 일을 해보겠는가? 연습을 시킬 때는 당신 자신의 방식을 가르치려고 하지 말자. 예를 들어 주말에 친구들과 여행을 가면서 남편에게 집을 맡긴다면 그가 물어보는 것만 알려주자. 그가 요구하지 않는 한, 따로 지시사항이나 목록을 남기지 말자. 돌아와서 남편이 당신이 하는 방식과 다르게 했다고 해도 비난하기 전에 생각해보자. '그가 정말 잘못한 것인가, 아니면 단지 내가 하는 방식과 다른 것인가?'

문제가 생기면 함께 해결한다. 아이가 들고 가는 쓰레기 봉지에서 물이 흐른다고 하자. 아이가 부주의하거나 게으르다고 단정하지 말고 생각해보자. 당신이 그 부분에 대해 충분히 설명해주었는가? 아이가 혼자서 할 수 있는 일이었는가? 봉지가 너무 무거웠는가? 과거의 실수를 지적하지 말자. "지난주에도 사고를 저지르더니 또 일을 벌였구나!"라고 야단을 맞고 불안감을 느끼면 다시 시도할 마음이 일어나지 않을 것이다.

또한 일일이 잔소리하지 말자. 아이는 평생 당신을 보면서 자랐다. 당신이 병에서 물기를 닦아내고 냉장고에 넣는다는 것을 알고 있다. 당신이 하는 대화와 혼자 중얼거리는 말을 듣고 있다. "내가 승진에서 탈락했다니 믿을 수가 없다", "이기지 못해도 상관없어. 게임은 즐겁게 하면 되는

거야", "같은 실수는 하지 않을 거야." 마찬가지로 아이는 당신이 집안일을 어떻게 하는지 알고 있다.

가족은 서로에게서 배운다. 서른다섯 살인 대니얼 로즈는 시카고에서 자랐지만 지금은 파리에서 내로라하는 주방장이 되었다. 그가 지금 일하는 레스토랑 스프링에서 식사하는 것은 모든 면에서 만족스럽다. 시각적으로나 미각적으로 훌륭한 음식과, 따뜻하고 친절한 분위기까지 무엇 하나 흠잡을 데가 없다. 초보 아빠인 대니얼은 가정에서나 일터에서 최선을 다하고 있다. 집에서는 아내와 함께 아이를 돌보고, 레스토랑에서는 직원들뿐 아니라 고객들과 소통하며 없어서는 안 될 역할을 담당하고 있다. 하지만 그는 무엇보다 자신만의 특별한 비법을 가지고 있다고 귀띔해준다. "저는 사람들을 믿고 일을 맡깁니다. 그러면 더 열심히 더 잘한답니다."

우리도 가족에게 그처럼 해보자. 각자에게 맡겨두자. 가족관계는 쌍방향이다. 서로가 서로에게 영향을 미친다. 따라서 다른 사람들의 생각에 마음을 여는 것이 중요하다. 일방적으로 조언하고 가르치려고 들면 다른 사람들에게서 보다 나은 방식이나 다른 관점을 배울 수 없다. 당신의 방식이 더 낫다고 생각해도 귀를 기울여보자.

저술가인 비벌리 윌릿은 「허핑턴 포스트」에 이런 글을 올렸다. "나는 막내딸이 초등학교에 다닐 때 아침마다 학교에 데려다주면서 빨리 좀 걸으라고 재촉했어요. 하루는 아이가 말하더군요. '내가 느린 것처럼 보이는 이유는 엄마 걸음이 너무 빠르기 때문이에요. 천천히 걸어도 늦지 않아요.'"

배움은 우리의 삶을 풍요롭게 하고 세상 보는 눈을 넓혀준다. 아이들의 의견을 존중한다는 것을 알게 해주자. 당신의 생각이나 시간에 맞추려고 하지 말고 속도를 늦추고 잠시 기다리자. 윌럿은 경고한다. "필요할 때 멈추지 않으면 무슨 일이 일어날지 알 수가 없어요. 아기가 뒤뚱거리다가 넘어질 수도 있고, 아직 부모의 보살핌이 필요한 10대 아이가 엄마가 될 수도 있습니다. 그리고 버스가 오는 것을 보지 못하고 차도로 나가기도 합니다."

'우리'에게 휴식을 주자. 어떤 부모들은 명령을 내리면 가족이 모두 한 줄로 늘어서기를 기대한다. 바트는 자랑스럽게 회고한다. "어릴 때 우리 집에서는 피곤하다고 핑계를 대는 것이 통하지 않았어요. 엄마는 '게으른 손은 악마의 도구'라고 하셨죠. 절대 게으름을 피울 수 없었어요." 하지만 보다 자유방임적인 가정에서 자란 로라는 남편의 태도가 유연해지기를 바란다. "남편은 해병대 하사관 같아요! 아이들에게 미안하고 어떤 영향을 받을지 걱정됩니다. 그래서 저는 혼자 집안일을 하더라도 남편 모르게 아이들을 풀어줘요. 아이들은 때로 쉬어야 해요."

바트와 로라의 중간쯤에 서 있도록 하자. 아이들은 가사에 참여해야 하지만, 기분이 우울하거나 피곤하거나 바쁘거나 몸이 불편해서 쉬어야 할 때도 있다.

모든 책임에서 벗어나는 시간을 가진다. 단조로운 일에서 벗어나는 시간이 있다면 꾀를 덜 부리게 된다. 일주일에 한 번이나 한 달에 한 번 모든 책임에서 자유로워지는 휴식 시간을 갖도록 하자("오늘 저녁에는 우리 모두 아무것도 하지 말자"). 산책을 하거나 아이스크림을 먹으며 가족 영화를 시청하자.

창의적이고 다소 엉뚱한 생각을 해보자. 네 아이의 엄마인 엘렌 러프커트는 '엄마가 절름발이라면……'이라는 다소 엽기적인 게임을 했다.* 하지만 아이들은 겁을 먹는 대신―실제로 그녀는 장애자가 아니므로―엄마를 도와주면서 뿌듯해했다. 만일 가족이 느슨해지는 것을 두고 보지 못하는 성격이라면 최악의 경우를 상상해보자. 가족이 병에 걸리거나 완전히 무기력해졌다고 상상해보자. 그러면 하루 쉬는 것이 그렇게 큰일이 아니라고 느껴질 것이다.

## 각자 맡은 일을 제대로 하지 않는다면?

우리 가족은 과연 각자 맡은 역할을 잘 해낼 수 있을까? 아마 이런 의문이 당신 머릿속에서 맴돌고 있을지 모른다. 가정을 꾸리고 관리하는 것은 끝없는 도전이다. 어느 날은 저항을 만날 것이다(누구나 일을 하기 싫을 때가 있다). 어떤 역할을 놓고 서로 하지 않으려고 다툴지도 모른다. 하지만 이제 우리는 가족 모두의 성장을 지원하는 훌륭한 가족을 설계하는 법에 대해 어느 정도 알았으므로, 이 문제도 좀 더 수월하게 극복할 수 있을 것이다.

어떤 역할을 전적으로 맡기지 못한다면 그 이유를 생각해보자. 어떤 일을 하는 데 시간이 오래 걸리거나 서툴게 하는 것을 보니 차라리 당신이 하고 싶어질 수 있다(282쪽 '가사 분담을 제안할 때 주의할 점' 참고). 아니면 아이들끼리 서로 못한다고 놀리면서 방해를 하는가? 아니면 아들에게 여

---

* 당시는 1970년대였다. 지금 이런 놀이를 한다면 '엄마에게 신체적 장애가 있다면……'이라고 바꿔야 할 것이다.

자가 해야 하는 청소를 시킨다고 남편이 못마땅하게 생각하는가?

일과를 수정할 필요가 있는가? 너무 바빠서 맡은 일을 할 수 없다면 시간을 조정하거나 축소해야 할 것이다. 분석하고, 계획하고, 실행하고, 필요하면 수정하자. 함께 앉아서 하루 일과를 점검해보자. 아이들에게는 시간을 관리하고 계획하는 법을 가르쳐줄 수 있다. 하지만 잔소리꾼이 되지는 말자.

사람마다 바쁜 정도에 대한 내성이 다르므로 어떤 사람은 휴식 시간을 더 많이 필요로 할 수 있다. 각자가 감당할 수 있는 수준에 대해 이야기해보자. 또한 상황과 개인의 수용력은 계속 변화하므로 이 문제에 대해 주기적으로 검토해볼 필요가 있다.

서운하게 생각하지 말자. 마음을 열고 과잉반응을 하지 않도록 주의하자. 심호흡을 하고 현실을 인정하자. 해야 할 일을 잊어버리거나 다르게 하는 것은 일부러 그러는 것이 아니다. 누구나 가끔 책임을 잊어버리거나 소홀히 할 때가 있다.

예를 들어 고양이가 우는데 밥그릇이 비어 있다고 하자. 아이를 야단치는 대신 상기시키자. "고양이가 배가 고픈가보구나. 메건, 이번 주에는 네가 고양이 밥 주는 당번 아니니?" 어떤 문제가 있는지 알아보자. 아마 고양이 밥 주는 일에 약간의 지도가 필요할 수 있다. "고양이 밥이 어디 있는지 알지?" 또는 "캔을 열기가 어려운 거니?" 필요할 때 도움을 주는 것은 대신해주는 것과 다르다.

한 시간 후에도 고양이가 밥을 먹지 못했다면 다시 한 번 상기시킨다. "야옹이가 불쌍하구나. 배가 무척 고픈가보다. 네가 밥을 주기만 기다리고 있어. 네가 당번이니까 말이야." 이것은 잔소리가 아니다. 아무리 바쁘거나 피곤해도 고양이를 건강하고 행복하게 키우기 위해서는 매일 밥을 주어야 한다는 것을 주지시키는 말이다.

하루아침에 달라지기를 기대하지 말자. 가족이라고 해서 항상 생각이 같을 수는 없다. 배우자나 아이들은 때로 맡은 일을 하지 않으려고 꾀를 부릴 것이다. 당신 역시 하고 싶지 않은 일이 있다고 고백하자!

기회가 주어진다면 아이들은 어른들과 같은 규칙에 따라 경기를 하고 싶어 한다. 그러면서 어른이 된 것처럼 느낀다. 어른과 아이가 모두 함께 참여할 때 가정 운영이 순조로울 뿐 아니라, 변화에 더 잘 대처할 수 있게 된다.

## 가족수첩: 무엇이 문제인가?

당신 가족의 가사 전쟁은 어느 정도 진행되었는가? 다음 질문에 답을 해보면 당신 자신의 태도와 믿음이 가족의 가사 분담을 방해하고 있는 것은 아닌지 알게 될 것이다.

♥ 당신과 배우자는 의견이 잘 맞고 서로 협조하고 있는가? 당신은 맡은 역할을 성실하게 수행하고 있는가, 아니면 단지 불평하고 남의 탓을 하고 있는가? 만일 주어진 일을 하지 않거나 충분히 하고 있다고 느낀다면 '내가 가사를 도맡아서 하는 이유'(69쪽 참고) 또는 '내가 가사에 좀 더 참여하지 않는 이유'(72쪽 참고)에서 했던 대답을 다시 살펴보자. 그리고 T.Y.T.T.(130쪽 참고)를 사용해 곤경에서 벗어나자.

♥ 일과를 수시로 재평가하고 필요하면 조정하는가? 가족의 일과는 '나'와 함께 '우리'의 욕구를 수용하고 있는가?

♥ 아이들을 가정 운영에 참여시켜야 한다는 믿음을 가지고 있는가?

**9장**

# 변화를
# 예상하라

어제에서 배우고, 오늘을 살고,
내일을 희망하라.
중요한 것은 질문을 멈추지 않는 것이다.

알베르트 아인슈타인

# 변화에는 적응 기간이 필요하다

마흔네 살인 아렌 보든은 첨단기술업체에서 컴퓨터 전문가로 일하다가 마침내 꿈꾸던 직책을 갖게 되었다. 건실한 신생기업의 경영진이 된 것이다. 유일한 단점은 퇴근 시간이 늦어진 것이다. 동료들은 대부분 혼자 사는 남자들로, 자정까지 일해도 크게 개의치 않았다. 그녀는 그들처럼 늦게까지 일하지는 않지만 전보다 가족과 함께하는 시간이 줄어들었다. 남편 해럴드는 그녀를 지원한다. 그는 아렌이 새로운 일을 사랑하고 높은 보수를 받을 자격이 있으며, 덕분에 밀린 빚도 갚을 수 있을 거라고 생각한다. 그는 부동산 사무실에서 전보다 일찍 퇴근하거나 재택근무를 하면서 아렌이 돌아오기 전에 저녁을 준비한다. 부부는 사이가 좋고 아이들을 한결같이 사랑한다.

하지만 열한 살인 마야와 여덟 살인 카터는 엄마의 부재를 몸으로 느끼고 있다. 그들은 전보다 자주 다투고 물건을 가지고 싸운다. 보든 부부는 카터가 수업시간에 '산만한 경향이 있다'는 교사의 쪽지를 받고 비로소 가족 모두가 새로운 변화에 적응하는 데 도움이 되는 가정환경을 만들어야겠다고 깨닫는다.

가족의 구성원들은 개인, 관계, 배경이라는 세 가지 요인이 만나는 생태계에 속해 있다. 보든 가족은 전에도 힘든 시간들을 경험했고, 그러면서 배운 것이 있었다. 최근에는 집수리하는 동안 가족이 느끼는 혼란을 최소화하기 위해 노력했다. 그들은 외식비 예산을 추가하고, 차고에 미니

냉장고를 들여놓고, 아이들이 먹을 간식을 넣어두는 등의 조치를 취했다.

그들은 모든 일에서 미리 계획을 세우고 어느 정도의 불편함을 감수하면서 창조적으로 문제를 해결해왔다. 변화는 뜻하지 않게 일어날 때 감당하기가 더 어렵다. 해럴드의 부친은 평생 하루도 아파본 적이 없는 사람이었는데 어느 날 갑자기 세상을 떠났다. 가족 모두가 충격을 받고 휘청거렸다. 모든 가족이 할 수 있는 최선의 선택은 각자의 '나'를 보살피고, '우리'가 변했다는 사실을 인정하는 것이었다. 특히 해럴드가 슬픔에서 벗어날 때까지 기다려주었다. 아이들은 할아버지를 기억할 것이다. 추수감사절에 그들은 할아버지에 대한 추억을 나누고 그가 가르쳐준 것에 대해 이야기했다. 마야는 할아버지를 포함해서 그들이 사랑했던 사람들에 대해 이야기하는 것을 새로운 추수감사절 전통으로 삼자고 제안했다.

세상일은 우리 마음대로 할 수 없지만 우리가 반응하는 방식은 선택할 수 있다. 할아버지가 세상을 떠나고 몇 달 뒤 아렌은 새로운 직장에 다니기 시작했고, 카터의 담임교사에게서 쪽지를 받았다. 그들은 다시 한 번 변화에 적응해야 한다. 지난해에 그들이 배운 것이 있다면, 가족은 한 사람에게 문제가 생기면 모두가 영향을 받는다는 것이다.

해럴드와 아렌은 카터의 담임교사를 만나 상담을 하고 나서 긴급 가족 체크인을 소집했다. 그들은 가족 모두가 힘들어하고 있다는 사실에 주목했다. 집수리를 하고 나서 얼마 후 할아버지가 갑자기 세상을 떠났는데, 이번에는 엄마가 직장을 옮긴 것이다. 그런 일들을 소리 내어 이야기하는 것만으로도 아이들은 좀 더 마음이 안정된다. 왜냐하면 부모가 어떤 문제가 있는지 알고 있으며 해결할 것이라고 믿기 때문이다. 그들은 오랫동안 알고 지낸 이웃집 청년에게 매일 오후 아이들을 돌봐주는 일을 해달라고 부탁했다.

이 가족은 아직 적응하는 중이다. 변화에 적응하는 것은 시간이 걸리며 종종 힘든 일이다. 긍정적인 변화라고 해도 가정의 생태계가 흔들리는 것은 마찬가지이다.

새로운 삶에 익숙해지려면 몇 달이 걸릴 것이다. 하지만 적어도 모두가 그 변화를 견뎌내야 한다는 것을 알고 있다. 그들은 무엇이 필요한지 ─ '나'를 보호하면서 '우리'를 지켜야 한다는 것 ─ 알고 함께 노력할 것이다.


## 변화의 해부학

만일 이 세상에서 변하지 않는 것이 있다면, 모든 것은 변화한다는 사실일 것이다. 마찬가지로 가정에서도 계속 유지되는 것은 없다. 개인, 관계, 환경, 모든 것이 끊임없이 변화한다. 다음에서 볼 수 있듯이, 가정 생태계에 파문을 일게 하는 원인은 적어도 50가지가 있다(아마 당신이 더 추가할 수 있을 것이다).

가정의 변화는 반드시 쿵 하는 소리와 함께 일어나지 않는다. 어떤 변화는 레이더에 잡히지 않고 슬며시 진행된다. 어떤 변화는 눈에 보이고, 적어도 준비할 수 있는 시간을 준다. 하지만 보든 할아버지의 죽음처럼 불시에 찾아오는 변화는 적응하기가 쉽지 않다.

우리를 향해 굴러오는 커다란 쇳덩이가 보인다고 해도 그것이 각자에게 어떤 식으로 충돌할지는 알 수 없다. 예를 들어 아이들은 언젠가 사춘기가 될 것이고 우리는 노인이 되겠지만, 막상 그런 상황이 되면 어떻게

# 가정의 생태계에 파문을 일으키는 50가지

어떤 일들이 가정의 생태계에 파문을 일으키는가? 다음과 같은 상황들은 좋든 싫든 적응해야 한다. 이 밖에도 가족의 일상에는 무수히 많은 사건이 일어날 수 있다.

1. 새로운 이웃이 옆집으로 이사를 온다.
2. 아이의 하교시간이 1시간 30분 빨라진다.
3. 누군가 다이어트를 시작한다.
4. 부모의 유산을 받는다.
5. 아이가 집을 떠난다.
6. 새 식구가 생긴다. 아기를 낳거나 재혼을 하거나 양자가 들어온다.
7. 아이가 숙제를 하지 못한다.
8. 낫기 힘든 병에 걸린 사람이 생긴다(자폐증, 난독증, 당뇨, 우울증, 암 등).
9. 누군가 정서적이거나 경제적으로 어려움을 겪는다.
10. 누군가 새로운 기술을 배운다.
11. 부모가 이혼을 결정한다.
12. 부모와 아이가 다툰다(가사, 먹는 것, 전자매체 사용 시간, 친구, 의상, 귀가 시간 등).
13. 아이들에게 동생이 생긴다.
14. 형제끼리 자리다툼을 한다.
15. 가족이 다른 곳으로 이사한다.
16. 새로운 물건이 들어오거나 추가된다(가구, 비디오 게임, 장난감, 운동 기구 등).

17. 가장이 실직을 한다.

18. 가족이 휴가를 간다.

19. 누군가 새로운 운동이나 취미를 시작한다.

20. 보모를 새로 고용한다.

21. 주식시장의 하락으로 퇴직연금이 축소된다.

22. 아이가 전학을 한다.

23. 아이가 좋아하는 교사가 다른 학교로 전근을 간다.

24. 부모가 직장이나 직업을 바꾸거나, 현재 직장에서 더 많은 일을 한다.

25. 아이가 싸움에 휘말린다.

26. 누군가 채식주의자가 된다.

27. 누군가 밖에서 더 많은 시간을 보내기 시작한다.

28. 누군가 향수병에 걸린다.

29. 누군가 새로운 운동을 시작한다.

30. 누군가 흡연을 시작하거나 금연하고, 식습관을 바꾼다.

31. 누군가 죽는다.

32. 통금 규칙이 생긴다.

33. 누군가 새 친구를 사귄다.

34. 아이가 유급을 한다.

35. 어른 중 한 사람이 퇴직한다.

36. 부모가 오래 못 만났던 친구를 다시 만난다.

37. 집수리를 한다.

38. 아이가 운동 팀에 들어가고자 한다.

39. 부모가 새로운 직장을 구한다.

40. 조부모나 다른 가까운 친척이 병에 걸리거나 건강이 나빠진다.

41. 보모가 그만두거나 해고된다.

42. 부모가 다른 도시나 나라로 전근을 간다.

43. 가족이 새로운 교회에 다닌다.

44. 누군가 상을 받는다.

45. 휴가 시즌이 시작된다.

46. 전 배우자/공동 양육자가 다른 지방으로 이사한다.

47. 가족이 빚을 진다.

48. 친한 친구가 죽는다.

49. 신학기가 시작되었다.

50. 새로 애완동물을 키운다.

느낄지 알 수 없다. 우리가 고대하는 변화조차 그렇다. 이사를 하거나 아기가 태어나는 일도 그 결과를 미리 유추하기는 불가능하다. 단지 그런 경험을 해보지 않았기 때문이 아니라, 모두가 경험하는 방식이 다르기 때문이다. 새로운 상황이나 도전은 우리에게 각자 다른 뭔가를 요구한다. 어떤 영향을 받는지는 우리 자신과 주변 사람들이 변화에 대처하는 방식에 달려 있다.

변화가 어떤 결과를 가져올지는 아무도 알 수 없다. 그 결과는 좋거나 나쁘거나 크거나 작을 수 있다. 아니면 일련의 작은 변화들이 어느 순간 균형을 무너뜨릴 수도 있다.

> 변화는 막을 수 없고, 돌아갈 수 없다. 뚫고 지나가야 한다.

변화가 왜 그렇게 어려운가? 통제할 수 없는 상황을 맞닥뜨린다고 생각하면 두려워진다. 생소한 도전은 우리와 우리의 미래에 어떤 영향을 줄지 알 수 없다. 그래서 불안한 것이다.

우리가 겁먹으면 뇌에서 가장 오래된 부위인 '도마뱀 뇌'가 작동한다. 도마뱀 뇌는 위협을 느낄 때 저절로 작동하면서 우리에게 싸우거나 도망가라고 지시한다. 그로 인한 피해는 함께 생활하는 배우자와 아이들에게 돌아간다. 결국 그들 역시 도마뱀 뇌의 지배를 받고 가족 모두가 불편하고 두렵고 불안해진다.

변화, 그 자체가 나쁜 것은 아니다. 중요한 것은 변화에 대처하는 방식이다.

변화를 관리하는 비결은 먼저 그 변화를 인정하고 도마뱀 뇌가 아니라 현자의 뇌를 작동시키는 것이다.

## 현자의 뇌를 작동시키자

현자의 뇌는 앞에서 이야기한 '최상의 자아' 또는 '보다 높은 차원의 자아'를 의미한다. 현자의 뇌는 심리학자 대니얼 카너먼이 '천천히 생각하기'─관찰하고 분석해서 문제를 해결하는─라고 부르는 능력을 가지고 있다. 도마뱀 뇌와 달리 현자의 뇌는 즉각 반응하지 않고 찬찬히 생각한다.

달린 푸르니에는 유방암 진단을 받았을 때 도마뱀 뇌에 굴복하지 않았다. 병에 걸리는 것은 부정적인 변화 중에서도 사람들이 가장 두려워하는 일이다. 이럴 때는 현자의 뇌를 불러내는 것 외에 달리 방법이 없다.

달린이 처음 그 소식을 들었을 때는 당연히 도마뱀 뇌가 작동했다. 의사들은 그녀의 나이가 젊기 때문에 희망적이라고 했지만 몇 달에 걸쳐 고통스러운 치료를 받아야 했다. 의학 관련 저술가인 그녀는 만성 질환이 가족 전체에 미치는 영향에 대해 누구보다 잘 알고 있었다. 보호자들은 간호를 하다가 병에 걸리기도 한다. 아이들은 종종 행동 문제를 보이거나 학업 성적이 떨어진다. 최악의 경우 병간호에 지치고 피곤해진 배우자가 떠나버린다.

"고모 셋이 모두 유방암에 걸렸고, 한 사람은 사망했어요. 하지만 나 자신을 걱정하는 것만큼 남편과 아이들에게 어떤 영향이 미칠지가 더 걱정이었죠." 달린은 당시를 회상한다.

가족을 생각하는 마음은 그녀로 하여금 현자의 뇌를 사용할 수 있게 했다. 그녀는 자신이 가족을 위해 할 수 있는 일이 무엇인지 생각했다. 달린은 가장 먼저 남편에게 도움을 청했고, 두 사람은 아이들에게 그 소식을 어떻게 전할 것인지 상의했다. 당시 패트릭은 열 살, 크리스틴은 열네 살이었다. 그들은 일단 계획을 세우고 나서 아이들에게 알리기로 했다. 그들의 의도는 아이들에게 정보를 제공하고 반응을 살피면서 아이들도 현자의 뇌를 사용할 수 있도록 도와주는 것이었다. 그런 식으로 여러 번에 걸쳐 아이들과 대화를 나누기로 했다.

달린과 해리는 또한 친척들과 친구들의 명단으로 비상연락망을 만들었다. 그 외에도 만일의 사태에 대비해서 이런저런 계획들을 세웠다. 달린이 입원해 해리가 병원에서 그녀 곁을 지켜야 할 때 아이들을 누구에게 맡길 것인가? 퇴원하면 어떤 도움이 필요할 것인가? 한 친척은 달린이 집에 없는 동안 밤에 와서 아이들과 자고 가겠다고 했다. 또 다른 친구는 달린이 회복하는 동안 쾌적하게 지낼 수 있도록 집청소를 해주겠다고 했다. 몇 사람은 돈을 추렴해서 달린이 화학 요법과 방사선 치료에서 회복하는 동안 안마사나 요가 강사 같은 도우미를 보내주기로 했다.

달린과 해리는 아이들에게 어떻게 이야기할지 미리 연습했다. "남편에게 가장 고마운 것은 그가 무척 이해심이 많다는 것입니다. 하지만 그는 감정을 숨기는 것이 서툴기 때문에, 아이들에게 말할 때 '슬픈 표정'을 짓지 말라고 당부했어요." 그리고 나서 그들은 가족 체크인을 가졌다. "우리는 아이들에게 '엄마가 유방암에 걸렸는데, 치료를 받는 과정에서 무척 아프겠지만 잘 견뎌낼 거야. 우리는 이런 상황을 이겨내야 해. 우리는 할 수 있어'라고 말했어요."

그들은 R.E.A.L.을 갖춤으로써—아이들에게 어떻게 이야기할지 생각하고, 아이들의 관점에서 이해하고, 알아들을 수 있도록 설명하고, 가족이 함께 최선을 다할 것을 호소하는—분명한 차이를 만들었다. 달린은 유방절제술을 받았을 때도 부정적인 생각에 휘말리지 않고 가족과 긍정적으로 연결하는 방법을 찾았다. 해리는 그녀를 병원에 데리고 다녔고, 집에서는 달린의 역할을 대신했다.

달린은 수술 후 아이들과 일대일로 데이트를 했다. 패트릭과는 〈닥터 후(Doctor Who)〉 재방송을 보았고, 크리스틴과는 〈다운턴 애비(Downton Abbey)〉의 첫 두 시즌을 따라잡았다. "우리는 종종 바짝 붙어 앉아서 TV를 봅니다. 그 시간에는 더할 나위 없이 행복해요."

가족의 사랑과 지원 덕분이었는지, 아니면 유방 재건수술을 포기했기 때문인지(치유 시간이 크게 줄어든다) 달린은 놀라운 회복 속도를 보였다. 수술을 받고 2주 후에 크리스틴의 테니스 경기를 보러 갔고, 패트릭이 처음 참가하는 토론 대회도 관람했다. 지금도 치료를 받고 있지만, 예후가 매우 좋다. 가족 모두 잘 지내고 있다. 두 아이는 엄마를 걱정해서 평소보다 열심히 도와주려고 하지만, 여전히 친구들과 어울리고 다양한 활동을 하고 있다. "아이들이 어떤 생각을 하고 있는지는 모르지만 저는 그들의 생활이 바뀌는 것은 원하지 않아요. 다행히 큰 변화는 없었어요."

푸르니에 가족이 엄마의 암이라는 큰 변화에도 혼란을 최소화할 수 있었던 이유는 달린이 도마뱀 뇌에 사로잡히지 않고 현자의 뇌를 불러올 수 있었기 때문이다.


## 어떤 뇌가 주도하는가?

싸우거나 도망가는 것밖에 모르는 원시적인 도마뱀 뇌는 상황을 더 악화시키는 반면, 현자의 뇌는 적절한 행동을 취하기 위해 무엇이 필요한지 생각한다. 현자의 뇌를 작동하면 누구나 좀 더 신중해지고 자제력이 생긴다.

간단히 말해, 도마뱀 뇌는 충동적으로 반응하고 현자의 뇌는 생각한다. 어떤 뇌를 사용하느냐에 따라 새로운 상황이나 도전이 공포가 될 수 있고, 성장의 기회가 될 수도 있다. 경황이 없는 와중에 현자의 뇌를 불러내는 것은 쉽지 않지만, 연습을 하면 적어도 어떤 뇌가 지배하고 있는지 의식할 수 있다.

## 당신의 뇌를 관리하라

만일 부정적 감정이 다음과 같은 형태로 나타난다면 아마 도마뱀 뇌가 당신을 지배하고 있을 것이다.

현자의 뇌를 사용해서 다음과 같은 마음가짐과 습관으로 부정적 감정을 다스리자.

| | |
|---|---|
| 비난/ 방해 | 비판하지 않고 듣기 |
| 인색함과 옹졸함 | 관대함 |
| 심술궂음 | 친절 |
| 비밀과 따돌림 | 열린 마음 |
| 거짓말, 은폐, 거부 | 진정성 |
| 원한 | 용서 |
| 말다툼 | 화해 |
| 단절 | 다정함 |
| 고립, 철수, 완고함 | 사려 깊음 |
| 산만함 | 마음 집중 |
| 도덕적 일탈(도둑질, 폭력성, 편견) | 보다 고귀한 자아를 반영하는 선행 |
| 몸과 마음의 병, 아이의 학습 문제 | 몸과 마음과 영혼을 건강하게 하는 생활방식 |

가족 구성원들이 현자의 뇌를 사용할수록 그 가족은 더욱 건강해진다. 더 큰 그림을 볼 수 있고, 부정적인 영향을 통제하거나 적어도 줄일 수 있다.

> 자제하고 의식하는 능력은 연습할수록 잘하게 된다.

이 장의 나머지 부분에서는 현자의 뇌를 사용할 수 있도록 도와줄 것이다. 현자의 뇌를 사용하면 좀 더 차분하게 거리를 두고 바라볼 수 있다. '나'와 '우리'의 균형을 이루고 있는지 관찰하고, 무슨 일이 일어나고 있는지 알아볼 수 있다. 부정적 감정은 자리를 잡기 전에 물리치는 것이 바람직하다.


## '3요소 시점'을 통해서 보는 변화

모든 변화에는 반드시 가족의 세 가지 구성 요소가 복합적으로 작용하기 마련이다. 하지만 보통 처음에는 한 가지로 시작된다. 가족 구성원들 중 누군가에게 무슨 일이 일어나는 것이다. 사춘기에 접어든 딸이 갑자기 살찌는 것을 걱정하며 다이어트를 시작한다. 부모가 병이 난다. 10대 아이가 타투를 한다. 또는 관계에 변화가 생길 수 있다. 아이가 중학교에 입학해 새로 친구들을 사귀면서 형제 사이가 멀어진다. 부부 사이에 갈등이 생긴다. 변화는 우리가 통제할 수 없는 세 번째 요소인 배경에 의해 일어나기도 한다. 미국의 경기가 침체되면서 하이타워 가족은 직격탄을 맞았다(61쪽 참고).

원인이 어디에 있든지 간에 변화의 과정은 예측할 수 없으며, 세 가지 요소가 함께 작용한다. 예를 들어 일곱 살 베서니는 양쪽 귀의 청력을 50퍼센트 이상 상실했다(10장에서 베서니 가족의 이야기를 좀 더 읽을 수 있다). 베서니는 학교에서 철없는 아이들의 놀림을 받는다. 이러한 상황에서 반응하는 방식은 개인적인 기질에 따라 다르기도 하지만, 가족과의 관계에서도 영향을 받는다. 배경 역시 작용한다. 학교에서 장애아들을 어떻게 이해하고 배려하느냐에 따라 베서니와 가족들이 겪는 어려움이 커질 수도 줄어들 수도 있다.

가정의 생태계가 제대로 기능하고 가족 모두가 이해 당사자로 느낀다면 문제가 더 커지기 전에 나머지 가족이 나서서 도움을 줄 수 있다. 루비는 종종 딸들에게 말한다. "너는 우리 가족의 정식 구성원이고 네가 해야 하는 역할이 있어. 우리 각자가 자신에게 주어진 몫을 다할 때 가족 모두가 행복해지는 거야."

베서니는 엄마를 믿기 때문에 무슨 일이 있으면 즉각 도움을 청한다(가정이 잘 움직이고 있다는 확실한 증거). "저는 아이들이 놀리는 것을 무시해버리라고 해요. 그래도 안 되면 '만일 나를 다시 괴롭히면 교장선생님께 알리겠어'라고 경고하라고 하죠." 베서니는 엄마의 조언을 듣고 한 남자아이가 짓궂은 행동을 했을 때 직접 교장선생님에게 편지를 썼다. "우리 아이는 스스로 문제를 해결하는 성격입니다. 동생도 그런 언니를 보고 배우죠."

뒤쪽 가족수첩에 나오는 질문들을 해보면 현자의 뇌를 사용해서 가정의 생태계에서 어떤 변화가 일어나는지 알 수 있을 것이다. 또한 다른 사람들이 당신의 가족에 대해서 하는 이야기에 귀를 기울일 필요가 있다. 학교 교사나 직장 동료의 조언, 특히 가까운 친구들이 하는 말을 흘려듣지 말자. "너 오늘 평소와 다른 것 같다", "미키가 오늘 오후에 우리 집에 와서 계속 잠만 자더라", "너희 부부의 허니문은 끝난 것 같구나." 이런 말을 듣는다면 우리 가족이 어떤 변화에 잘 대처하고 있는지 살펴볼 필요가 있을지 모른다.

# 변화: 3요소 시점으로 바라보기

| 변화의 진원지 | 개인<br>(부모 또는 아이들) | 관계<br>(부부, 부모와 아이, 형제, 친척) | 배경<br>(가족 또는 가족이 속한 다양한 세계) |
|---|---|---|---|
| **가능성**<br>(어떤 일이 일어날 수 있는가?) | 성장 발달, 새로운 친구, 새로운 직장, 새로운 도전, 새로운 흥미, 신체적 또는 정신적인 문제, 실망감, 환멸, 좌절. | 사이가 서먹해지고 끊어진다. 배신, 불륜, 두세 명이 한 편이 되어 한 사람을 공격하는 건강하지 않은 동맹, 부모의 편애, 죽음, 친척에게 받는 스트레스, 가정불화. | 가족 구조의 변화(출산, 이혼), 학교, 직장 또는 공동체 문제, 가족의 자원과 안전을 위협하는 외부 환경(재난, 사고, 자연재해, 경기 침체). |
| **최초의 신호**<br>(이것은 무엇을 의미하는가?) | "남편의 기분이 좋지 않다."<br>"아내가 평소와 다르다." | "사이가 껄끄럽다."<br>"소통이 안 된다."<br>"허니문은 끝났다." | "이러다 무슨 일이 일어날지 모르겠다."<br>"이 상태를 못 벗어날 것 같다."<br>"모든 것이 예전 같지 않다." |
| **그냥 내버려두면 어떻게 될까?**<br>(어떤 결과를 보게 될까?) | 짜증, 적개심, 분노, 공격성, 식습관이나 수면 습관의 변화, 감정 기복, 직장이나 학교에서의 수행 능력 저하, 거짓말, 마음의 상처, 위축, 우울증. | 오해가 늘어난다. 상대방을 비난하고 쏘아붙인다. 속이 부글부글 끓는다. 언쟁이 많아지고 극단적이 된다. | 집 안에 긴장감이 돈다. 가족이 함께 즐기는 시간이 거의 없다. 문제가 해결되지 않는다. 의사 결정이 어렵다. 희망이 보이지 않는다. |

'변화: 3요소 시점으로 바라보기'를 참고해서 다음의 질문에 답해보자.

♥ 가족 구성원 각자에게 무슨 일이 일어나고 있는가? 누가 힘든 시간을 보내고 있는가?

♥ 우리 가족의 관계는 어떤 상태인가? 가족 외 사람들과의 관계를 고려하는 것을 잊지 말자.

♥ 외부의 영향으로 인해 우리 가족에게 어떤 다른 문제가 일어나고 있는가?

♥ 전에도 같은 문제가 있었는가? 그렇다면 더 이상 모른 척해서는 안 된다.

## 균형 맞추기

우리 자신을 돌아보고 현자의 뇌를 사용하는 한 변화가 충돌로 이어지지는 않는다. 변화의 첫 신호가 보일 때 T.Y.T.T.를 실행하자.

주위를 돌아본다. 변화가 일어나고 있다는 사실을 인정한다.
우리 자신을 돌아본다. 그 변화가 '나'와 '우리'에게 어떤 영향을 줄 수 있는지 생각해보자. 각자의 '나'는 원하는 것을 얻고 있는가? 가족이 힘을 합쳐 어려움을 극복하고 헤쳐나가겠다는 의지를 가지고 있는가?

앞으로 나아간다. 행동을 취하고 최선의 선택을 한다. 변화는 당분간 가정의 생태계를 흔들어놓을 것이다. 예를 들어 달린이 처음 암 진단을 받았을 때 그녀의 '나'가 푸르니에 가족을 지배했다. 어느 한 사람에게 관심이 집중되는 상태가 너무 오래가지 않도록, 가능하면 빠른 시일 내에 균형을 회복해야 한다.

특히 우리 마음속에서 어떤 변화가 일어날 때는 종종 어찌할 바를 모를 수 있다. 무슨 생각을 하고 있는지 선뜻 털어놓고 이야기할 용기가 나지 않는다. 우리의 도마뱀 뇌가 바위 밑으로 숨어들거나 공격적이 되면 주변 사람들을 힘들게 할 수 있다. 따라서 우리 자신을 돌아보고 행동을 취해야 된다.

래니 앨런은 파트타임으로 일하던 학교에서 정규직 제의를 받았다. 네 아이를 학교에 보내야 하는 상황에서 교직원들의 자녀 수업료를 깎아주는 사립학교의 정직원이 되는 것은 합리적이었다. 하지만 그녀는 글을 쓰는 작가가 되고 싶었다. "학생들을 가르치는 것은 좋지만, 그것은 제 인생이 아니었어요. 그것은 저의 진정한 소명이 아니라고 느꼈어요. 제가 정말 하고 싶은 일을 하기 위해서는 안정된 수입을 포기하고 아이들을 다른 공립학교에 보내야 했어요. 하지만 우리 아이들은 그 학교를 좋아했고, 최고의 교육을 받고 있었어요. 게다가 친구들과 헤어지지 않으려고 할 것 같았죠. 그런 아이들에게 전학을 가야 한다고 이야기하기가 두려웠습니다. 내 생각만 하는 것 같아서 죄책감도 들었어요."

마침내 래니는 아이들에게 속마음을 털어놓고 이야기했다. 그리고 그녀가 두려워하는 것과 달리 실제로 일어나는 일은 그렇게 나쁘지 않다는 것을 알았다. "아이들이 사립학교에 계속 다니게 해달라고 울고불고 떼쓸 줄 알았어요. 하지만 그러지 않았어요. 둘째 아이는 '엄마는 뭐가 그렇게 심각해요? 나는 또 누가 죽었다는 줄 알았네요'라고 하더군요." 래니는 한 가지 중요한 교훈을 얻었다. "알고 보니 저 자신이 변화를 두려워했던 거였어요."

물론 가족이 변화를 원하지 않을 수 있다. 게다가 가족 구성원들의 '나'는 서로 다른 것을 원한다. 특히 가족의 자원이 충분하지 않을 때 누구에게 먼저 그것을 줄 것인지, 어떤 문제부터 해결할 것인지 우선순위를 정해야 한다.

- ♥ 시급한 문제 당장 처리하지 않으면 안 되는 일.
- ♥ 너무 늦기 전에 해결해야 하는 문제 그냥 내버려두면 호미로 막을 일을 가래로 막아야 하는 상황이 벌어질 수 있다.
- ♥ 중요한 문제 목록의 상위에 있는 문제. 다음번 가족 체크인에서 함께 의논한다.
- ♥ 지속적인 문제 새로운 문제는 아니지만 귀찮고 성가시므로 생각해볼 필요가 있다.

주의할 점: 우리의 도마뱀 뇌는 새롭거나 익숙하지 않은 것을 위급한 상황으로 인식할 수 있다. 딸 새디가 10대를 겨냥한 TV 프로그램을 시청하고 나면 버릇없이 행동한다고 불평했던 그레그 펄먼을 기억하는가? 10대 딸을 둔 많은 아빠들처럼 새디의 태도는 그레그의 도마뱀 뇌를 자극한다.

'그냥 두면 안 되겠어. 저러다가 질 나쁜 남자아이들과 어울려 다니면서 무슨 일을 벌일지 알 수 없어.' 그래서 그는 싸울 준비를 하게 된다.

다행히 그레그는 분별력이 뛰어난 아빠다. 그는 현자의 뇌를 사용해서 그의 공주님이 사춘기임을 인정하고 차분하게 대응하기로 마음먹었다. 새디는 TV를 보면서 생각한다. '아, 멋있는 아이들은 저런 식으로 말하고 행동하는구나.' 사춘기의 변화를 드러낼 방법을 찾고 있던 그녀의 '나'는 새롭고 대담한 페르소나를 시험해보고 있다.

그레그는 새디의 변화를 받아들여야 한다. 새디는 이제 독립을 요구하고 있다. 사춘기의 진행을 막으려고 하면 부녀 관계가 악화될 뿐이다. 반항심에 진짜 문제를 저지를지 모른다.

그레그는 10대 아이와 싸우는 대신 현자의 뇌를 사용해 자신에게 이렇게 질문해볼 수 있다. "새디를 안전하게 지키는 동시에 가족의 유대관계를 유지하면서도 아이에게 탐색할 자유를 주려면 어떻게 해야 할까? 새디의 '나'가 가족을 지배하지 않도록 하려면 어떻게 해야 할까?" 그레그가 자신에게 솔직해지고, 과잉반응을 삼가고, 새디의 발달 과정을 이해함으로써 합리적인 선택을 한다면 문제가 고질적인 것으로 변하기 전에 바로잡을 수 있을 것이다.

가족의 불균형이 처음 나타날 때는 모든 수단을 동원하자. 자주 가족 체크인을 가지고, 일과를 조정하고, 시간을 내어 함께 문제를 해결하자. 목표는 언제나 균형을 바로세우는 것이다. 그렇다고 해서 변화 자체가 수월해지는 것은 아니지만, 보다 성공적으로 적응할 수 있다.

## '나'와 '우리' 사이의 균형이 무너졌을 때

'나'/'우리'의 균형이 한쪽으로 치우치면 다음과 같은 불건강한 상태가 될 수 있다.

'우리'가 '나'를 집어삼킨다. 가족 구성원들을 있는 그대로 인정하지 않는다. '우리'가 일치되지 않는 것을 못마땅하게 여긴다.

한 사람의 '나'가 '우리'를 기진맥진하게 만든다. 재능이나 장애나 과다한 요구를 가진 한 사람에게 모든 자원을 몰아준다. 어른들은 희생하고 아이들은 따라간다.

아이들의 '나'만 중요시한다. 세대 간의 불균형과 아이들의 요구에 어른들의 요구가 가려진다. 가족 시간은 아이들을 보살피거나 즐겁게 해주는 것이 전부다. 부부관계에 문제가 생기고 형제들이 다툰다.

어른들의 '나'에 아이들의 '나'가 밀려난다. 이러한 상황은 아이 중심이 덜했던 시절에는 일반적이었으며 지금도 사람을 고용해서 육아와 가사 관리를 하는 맞벌이 가족이나 부유층 가정에서 볼 수 있다. 또한 일부 이혼 가정에서 부모가 아이들의 '나'에 충분한 관심을 기울이지 못하는 경우가 있다.

**가족수첩: 균형을 확인한다**

당신 가족이 최근에 겪은 변화를 생각하면서 다음과 같은 질문에 답해보자.

♥ 우리 가족은 그 변화를 인정했는가? 한두 사람이 힘든 시간을 보냈는가? 각자의 '나'를 고려해서 변화에 대처했는가?

♥ 외부적인 요인에 의해 가족 안에서 어떤 다른 일이 일어나고 있는가? 우리는 아직 팀으로 함께 협력하고 있는가? 집안 분위기가 전보다 나빠졌는가?

♥ 그로 인해 우리 가족에게 필요한 뭔가가 부족해졌는가? 시간이나 돈이 부족한가? 부모의 관심이 다른 곳에 있는가? 가족이 의지할 수 있는 친척이나 사회적 지원 제도가 있는가? 가정의 생태계를 오염시키는 다른 문제들이 있는가?

## 부정적 감정에 휘말릴 때

전작에서 우리는 아이들이 걷잡을 수 없는 감정에 휘말리는 것에 대해 경고했다. 가족 안에서도 분노와 두려움, 수치심, 죄의식, 슬픔, 경멸, 당혹감, 혐오와 같은 부정적 감정들이 전염성 강한 바이러스처럼 옮겨다닐 수 있다.

부정성은 강력하고 파괴적인 힘을 가지고 있다. 무례한 태도, 고자질,

## 긍정적 감정 3, 부정적 감정 1 = 보다 건강한 삶

다음은 긍정적 감정과 부정적 감정이 행복에 주는 전반적인 효과를 알아보기 위해 심리학자들이 만든 19가지 감정 목록이다. 놀라움은 긍정적이거나 부정적인 감정이 아니므로 포함시키지 않았다. 그들은 피실험자들에게 하루 동안 느낀 다양한 감정들의 강도를 0(전혀 없음)에서 4(아주 심함)까지 표시하게 했다. 긍정적 감정과 부정적 감정을 적어도 3대 1의 비율로 경험하는 사람들이 가장 건강한 삶을 사는 것으로 나타났다.

| | |
|---|---|
| 즐거움 | 분노 |
| 경외감 | 경멸 |
| 동정심 | 혐오감 |
| 만족감 | 당혹감 |
| 감사 | 두려움 |
| 희망 | 죄의식 |
| 관심 | 슬픔 |
| 기쁨 | 수치심 |
| 사랑 | |
| 자부심 | |
| 성욕 | |

출처: "Positive Affect and the Complex Dynamics of Human Flourishing," by B. L. Fredrickson and M. F. Losada, *American Psychologist*, October 2005.

말다툼, 상처받은 느낌, 함부로 하는 말과 같은 부정적인 상호작용은 가족 전체를 병들게 한다. 부정적 감정은 더 오래 머물며 남편에게서 아내에게로, 부모에게서 아이들에게로 전해진다. 엄마가 우울해하면 아이에게 그 느낌이 전달된다. 부모가 알코올 의존증이나 분노 조절장애를 가진 가정의 아이들은 종종 어른이 되어서도 그 여파에서 벗어나지 못한다. 또한 부부가 다투고 화해를 한 후에도 아이들이 느끼는 동요는 쉽게 가라앉지 않는다.

물론 감정은 우리 삶의 일부다. 아이들 앞에서 한 번도 싸운 적이 없다고 말할 수 있는 부부는 드물다. 하지만 적어도 그 위험성을 인지한다면 아이들에게 주는 피해를 줄일 수 있다. 우리 자신을 돌아보고 솔직하게 인정하고, 사과할 수 있어야 한다. 그리고 아이들 앞에서 싸웠다면 최대한 빨리 화해하는 모습을 보여주어야 한다.

부정적인 감정이 우리에게 주는 유익한 면도 있다. 인류의 선조들은 두려움을 느끼면 위험에서 도망치고 부패한 고기는 혐오감을 느껴서 피할 수 있었다. 하지만 부정적 감정이 지나치면 선택의 폭이 좁아진다. 항상 싸우거나 도망칠 준비를 하고 있다면 행복해질 수 없다.

긍정적 감정은 반대로 우리의 마음을 열게 한다. 생각이 유연해지고, 더 많은 가능성을 보게 하고, 창의적이고 직관적이며, 지혜로운 사람이 되게 한다. 마음과 몸을 건강하게 해서 탄력적이고 행복한 삶을 살게 한다. 행복한 사람들을 연구한 결과를 보면 일상에서 느끼는 긍정적 감정이 부정적 감정의 세 배에 이른다. 따라서 모든 감정을 존중하는 것도 중요하지만, 변화를 극복하고 적응하는 능력을 방해하는 부정적 감정이 가정의 생태계를 오염시키지 않도록 해야 한다.

## 가족 간의 갈등을 줄이는 법

철학자 조지 산타야나의 말처럼 과거에서 배우지 못하는 사람은 과거를 반복한다. 그러니 가족 간에 부정적인 감정을 주고받았다면 거기에 대해 생각해보고 배우는 시간을 갖자. 과거에도 같은 상황이 있었는가? 그때 어떤 방법으로 해결했는가? 그런 상황을 다시 만들지 않으려면 어떻게 해야 하는지 생각해보자.

예를 들어 냉장고에서 샐러드드레싱을 꺼내는데 병에 손이 달라붙는다. 당신은 급히 손을 씻으면서 화를 낸다. "대체 우리 집에는 병을 씻는 사람이 아무도 없는 거야?" 하지만 당신이 화나는 이유는 끈적거리는 병 때문이 아닐 수 있다. 당신은 그것을 개인적인 문제로 해석하고 있을지도 모른다. '일부러 이러는 게 틀림없어. 작정하고 나를 괴롭히는 거야. 다들 내 생각은 조금도 하지 않아.' 그것도 아니면 싱숭생숭한 회사 분위기 때문에 불안해져서 사소한 일에 짜증이 나는 것일지도 모른다. 화를 내고 누군가를 비난하기 전에 잠시 멈추고 현자의 뇌를 사용해서 생각해보자.

아마 당신의 남편은 병을 씻어서 냉장고에 넣어야 한다는 생각을 하지 못할 것이다. 그의 어머니는 병이 끈적거리는 것을 신경 쓰지 않았고, 그래서 그 역시 대수롭지 않게 여길 수 있다. 아이 역시 친구와 놀기 바빠서 병을 닦지 않고 넣어둘 수 있다.

가정에서는 이런 사소한 문제들이 얼마든지 일어난다. 우리가 화나는 이유는 그런 일에 특별한 의미를 부여하기 때문이다. 당신은 병을 닦으면서 살림 잘하는 주부라는 자부심을 느낀다. 하지만 나머지 가족들은 그런 식으로 생각하지 않는다. 손이 끈적거리면 씻으면 그만이라고 여긴다.

화를 내는 대신 현자의 뇌를 사용하자. 가족 체크인에서 끈적거리는 병에 대해 차분하게 이야기하자. 그것이 왜 당신을 괴롭히는지 설명하자. "어릴 때 그래야 한다고 배웠어", "나는 손이 끈적거리는 것이 정말 싫어." 도움을 청하자. 아이들에게 『빨간 암탉(The Little Red Hen)』에서 암탉이 빵을 굽는 것은 도와주지 않으면서 서로 먹으려고 덤벼드는 가족 이야기를 읽어주자. 또한 현실적이 되자. 모두가 당신처럼 부지런해지기를 기대하지 않는다면 적어도 서로 얼굴을 붉히는 일은 피할 수 있다.

## 당신이 실제로 말하고자 하는 것은?

내가 그랬잖아./네가 이럴 줄 알았어.

내가 너보다 똑똑하다.


또 그랬구나./또 그러는구나.

이번이 처음이 아니야. 몇 번이나 그러는지 두고 보겠다.


내 말이 맞아./너는 틀렸어.

이번에는 내가 이겼다.


네 잘못이야.

나는 아무 책임도 없어. 네가 알아서 해.


너를 비판하려는 것이 아니지만…….

네가 제대로 하지 못했어. 내가 더 잘할 수 있어.


내가 수천 번은 말했을 거다.

너는 책임을 회피하고 있어.


그런 말을 듣고 있을 수 없다.

너는 똑같은 변명을 반복하고 있다.
너는 거짓말을 하고 있다.

너는 나를 미치게 만든다.
너는 내가 원하는 행동이나 말을 하지 않는다.

너는 지나치게……/너는 절대……/너는 항상……
너는 생각이 모자란 사람이다.

나는 사과할 것이 없다.
네가 잘못했어.

나는 여기서 빠지겠다.
나는 굳이 이런 관계를 유지하려고 애쓰지 않겠다.

부정적 감정은 멈추기 어렵다. 도마뱀 뇌에 사로잡히면 해서는 안 되는 말과 행동을 할 수 있다. 상대가 심술을 부리거나 말싸움을 걸어올 때면, 심호흡을 한 번 하고 나서 현자의 뇌를 불러오자. 그들의 행동을 용서하라는 것이 아니다. 분노를 가라앉히고 나서 차분하게 이야기하자. "나한테 그런 말을 하다니 정말 화가 났나보군요. 하지만 나는 동네북이 아니에요. 내가 그런 말을 들어야 할 이유가 없어요. 후회할 말을 하고 싶지 않으니까 방에서 나가겠어요. 마음을 진정시킨 뒤 다시 이야기해요."

항상 당신 자신에게 물어보자. 이 순간 관계를 위해 어떻게 하는 것이 최선인가?

만일 도마뱀 뇌가 작동해서 폭발할 지경이 되면 잠시 멈추고 생각해보자. 상대방을 비판하거나 모욕하거나 야단치면 관계는 더욱 악화될 뿐이다.

이럴 때는 '나'로 시작하는 문장으로 감정을 표현하고 도움을 청하는 식으로 이야기하자. "내가 너무 피곤해질까봐 걱정이에요." 이런 식으로 이야기하면 상대방을 비난하거나("당신은 아무 도움이 되지 않는군요!"), 당신의 '나'가 항상 똑똑하고 더 많이 알고 있는 것처럼 주장하는("차라리 내가 할게요. 당신은 제대로 못할 거예요") 것과 전혀 다른 느낌을 준다. 우리가 사용하는 언어뿐 아니라 작은 동작, 시선, 어조, 헛기침, 순간적인 멈춤, 자세 또한 특별한 의미를 전달할 수 있다는 것을 기억하자.

기분이 나쁘거나 화가 날 때 당신의 머릿속에 무슨 생각이 떠오르는지, 당신의 몸에서 어떤 일이 일어나고 있는지 주목해보자. 만일 맥박이 빨리 뛰고 다른 곳으로 도망치고 싶다고 느낀다면, 도마뱀 뇌가 지배하고 있는 것이다. 그러면 뭔가를 말하기 전에 잠깐 멈추고 생각해보자. '내가 이 말을 하면 상대방은 어떤 기분을 느낄 것인가?' 기분이 나쁠 것이라는 답이 나온다면 입을 다물고 다른 친절한 말을 찾아보자. 감정 조절이 안 되면 밖으로 나가서 타임아웃을 하자.

결국은 어느 한쪽에서 좀 더 배려하고 동정적이고 존중하는 방식으로 대화를 시작해야 한다. 마음에서 우러난 사과를 하고 보상할 것이 있으면 해야 한다. 부정적 상호작용이 심화되거나 고질적이 되지 않도록 해야 한다. 사람 속을 들여다볼 수는 없지만, 가족은 우리가 가장 잘 아는 사람들이다. 아마 전에도 같은 상황이 있었을 것이다. 당신 자신을 돌아보면, 어떤 문제가 있는지 알 수 있을 것이다. 상대방이 도마뱀 뇌에 지배되지 않았다면 그에게도 물어볼 수 있다.

우리는 변화에 직면했을 때 다음과 같은 부정적인 감정들을 경험할 수 있다.

- ♥ 슬픔: "여름방학이 벌써 끝났다니 아쉽구나."
- ♥ 실망: "왜 주민센터에서 영화 상영을 중단했을까?"
- ♥ 죄의식: "공부를 좀 더 열심히 했어야 했다."
- ♥ 충격: "새로운 업무가 출장을 자주 다니는 일이라고?"
- ♥ 분노: "성적이 이게 뭐니! 수업시간에 딴짓을 하나보구나?"
- ♥ 환멸: "결정하기 전에 우리 같이 의논하기로 하지 않았어요?"
- ♥ 질투: "왜 티미에게는 야구를 하러 나가는 것을 허락해주는 거죠?"
- ♥ 배신감: "이런 소식을 당신 비서에게 들어야 해요?"

우리가 배우자나 아이들의 감정에 대처하는 방식에는 종종 어릴 때 가정에서 보고 들은 것이 영향을 미친다. 예를 들어 에이미 펄먼은 어릴 때 부모가 싸우는 것을 보지 못했으므로 남편이 언성을 높이는 것에 대해 유난히 예민하게 반응했고, 남편이 화를 내면 지나치게 겁을 먹었다.

상대방의 입장을 이해하면 그의 '나'가 원하는 반응을 보여줄 수 있다. 예를 들어 존 헤들리는 열두 살인 딸 브리타니가 학교 친구들과 문제가 있는 것을 알지 못했다. 그가 회사 야유회에 가족이 모두 초대받았다고 하자, 브리타니는 쿵쿵 발을 구르며 방에서 나갔다. 존은 그날 아침에도 브리타니가 마지막 남은 바나나를 아빠가 먹었다고 화냈던 것이 기억났다. 그는 아내에게서 그 이유를 들을 수 있었다. "학교에서 친구들에게 따돌림당하는 것 같대요. 그래서 요즘 무척 우울해요." 그 말을 들은 존은 어릴 적 친구들과의 관계에서 힘들어했던 생각이 났고, 브리타니에게 그럴 때는 어떻게 대처해야 하는지 바로 조언했다. 하지만 브리타니가 건방진 태도로 듣는 둥 마는 둥 하자 존은 화가 나서 자기도 모르게 소리쳤다. "아빠가 지금 널 도와주려고 하잖아!" 그의 반응은 아이에게 도움을 주기는커녕 반항심을 자극했을 뿐이다.

브리타니의 도마뱀 뇌는 아직 조언을 들을 준비가 되어 있지 않았다. 존은 짐작을 하거나 판단을 내리기 전에 브리타니에게 정확히 무슨 일이 일어났는지 들어봐야 했다. 브리타니가 원하는 것은 누군가 자신을 이해해주고 귀를 기울여주는 것이다. 그리고 그녀에게는 사랑하는 가족이 있다는 것을 알게 해주는 것이다. 그런 후에 함께 해결책을 생각해보거나, 아니면 적어도 기분 전환을 하도록 도와줄 수 있을 것이다.


## 어떻게 반응할 것인지는 우리 스스로 선택할 수 있다

물론 부정적 감정에 사로잡히면 상대방을 배려하기 어렵다. 공감 능력과 자제력이 떨어지기 때문이다. 하지만 그런 순간일수록 우리가 반응하는 방식을 선택할 수 있다는 것을 상기해야 한다.

살다보면 이런저런 문제들이 일어나며, 그중 다수는 우리가 미처 인식하지 못하는 변화에 의해 촉발된다. 막내 프레디가 당신이 앉아 있는 의자를 자꾸 발로 걷어찬다. 아마 누나나 학교 친구와 다투었는지도 모른다. 배우자가 계속 전화를 한다. 뭔가 불안한 일이 있는 것인가? 형제들이 사소한 일로 계속 다툰다. 평소에 늘 있는 일인가, 아니면 어떤 새로운

## R.E.A.L. 가족은 어떻게 변화에 더 잘 대처하는가?

가정에 어떤 변화가 있을 때는 그에 수반되는 긴장과 불화가 일어난다. 하지만 어떤 가족은 변화에 좀 더 잘 대처한다. 그런 가족의 구성원들은 모두가 R.E.A.L.을 갖추려고 노력한다.

책임감을 가지고(Responsible)  가정의 균형을 유지하거나 바로잡기 위해 모두가 의식적인 노력을 한다.

감정을 이입하며(Empathetic)  어떤 행동에 대해 단정하거나 비판하거나 부정하지 않고 동정심을 가지고 귀를 기울인다.

진정으로(Authentic)  생각하고 느끼는 것을 사실대로 이야기한다. 언쟁을 하더라도 상대방의 감정과 생각을 받아들인다.

사랑으로 이끌기(Lead with Love)  친절한 반응을 보여주기 위해 노력한다. 또한 상대방이 선의를 가지고 있다고 가정한다.

변화가 있기 때문인가?

우리는 선택할 수 있다. 진실을 외면할 수도 있고, 솔직해질 수도 있다. 상대방을 이기려고 할 수도 있고, 한 발 뒤로 물러나 모두를 위해 무엇이 최선인지 생각해볼 수도 있다. 상대방에 대한 실망감으로 속을 끓이거나, 최악의 상황을 상상하면서 두려워할 수도 있다. 아니면 현자의 뇌를 사용해 R.E.A.L.을 갖추고 당신 자신에게 말할 수도 있다. "나는 잘할 수 있어."

## 🌸 가족수첩: 현자의 뇌 불러오기

방해받지 않을 수 있는 조용한 시간을 마련하자. 부모와 형제를 포함한 가족 명단을 만들고 한 사람씩 생각하면서 다음과 같이 연습해보자. 여러 번에 나누어서 해도 좋다. 당신과 가장 자주 부딪치는 사람부터 시작하자.

1. 최근에 그 사람에게 느낀 부정적 감정을 생각한다.
2. 눈을 감고 심호흡하면서 현자의 뇌를 불러낸다. 상대방의 관점에서 상황을 바라본다.
3. 눈을 뜬다. 계속 상대방의 입장이 되어 다음 질문에 답해보자.
   ♥ 과거의 어떤 경험을 그 상황에 대입시킨 것은 아닌가?
   ♥ 어떤 감정을 느끼고 무슨 생각을 했는가?
   ♥ 어떤 부분이 가장 편안했는가? 또 가장 불편했던 부분은?
4. 그 밖에 생각나는 것들을 적어보자. 상대방 입장에서 생각해보는 것을 심리학자들은 '관점 바꾸기'라고 부른다.
5. 일주일 동안 기다렸다가(만일 다시 그 사람과 부딪치는 일이 생기면 좀 더 빨리 한다) 당신이 쓴 것을 읽어보자. 그에 대해 새로운 이해가 생겼는가? 그를 있는 그대로 인정하는 것이 좀 더 수월해졌는가? 그를 용서하거나, 사과를 하거나, 좀 더 친절하게 대해야겠다고 생각하는가?

당장 어떤 결과가 나타날 것이라고 기대하지는 말자. 이 연습을 하는 목적은 현자의 뇌를 사용하는 것이다. 오래된 상처는 금방 치유되지 않는다. 용서하려면 몇 년 걸릴 수도 있고, 때로는 영원히 불가능할 수도 있다. 하지만 적어도 이해하고 인정할 수는 있다.

10장

# 형제 사이의
# 다툼

우리 형제들은 질병과 치약을 공유하고,
간식을 뺏어먹고, 샴푸를 숨기고,
돈을 빌리고, 싸우면서 화해하고, 사랑하고,
웃고, 방어하고, 서로를 연결하는 끈을 찾으면서
평생을 함께 터벅터벅 걸어가는 이상한 작은 무리였다.

어마 봄벡

## 첫째와 둘째의 관계

"맏아들 제이미는 티나가 태어났을 때 동생이 생겼다고 좋아했어요. 제이미는 놀이방에 다니면서 함께 나누는 법을 배웠죠. 그런데 셋째를 임신했을 때 티나가 '엄마, 우리 집에는 아기가 더 이상 필요하지 않다고 내가 그랬잖아요'라고 말하더군요. 몇 달 후에는 유치원에서 입양에 대한 이야기를 듣고 와서 말했어요. '엄마, 이 아기를 어떻게 하면 되는지 알았어요'라고요."

카라와 배리 부부가 아무리 달래고 구슬려도 티나는 동생을 예뻐하지 않았다. 어느 날 그들은 티나가 머리에 담요를 뒤집어쓰고 옷장 안에 숨어 있는 것을 발견했다. 티나는 불안증과 우울증 초기 증세를 보였다. 당시 아홉 살이었다.

그때부터 티나의 '나'가 가족을 지배했다. 의사 부부였던 카라와 배리는 딸의 정신 상태를 걱정했고, 가끔은 티나에게 투약해야 할지를 두고 언쟁을 벌이기도 했다. 막내 로빈은 자라면서 자신을 괴롭히는 언니가 부모까지 힘들게 하고 있음을 알게 되었다. 로빈은 방어하는 법을 배웠고, 받은 만큼 티나에게 돌려주었다.

"두 아이는 어릴 때부터 서로 으르렁거렸어요." 카라가 말한다. 주로 로빈이 싸움을 걸었고, 서로 원하는 TV 프로그램을 보겠다고 싸우는 것과 같은 사소한 다툼이 계속되었다. 로빈은 티나를 자극하는 법을 알고 있었다.

아이가 둘 이상 있는 집에서는 이런 이야기가 익숙할 것이다. 많은 부모들이 형제들 간의 싸움을 말리느라 진땀을 빼곤 한다. 한 부부는 이것을 '영역 싸움'이라고 칭하기도 했다. 그렇게 다투다가 때로 사이좋게 지내기도 한다. 하지만 잠깐뿐이다. 부모는 이런 형제간의 질투와 다툼에 화가 나기도 하고, 걱정스럽기도 하다.

형제간의 경쟁심은 그 강도가 다양하다. 형제들이 항상 다투고 뒤통수를 치고 물건을 뺏지는 않지만, 서로의 도마뱀 뇌를 자극하는 것은 분명하다. 형제간의 다툼은 가족의 일상에 그늘을 드리우고 부모의 인내심을 시험한다. 트레이시는 종종 첫째 아이가 동생을 질투한다고 걱정하는 엄마들에게 말했다. "남편이 집에 다른 여자를 데리고 오면 기분이 어떨까요?" 형제들은 매 순간 부모에게서 누가 무엇을 더 많이 받고 있는지—관심, 새 운동화, 엄마나 아빠와의 특별 데이트—비교한다.

어떤 집에서는 형제들끼리 사이가 좋아서 거의 싸우지 않는다. 싸우더라도 금방 화해한다. 또 다른 집에서는 형제들이 끊임없이 서로 괴롭히고 싸우는 통에 바람 잘 날이 없다.

형제 다툼은 아이들의 문제로 끝나지 않는다. 형제관계를 보면 그 가족이 어떤 식으로 감정을 표현하고 갈등을 해결하는지, 그리고 '나'와 '우리'의 균형이 얼마나 잘 유지되는지 알 수 있다. 가정에서 개인으로 존중을 받고 가족이 자신을 필요로 한다고 느끼는 아이들은 형제들끼리 다투는 일이 훨씬 적다.

330

## 끈끈하고 영원한 관계

앞에서도 이야기했듯이, 형제관계는 모든 가족관계 중에서도 가장 오래 지속된다. 부모가 세상을 떠난 후에도 형제들은 계속 관계를 유지한다. 애비 포터는 두 살 터울의 두 아들에게 종종 상기시킨다. "형제는 이 세상 누구보다 소중한 거야."

형제관계는 끈끈하고 영원하다. 아이들은 학교에서 돌아오면 누구보다 형제들과 많은 시간을 보낸다. 당연히 형제들은 서로에게 중요한 영향을 미친다. 형제관계가 좋으면 어려울 때 서로 보호해주고 힘이 되어준다. 반면 형제간에 갈등이 있으면, 당사자와 가족 모두에게 평생 지속되는 상처를 남길 수 있다.

로빈과 티나는 최근에 열다섯, 열아홉 살이 되었다. 로빈이 가끔 가족을 힘들게 하는 티나를 원망하긴 하지만, 두 사람은 그럭저럭 잘 지내고 있다. 환경이 변하면 형제관계도 함께 변한다. 티나가 대학에 입학한 후로 두 사람은 자주 만날 기회가 없다. 로빈은 티나가 스스로를 통제하지 못하는 병을 가지고 있다는 것을 이해할 만큼 충분히 철이 들었다. 그녀는 어린 시절 보모가 계속 바뀌었지만, 언니가 옆에 있어서 든든했다고 말한다.

형제관계는 부모 마음대로 되는 일이 아니지만, 적어도 차이를 만들 수는 있다. 부모가 어떤 식으로 배우자와 아이들을 대하는지, 아이들이 다툴 때 어떤 식으로 반응하고 중재하는지가 중요하다. 다시 말해 부모는 아이들이 어릴 때부터 청소년기가 될 때까지 형제관계에서 중요한 역할을 할 수 있다.

부모는 무엇보다 편애하지 않고 아이들을 공정하게 대해야 한다. 아이들을 모두 똑같이 대하라는 것이 아니다. 아이의 특성에 따라 부모에게 원하는 것이 다를 수 있으므로, 각각의 아이와 다른 관계를 가져야 한다.

아이들을 다르게 대하는 것은 각자의 욕구에 귀를 기울이는 것을 의미한다. 예를 들어 캔더스 홀더는 열두 살인 마커스가 농구 캠프를 그만두겠다고 하자 선뜻 허락했다. 그러자 그의 누나 니나가 "엄마는 내가 하는 것은 그만두지 못하게 하잖아요"라며 이의를 제기했다. 캔더스는 남매가 서로 다른 기질을 가지고 있다는 사실을 상기시켰다. 니나는 절대 포기하지 않는 투사였다. 하지만 원래 운동에 소질이 없는 마커스는 농구 캠프에서 대부분의 시간을 벤치에 앉아서 보냈다. 친구들은 그를 '애송이'라고 놀렸다. 캔더스는 그런 아들이 안타까워 농구 캠프를 그만두게 했다. 그리고 니나에게는 부모가 또 다른 방식으로 뒷받침해주고 있음을 상기시켰다. "엄마는 네가 하고 싶은 건 뭐든 응원한단다."

이제부터 형제간의 다툼을 해결하는 몇 가지 요령을 소개하겠다(어떤 방법은 어른들 간의 다툼에도 효과가 있다). 아이들이 가족관계에서 경험하는 것은 나중에 결혼해서 가정을 꾸려가는 방식을 결정한다.

## 형제들 관리하기

형제들이 싸우는 이유는 단순하면서도 복잡하다. 그 핵심에 있는 경쟁심은 생존을 위한 진화의 결과물이다. 아이들이 싸울 때 보면 아기 곰들이 엄마 곰의 젖꼭지를 차지하려고 서로를 밀어내며 엎치락뒤치락하는 광경이 떠오른다. 그들은 야생동물이나 다름없다! 무엇이든 서로 더 많이 가지려고 한다.

그러나 인간은 자급자족하는 데 동물보다 더 많은 시간이 걸린다. 따라서 초조하지 말고 형제 다툼은 아주 자연스러운 현상이라고 생각할 필요가 있다. 첫아이는 대부분 동생이 생기면 1년 정도 행복해한다. 하지만 그 아이와 계속 함께 살아야 한다는 것을 깨닫는 순간, 동물적인 '나'가 작동한다. "애 다시 돌려주면 안 돼요?"

그러면 형제관계에 가족 중심의 사고를 적용하는 방법에 대해 생각해보자.

아이의 관점에서 상황을 이해하자. 흥미로운 사실은 첫아이보다 둘째 아이가 동생이 태어난 후에 갑자기 이상 행동을 보이는 경우가 많다는 것이다. 대부분의 부모들은 둘째 아이가 태어나면 큰아이가 소외감을 느끼지 않도록 노력한다. 하지만 셋째가 태어나서 둘째 아이의 자리를 차지할 때는 그다지 관심을 두지 않는다.

어느 나이건 형제들이 티격태격하고 싸울 때는 그들의 기본적인 욕구가 채워지고 있는지 살펴볼 필요가 있다. 배가 고프거나, 피곤하거나, 지루하거나, 소외감을 느끼는 것은 아닌가?

아이들은 보살핌을 필요로 한다. 형제 다툼은 관심과 도움을 구하기 위한 경쟁이다.

특히 아이들은 학업 문제, 친구 관계, 부모의 갈등 등으로 스트레스를 받을 때 형제에게 화풀이하기 쉽다. 그럴 때는 부모의 관심과 이해가 필요하지만, 또한 가족에게 함부로 하는 것은 안 된다는 것을 분명히 가르쳐야 한다.

각각의 아이에게 맞게 관심을 주는 방법을 찾아보자. 화목한 가정의 아이들은 개성이 뚜렷한 경향이 있다. 그들은 각자가 소중한 존재이며 동시에 형제들과 연결되어 있다고 느낀다. 반면 형제들이 끊임없이 다투는 것은 '나에게 관심을 가져달라!'는 신호를 보내는 것이다.

요즘 부모들은 아이들에게 골고루 관심을 보여줄 시간이 없을 수 있다. 하지만 하루 10분만이라도 각각의 아이와 개별적으로 긍정적인 시간을 가진다면 차이를 만들 수 있다. 아이를 끌어안고 대화를 나누거나, 퍼즐이나 퀴즈 게임을 하거나, 동네 산책을 하거나 자전거를 탈 수도 있다. 요즘 어떤 문제에 관심을 가지고 있는지 질문해보자.

엄마와 아빠는 각각의 아이를 어떻게 대하고 있는가. 엄마와 아빠가 똑같은 방식으로 아이들을 대하는 것은 불가능하다. 보통은 부모 중 한쪽이 좀 더 관대하고 다른 쪽은 좀 더 엄격하다. 엄마와 아빠 중 누가 어떤 아이와 종종 원반던지기 놀이를 하거나 TV에서 스포츠 중계나 장기자랑 프로그램을 보는가? 부부가 함께 이야기해보자. "나는 이치와 야구 경기를 보는 것이 정말 즐거워", "나는 젠과 쇼핑을 하는 것이 좋아." 부모는 각자 자신이 가진 어떤 장점을 아이들에게 전해주기를 원하는가? 어떤 관심사를 아이들과 함께 나누고 싶어 하는가? 한 아이와 개별적으로 시간을 보낼 때 다른 아이의 눈치가 보일 수 있다. 나머지 아이들이 질투하거나 소외감을 느끼지 않도록 할 방법을 찾아보자.

서로에 대해 느끼는 감정을 이야기해보자. 다른 형제에 대해 어떻게 느끼는지, 어떤 면을 좋거나 나쁘다고 생각하는지 물어보자. 마음에 없는 말을 하도록 유도하지 말자("하지만 너는 동생을 사랑하잖아"). 부모는 아이들의 개인적인 문제뿐 아니라 형제관계에 대해서도 수시로 점검할 필요가 있다.

특히 이사를 하고 학교를 옮기는 것과 같은 변화가 있을 때는 아이들이 느끼는 감정을 확인해볼 필요가 있다. 환경이 바뀔 때 작은아이는 큰아이에게 의지하고, 큰아이는 동생을 보호하는 역할을 하면서 자부심을 느낄 수 있다. 아니면 새로운 환경에서 느끼는 두려움이 형제 사이의 다툼으로 나타날 수도 있다.

함께하는 방법을 가르친다. 가족의 일원이 되는 법은 저절로 습득되는 것이 아니다. 일부 아이는 태생적으로 무리에 잘 어울리지만, 대개의 경우 관심과 주목을 타인과 나누는 법을 배워야 한다. 가능하면 일찍 시작하자. 연구에 따르면, 아이들이 사춘기에 접어들면 부모가 형제 문제에 개입하는 것이 점점 어려워진다.

아이들은 싸우면서 큰다고 한다. 하지만 솔선수범해서 참여하고 협조하는 부모를 보면서 자라는 아이들은 덜 싸운다. 사실 중요한 것은 말이 아니라 행동이다. 부부가 의견이 다르다고 해도 서로 존중하고 상처를 주지 않으려고 조심하며, 잘못한 일이 있으면 사과하는 모습을 보여주자.

사전에 대비하자. 형제를 어떻게 대해야 하는지 가르치자. 신체적 폭력, 감정적 학대, 프라이버시 침해와 관련된 행동지침을 정한다. 가족 체크인 시간에 기본적인 규칙을 알려주고 아이들이 싸우는 일이 생기면 상기시킨다. "우리 집에서는 그런 행동을 절대 용납하지 않는다."

서로에 대한 책임감을 갖게 한다. 형제간의 협력이 필요한 역할을 준다. 세 살인 아이는 여덟 살과 같은 능력을 가지고 있지 않지만, 여덟 살

아이의 일을 도울 수 있다. 아이들은 가족의 일원으로 참여하면서 자신감을 배운다. 동생에게 책을 읽어주거나 큰누나가 세차하는 것을 도우면서 스스로 의젓하게 느낄 수 있다.

카라는 많은 부모가 그렇듯이 세 아이에게 좀 더 많은 일을 시키지 않은 것을 후회한다. "우리는 많은 일을 가정부에게 맡기고, 아이들에게 할 일을 주지 않았어요. 자기가 먹은 그릇 정도는 닦게 했지만, 그 이상은 시키지 않았죠. 그러다가 아이들이 대학에 갈 때 뒤늦게 빨래하는 법을 가르쳐야 했어요."

자녀들이 싸울 때 당신의 '나'가 과거로 돌아가지 않는지 생각해보자. 한 배에서 나온 새끼들이 엎치락뒤치락하는 동물 다큐멘터리를 보면서는 재미있어하지만, 우리 아이들이 그처럼 싸운다면 결코 즐겁지 않을 것이다. 어릴 적 형제들에게 배척과 모함을 당하거나 부모의 편애 때문에 억울했던 기억이 되살아날지도 모른다. 그런 기억이 사실이든 아니든 간에 마음의 상처로 남아서 지금 눈에 보이는 광경에 덧칠이 된다. 반대로 형제들끼리 유난히 사이가 좋은 가정에서 자랐기 때문에, 오히려 아이들이 싸우는 것을 보면서 두려움을 느낄 수도 있다.

교사이며 두 아이의 엄마인 서른일곱 살 루스 스트라이커는 형제간의 경쟁을 "가정 분란을 일으키는 가장 큰 골칫거리"라고 말한다. 도리는 여덟 살, 크리스토퍼는 다섯 살이다. 둘 다 '베이비 위스퍼'의 전통 속에서 자란 씩씩한 아이들이다. "아이들은 서로에게 가장 좋은 친구이자 가장 고약한 적이에요." 루스가 말한다. "둘은 잘 놀다가도 어느새 다투기 시작해요." 루스는 아이들이 싸우는 것을 받아들이지 못한다.

형제들은 유아기에서 10대 이전까지 함께 보내는 시간이 가장 많다. 함께 많은 시간을 보내는 형제간에는 종종 충돌이 일어난다. 루스의 남편 퍼시는 아이들이 싸울 때 모르는 척한다. 무엇보다 서른 살이 될 때까지 여동생과 싸우면서 자란 그는 아이들이 다투는 것을 대수롭지 않게 느낀다. 반면 루스는 외동딸로 자랐다. 그녀는 아이들이 싸우면 조마조마한 마음을 다스려야 한다. '아이들은 원래 그런 거야. 내가 오버하는 거야.'

의식을 하면 도움이 된다. 예를 들어 워런 데이비스는 여덟 살인 아들 와이어트가 세 살인 여동생의 엉덩이를 때리는 것을 보고 화를 낼 뻔했다. 어릴 때 가정폭력 속에서 자란 그는 그날 딸이 우는 것을 보고 오래된 감정이 북받쳐 올라왔다. 하지만 워런은 자신의 어린 시절 기억이 육아에 영향을 미친다는 것을 의식하고 있다. 그는 자신이 화나서 아들을 체벌한다면 과거의 경험을 되풀이하는 것임을 알고 있었다. 그는 와이어트를 앉혀놓고 차분히 타일렀다. "여자들은 아기를 낳는 사람들이야. 그러니 남자들이 여자들을 보살펴줘야지. 너는 오빠잖니. 여동생을 보호해야줘야지. 그뿐만 아니라, 가족은 서로 싸우면 안 되는 거야." 그는 아들의 눈빛에서 알아들었다는 것을 읽을 수 있었다. 그 순간 아버지와 아들의 연결은 깊어졌고, 와이어트는 여동생에게 양보하는 법을 배웠다.

과잉반응을 자제한다. 데이비드가 동생 세스의 머리를 쥐어박거나 장난감을 뺏는 것을 볼 때마다 그의 부모는 가족 중심의 사고방식을 유지하려고 노력했다. 스티븐은 회상한다. "우리는 데이비드에게 '동생을 사랑해야 한다'는 말은 하지 않았습니다. 가족이 서로를 아끼는 것은 당연한 거니까요. 게다가 누군가를 사랑하는 것은 가르친다고 되는 일이 아니죠." 지금 열아홉 살인 데이비드는 형제들과 아주 잘 지내고 있다. 사실 사전트-클라인 형제들은 모두 서로를 극진하게 아끼고 지원한다.

싸우는 아이들에게 반복해서 주의를 주고 중재를 하는 것은 피곤하고 지치는 일이다. 스티븐은 이따금 화를 내기도 했다고 인정한다. 하지만 대부분은 과잉반응을 자제하고 데이비드를 조용히 타이르며, 가정은 가족이 함께 꾸려가는 것임을 상기시킬 수 있었다.

책임감, 정직, 협동, 배려, 동정심, 용서, 상호 존중을 격려하는 환경에서 자라는 아이들은 형제나 친구와의 관계가 원만하다. 경쟁 상대가 아닌 서로 협력해야 하는 팀으로 느끼기 때문이다.

아이들의 변화를 예상한다. 애비 포터는 자신을 운이 좋은 부모라고 생각한다. 30개월 터울의 제인과 레비가 거의 싸우지 않기 때문이다. 하지만 그녀는 한마디 덧붙인다. "아직까지는 잘 지내고 있어요." 아이들은 크면서 변하고, 따라서 형제관계도 변한다. 청소년기가 되면 각자 관심사가 생기고, 집 밖에서 더 많은 시간을 보내면서 형제들과 멀어지는 경향이 있다. 열다섯 살인 엘레나 리베라와 열한 살인 남동생 훌리오의 사이는 얼마 전부터 예전 같지 않다. 엘레나는 친구들과 가족 앞에서 훌리오를 흉내 내고 놀리면서 창피를 준다. 그러면 훌리오는 누나를 툭툭 치거나 개인 공간을 침범하는 것으로 보복을 한다. 엘레나는 사적인 공간을 절실하게 원할 나이이다. 게다가 조숙하고 말을 잘하는 훌리오가 더 이상 귀여운 남동생이 아니라 경쟁자처럼 느껴진다. 한편 훌리오는 누나에게 버림받은 것처럼 느낀다.

가족 전체를 바라보자. 엄마가 당뇨병 진단을 받은 후부터 엘레나와 훌리오가 더 자주 싸우는 것은 우연이 아니다. 카밀라와 남편 알바로는 가족이 먹는 음식을 바꾸고 아이들에게 당뇨병에 대해 교육한다. 그런 상황은 당연히 힘들고 피곤하다. 또한 그들의 노력에도 불구하고 아이들에 대

## 소유에 대한 개념

"그건 내 거야", "내 방에서 나가", "아빠가 나한테 준 거야." 형제들은 종종 소유물과 영역을 놓고 싸운다. 아이들이 하는 말은 가족이 가지고 있는 소유권에 대한 개념에서 나오는 것이다. 어릴 때 미시시피의 잭슨에서 찢어지게 가난하게 살았다는 한 여성은 자신의 '개인 물품'을 담는 구두 상자를 가지고 있었다고 한다. 그녀는 그것을 형제들이 보지 못하는 곳에 숨겨놓았는데, 그 이유는 가족이 개인적인 소유물을 인정하거나 존중하지 않았기 때문이다. 반면 일란성 쌍둥이인 또 다른 여성은 열두 살이 될 때까지 언니와 같은 옷을 입었으며, 개인 소유물에 대한 개념이 없었다고 한다. 그리고 여덟 명의 자녀를 둔 한 어머니는 집이 넓지 않기 때문에 아이들이 개인적인 공간이나 프라이버시를 가질 수 없다고 설명한다. "우리 아이들은 물건을 놓고 다투지 않아요, 나누어 가져야 한다고 생각하기 때문이죠. 그냥 그렇게 알고 있어요."

당신의 가족은 소유에 대해 어떤 규칙이나 개념을 가지고 있는가?

한 관심과 보살핌은 줄어들 수밖에 없다.

하지만 훌륭한 대처 능력을 갖춘 리베라 부부는 과거의 경험에서 배운 것이 있다. "엘레나가 다섯 살 때였어요. 훌리오가 걸음마를 시작하면서 엘레나가 공들여 만든 것을 망쳐놓곤 했어요. 그러면 엘레나는 난리를 쳤죠. 그래서 엘레나에게 탁자를 하나 주고 동생이 만지면 안 되는 것을 그 위에 올려놓으라고 했죠." 카밀라는 이번에도 그와 유사한 방법을 제안했다. 그들은 엘레나의 방문 앞에 '들어오지 마세요!'라는 표지를 붙이도록 하고 규칙을 정해주었다. 훌리오는 이제 책임 있게 행동할 수 있는 나이가 되었다고 카밀라는 설명한다. "훌리오는 누나 방에 들어가려면 허락을 받아야 합니다. 그리고 엘레나는 미리 그에게 만지면 안 되는 것이 무엇인지 알려주어야 하고요. 엘레나는 동생이 말을 듣지 않으면 소리를 지르는 대신 '훌리오, 이제 나가줘. 혼자 있고 싶어'라고 타일러야 합니다. 그래도 훌리오가 나가지 않으면 엘레나는 고함을 치기도 해요. 하지만 엘레나는 동생에게 친절하게 대하면 그가 함부로 행동하지 않는다는 것을 알기 시작했어요."

부부는 카밀라가 당뇨병 진단을 받은 후에도 전과 다름없는 일과를 유지하려고 노력한다. 그들은 아이들과 함께 '엄마를 도와주기 위해서는' 어떻게 해야 하는지 이야기하고, 무엇보다 가족 모두가 끼니를 거르지 않고 건강식을 챙겨 먹고 매일 운동하는 시간을 가지고 있다.


## 중재가 필요할 때

형제간의 다툼을 해결할 때는 "아이들끼리 해결하도록 하라"는 의견과 "중재가 필요하다"는 의견으로 갈린다. 패밀리 위스퍼러는 중도를 취한다. 아이들 스스로 '화해'하는 법을 배우는 것이 중요하다. 무엇보다 부모가 언제까지나 심판을 볼 수는 없다. 또한 어떤 문제든지 주먹이 아닌 말로 해결하는 법을 배워야 한다. 하지만 현실적이 되자. 아이들 스스로 갈등을 해결하는 법을 배우지는 못한다. 합리적인 중도는 아이들끼리 문제를 해결하는 능력을 갖출 때까지 부모가 중재를 하는 것이다. 또한 아이들의 발달 수준을 이해하는 것이 필요하다. 두 살 꼬마는 누나의 그림 위에 낙서를 하면서도 자신이 무슨 잘못을 저지르고 있는지 모른다.

"아이들이 어릴 때는 싸우도록 내버려두지 않았어요." 낸시 사전트는 회상한다. "세스와 데이비드가 다투면 우리가 중간에 끼어들어 두 아이에게 각각 물었죠. '네가 뭐라고 말했니? 무엇을 했니?'라고요. 그대로 두면 안 된다고 생각했어요. 다섯 살 아이가 여덟 살인 형에게 괴롭힘당할 때는 도움이 필요하죠. 하지만 아이들이 10대가 된 지금은 저희끼리 해결하도록 내버려둡니다."

이 부부의 접근 방식이 옳다는 것은 연구로 입증되고 있다. 아이들이 싸울 때마다 부모가 나서서 시비를 가려주어야 하는 것은 아니다. 어른의 중재가 필요한 상황인지, 아니면 단지 부모의 관심을 끌려고 하는 것인지 구분해야 한다. 다만 신체적이거나 언어적인 폭력은 당장 멈추게 해야 한다.

처벌이 아니라 보상을 사용하자. 갈등은 관계에 변화가 필요하다는 신호다. 이는 성폭력이나 가정폭력 희생자들을 치유하기 위한 사법 시스템 중 하나인 '회복적 정의'의 기본 관점이다. 서부 위스콘신 사무소의 크리스 마이너 소장은 설명한다. "회복적 정의 프로그램의 활동가들은 갈등을 선물, 즉 성장을 위한 기회로 여깁니다. 양쪽이 만나서 서로에게 귀를 기울이고, 무슨 일이 있었는지 이야기하고, 처벌보다 피해를 보상하는 방법을 찾도록 하는 거죠."

그러면 이러한 회복적 정의의 원칙을 형제 다툼에 어떻게 적용할 수 있는지 알아보자.

♥ 아이들을 불러서 자초지종을 들어본다. "무슨 일로 다투었는지 이야기해보렴." 아이들이 아직 흥분 상태에 있다면 타임아웃 시간을 준다. "각자 다른 곳에 가서 길게 숨을 들이마셨다 내쉬면서 마음을 진정하고 다시 오렴." 그 시간은 아이들의 나이와 성격에 맞게 정한다. 아이들은 5분도 영원처럼 느낄 수 있다.

♥ 각자에게 설명할 기회를 준다. 잠자코 귀를 기울이지 않는다면 토킹 스틱 형식을 사용해서 상대방의 이야기를 방해하지 않도록 한다 (235~236쪽 참고).

♥ 아이들이 서로 다른 이야기를 해도 그대로 인정한다. 아이들은 각자 자신의 눈으로 상황을 바라본다. 모든 것은 생각하기 나름이다. 예를 들어 상대방이 미울 때는 모든 행동이 의도적인 것으로 보일 수 있다.

♥ 각자의 관점과 감정을 다시 정리해서 들려준다. "형은 네가 방에 들어와서 이것저것 만지는 것이 싫대. 그래서 화가 난다는 거야", "바버라는 네가 문을 닫고 열어주지 않으면 서운하대. 외롭고 버림받은 느낌이 든다는구나."

♥ 각자 대안을 찾아보도록 한다. "서로 때리고 싸우지 않으려면 다음 번에는 어떻게 해야 하겠니?", "친구의 장난감을 가지고 놀고 싶을 때는 어떻게 하면 좋을까?"

♥ 어떻게 보상할 것인지 질문한다. "어떻게 하면 화해하고 잘 지낼 수 있을까?"

회복적 정의의 원칙은 T.Y.T.T.와 유사하며, 부부 갈등에도 적용할 수 있다. 무슨 일이 일어나고 있는지 생각해보고, 우리 자신에게 솔직해지고, 조치를 하는 것이다. 문제 해결을 위한 제안을 하되 아이들 스스로 생각하게 하자. 아이들끼리 합리적인 해결책을 찾게 하는 것이 최선이다.

　마음속으로는 한 아이에게 더 공감하더라도 양쪽 모두를 이해하려고 노력하자. 예를 들어 스티븐 클라인은 쌍둥이가 태어났을 때 둘째인 데이비드가 모든 관심을 독차지하는 동생들을 질투하는 것이 당연하다고 생각했다. 그래서 데이비드가 심술을 부려도 스티븐은 화를 내지 않고 차분하게 반응했다. "데이비드가 세스를 울리면 저는 조용하게 타일렀습니다. '네 방에 가서 아기를 다시 행복하게 해줄 방법을 생각해보거라' 하고요. 그것은 아이에게 벌을 주는 것이 아니라 우리 가족이 그의 도움을 필요로 하며, 또한 그가 세스를 행복하게 해줄 수 있다는 것을 알게 해주려는 것이었죠."

　형제간의 다툼은 즐거운 추억으로 남지는 않더라도 언젠가 먼 기억이 될 것이다. 물론 어떤 형제는 평생 적이 되기도 하고, 그로 인해 가족 모두가 힘들어질 수도 있다. 하지만 대개는 적어도 성인이 되면 새로운 관계로 발전한다. 또한 평생 동안 서로 연락하면서 지내는 형제가 있다는 것은 큰 위안이 된다. 1992년 실시한 조사에 따르면 성인 형제들의 절반 이상이 적어도 한 달에 한 번 이상 직접 만나거나 연락을 하고 있었다. 다양한 통신수단이 발달한 오늘날에는 관계를 유지하기가 훨씬 더 수월해졌다.

## 형제들의 공동 연합

때로 형제들은 두세 명이 뭉쳐서 동맹 관계를 맺는다. 기업의 지분을 가지고 있는 등기 임원들처럼 형제들도 혼자 있을 때보다 함께 있을 때 더 큰 영향력을 행사할 수 있다. 사회과학자들은 어떤 그룹 안에서 만들어지는 동맹을 '연합'이라고 부른다. 이러한 연합은 배우자, 부모와 아이, 또는 친척과도 맺을 수 있다. 예를 들어 할머니와 손자가 특별한 연합전선을 구축할 수 있다. 남편이나 아내가 자신의 친가와 연합을 맺으면 종종 부부 사이가 멀어지기도 한다.

이러한 연합은 장단점이 있다. 부모의 갈등, 이혼, 와병, 죽음과 같은 가정의 위기나 혼란기에 서로 도우면서 시련을 견딜 수 있다. 앨런이 직장을 그만두기로 했을 때 아이들이 담담하게 받아들일 수 있었던 것은 형제 사이가 좋았던 이유도 있다. 앨런 가족처럼 형제들이 서로에게 힘이 된다면, 어떤 변화가 생겨도 그 충격은 훨씬 줄어든다.

반면 연합으로 인해 형제들 중 한 아이가 소외되거나 배척당하는 경우도 있다. 또는 형에게 맞서 동생들이 연대할 수도 있다. 재혼 가정에서는 친형제들이 때로 배다른 형제를 따돌리기도 한다. 형제들 사이의 연합에는 분명 부모가 영향을 미친다. 래니 앨런은 맏아들 피터가 두 살이었을 때 동생을 낳았다. "우리는 두 아이가 '최고의 형제'가 되어 화합하고 유대감을 쌓아갈 수 있도록 지도했어요. 셋째 톰 역시 태어나자마자 최고의 형제가 되었죠. 그리고 해나가 태어나자 여동생을 지켜주는 것이 그 아이들의 임무가 되었고요." 네 아이는 여느 형제들처럼 다투기도 하지만, 분명 서로에게 없어서는 안 되는 존재다.

가족 구성원들이 변화하듯이 가족의 연합 역시 변화한다. 동생을 괴롭히던 둘째 아이가 언젠가부터 독단적인 언니에 맞서 막내와 연합한다. 학교에 다니면 친구들과 더 많은 시간을 보내게 되고, 그러면서 형제들과 멀어지기도 한다.

모든 연합은 또한 어떤 식으로든 가족 전체에 영향을 미친다. 부부가 각자 자신의 친가와 연합하면 갈등의 원인이 될 수 있다. 셔먼은 특히 어머니와의 사이가 각별하다. 그의 아내 게일은 그로 인해 종종 소외감을 느끼고, 남편과의 연합에 의문을 품는다.

부부의 연합이 튼튼하면 일반적으로 자녀들에게 좋은 영향을 준다. 부부가 한 팀이 되어서 기본 규칙을 정하고, 아이들이 편안하고 자유롭게 의견을 제시할 수 있도록 귀를 기울인다면 가장 이상적이다. 아이들은 보호와 관심을 느낄 때 서로 싸우는 일이 줄어든다. 하지만 부모가 합세해서 권위적으로 억압한다면 아이들은 무기력해지고 움츠러들 것이며, 가족을 위해 나서지 않을 것이다.

반면 부모의 연합이 허술하다면, 예를 들어 한쪽 부모가 장기적으로 지배하거나 가정에 불성실하면 맏이가 다른 쪽 부모와 연합을 이룰 수 있다. 또한 부모가 한 아이를 편애하는 경우, 나머지 형제들이 뭉쳐서 그 아이를 괴롭히기도 한다.

가족의 연합은 수많은 조합이 가능하다. 아마 당신은 이미 당신의 가족이 어떤 연합을 이루고 있는지 알고 있을 것이다. 잘 모른다면 다음 가족 수첩에 나오는 사회과학자들의 방식을 따라서 가족이 함께 중요한 결정을 내리는 과정을 관찰해보자.

**가족수첩: 우리 가족은 어떤 연합을 이루고 있을까?**

다음은 연구자들이 사용하는 방법이다. 예를 들어 당신 가족이 100달러를 어떻게 사용할 것인지 의논한다면, 그 결정에 누가 가장 많은 영향력을 미치는지 관찰하는 것이다. 다음번 가족 체크인에서 유사한 질문을 해보자. 그리고 어떤 식으로 결정이 내려지는지 주목해보자.

♥ 누가 상황을 지휘하는가? 아이들이 주도하는가? 부부인가? 아니면 한쪽 부모인가?

♥ 모두의 제안을 들어보는가?

♥ 분명한 형제간의 연합이 존재하는가?

♥ 부모는 아이들의 의견을 고려하는가, 아니면 듣는 척만 하고 무시해 버리는가?

♥ 한 아이가 제안했을 때, 보통 누가 그의 의견에 동의하는가? 누가 누구에게 동의하는지 보면 가족의 연합을 짐작할 수 있다. 하지만 말만 들어서는 모든 것을 알 수 없다. 한 연구에서는 많은 가족들이 아빠를 결정권자로 지목했지만 비디오테이프에 녹화된 것을 보면 그렇지 않다는 것을 알 수 있었다. 아이들의 의견에 좀 더 귀를 기울이고 지지해준 엄마가 실질적인 결정권을 가지고 있었다.

11장

# 부모자식 간의
# 갈등

바깥세상은 우리 마음대로 할 수 없어도
우리 마음은 마음대로 할 수 있다.
이것을 알면 힘이 생길 것이다.

마르쿠스 아우렐리우스, 「명상록」


워싱턴에 있는 누군가는 인터넷을 통제할 방법을
궁리하고 있다지만, 우리가 통제해야 하는 것은
자유 발언이 아니라 우리 자신이다.

페기 누난, 「애국적인 품위(Patriotic Grace)」

# 형제간의 경쟁

그레이슨 가족은 하루도 조용히 지나가는 날이 없는 이유를 퀸시에게 돌린다. 열 살인 퀸시는 집에서 부모를 들들 볶고 학교에서는 툭하면 친구들과 싸운다. "까다로운 아이예요. 예전부터 그랬어요." 엄마 재닛은 말한다. "종종 저한테도 잘못이 있다는 생각을 해요. 하지만 정말 화가 나서 참을 수가 없어요."

"퀸시는 천방지축이에요." 아버지가 덧붙인다. "자기 마음대로 해야 직성이 풀리죠. 우리 집에 와서 놀고 간 아이들이 다시는 오지 않겠다고 할 정도죠."

퀸시가 ADHD 진단을 받고 약을 먹기 시작하면서 부모는 처음에 한숨 돌렸다고 생각했다. 집중력이 거의 즉시 개선되었고, 한동안 학교 성적도 좋아졌다. 하지만 약을 먹어도 짜증을 부리는 것이 멈추지 않았고, 친구들과 어울리지 못하는 것도 마찬가지였다. 부모는 다시 전문가의 도움을 받아보기로 했다.

새로운 치료사 역시 예전 치료사와 같은 말을 했다. 아이에게 양보하는 것은 답이 아니며, 분명한 규칙을 제시하고 말을 듣지 않으면 타임아웃하라는 것이었다. 하지만 6년 전에도 그랬듯이 그레이슨 부부는 여전히 퀸시의 떼쓰기를 다스릴 수 없었다.

한편 이 가족의 드라마에서 딸 티파니는 효녀 역할을 맡고 있다. 부모는 오빠 퀸시에 비해 티파니는 "말할 나위 없이 똑똑하고 상냥하며 욕심이 없다"면서 입에 침이 마르게 칭찬한다. 퀸시가 세 살일 때 티파니가 태어났는데, 퀸시는 처음 몇 년 동안 동생을 데리고 놀면서 오빠가 된 것을 좋아했다. 그러다가 티파니가 학교에 입학하면서 둘 사이의 관계가 변하기 시작했다. 티파니가 공부를 잘해서 부모를 기쁘게 하는 것이 형제간의 경쟁심을 불러일으켰다. 퀸시는 여동생에게 공격적이 되었고, 공부는 제쳐두고 게임에 점점 더 빠져들었다.

부모는 퀸시 때문에 낙담하고 걱정되고 화가 난다. ADHD 처방약도 사실 큰 도움이 되지 않았다. 그레이슨 부부는 이제 속수무책으로 손을 놓고 있다.

재닛과 오린은 아이 중심에서 가족 중심으로 생각을 전환해야 한다. 그들은 퀸시에게 초점을 맞추고 그를 '골칫덩어리'로 여긴다. 심리치료사를 찾아다니며 그를 착한 아이로 만들려고 한다. 그들은 문제가 단지 퀸시 개인에게 있는 것이 아니라는 사실을 모르고 있다. 퀸시가 특별한 기질을 가지고 있고 제멋대로 행동하는 것은 분명하지만, 또한 가족과 환경에 의해 길들여진 것이다. ADHD 처방약은 집중력에 도움이 될 수 있지만, 퀸시 스스로 자제하고 막무가내로 행동하지 않도록 도와주려면 가족 모두를 위한 처방이 필요하다.

가족을 연구하는 사람들은 그레이슨 가족과 같은 이야기를 자주 듣는다. 부모들은 어린 시절의 경험, 죄의식, 동정심, 그리고 아이의 기를 죽이면 안 된다는 생각에 자기조절을 가르치기보다 심술을 부리고 떼를 써도 내버려둔다. 그 결과는 정도의 차이는 있지만, 거의 모든 가정에서 유사하게 나타난다. 아이들이 학업에 흥미를 잃고 TV와 비디오 게임에 빠지고 거짓말을 하고 문제 행동을 보이는 것이다. 가족 간에 크고 작은 갈등이 일어나는 것은 어쩔 수 없다. 하지만 우리가 거기에 대처하는 방법은 바꿀 수 있다. 그리고 갈등을 극복하는 과정에서 부모와 아이 모두가 성숙하고 발전할 수 있다.


## 어떻게 하면 대응하지 않을 수 있을까?

부모들은 아이들이 말을 듣지 않을 때 주로 '양보'하거나 '강요'하는 방식 중 하나를 선택한다. 하지만 두 가지 모두 효과 없거나 오래가지 못한다.

오린은 양보하는 쪽이다. 좋은 아빠의 이미지를 유지하고 충돌을 피하려는 것이다. 히피 세대인 그의 부모에게서 배운 방식이다. 대마초를 피우던 그의 부모는 언제나 긍정적 감정에 젖어 있었다. 그의 가족에게 슬픔이나 분노는 허용되지 않았다. 그런 가정에서 자란 오린은 재닛이 주위에 없을 때 퀸시가 떼쓰면 저항을 덜 받는 방식을 택한다.

부모가 다른 일로 바쁠 때는 떼를 쓰는 아이와 입씨름하는 것보다 양보하는 것이 쉽다. 이것은 일종의 임기응변식 육아로 아이에게 협상하는 법을 가르치는 결과가 된다. 행동과학자들은 실험용 쥐가 레버를 누를 때마다 먹이를 주는 것으로 훈련을 시킨다. 그러다가 먹이를 주지 않으면 쥐는 레버를 눌러도 소용없다는 것을 금방 알아차린다. 하지만 먹이를 주는 것을 임의로 하면 쥐들은 마치 슬롯머신이 터지기를 기대하는 노름꾼처럼 행동한다. 계속 시도하면서 점점 더 집착하는 것이다. 이 실험을 '라스베이거스 법칙' 또는 '간헐 강화 계획'이라고 부른다.

아이들도 마찬가지다. 여덟 살인 보니는 집에서 게임이나 인터넷을 하거나 TV를 보는 시간에 대한 규칙을 이렇게 설명한다. "평일에는 게임을 하지 못하지만 주말에는 아빠에게 허락을 받고 아이패드를 할 수 있어요." 어느 토요일, 보니는 30분 동안 비디오 게임을 해도 좋다는 허락을 받았다. 한 시간 뒤, 아빠는 주방에 들어오다 보니가 아직도 게임에 열중하고 있는 것을 보고 야단친다. "아직도 하고 있니? 이제 그만 하고 옷 갈아입고 축구하러 가자." 축구를 하고 집에 돌아오자마자 보니는 다시 아이패드를 든다. "아빠, 게임 조금만 할게요, 제발요." 보니는 지금까지 성공했던 조르기 전략들을 동원해서 아빠를 설득한다. "게임 딱 한 판만 하고 그만 할게요", "음악만 들을게요", "숙제를 하려면 인터넷에서 찾아야 할 게 있어요." 아빠는 못 이기는 척 말한다. "이번 한 번만 하는 거다."

이런 식으로 부모들은 종종 아이가 하지 말기를 바라는 행동을 오히려 더 부추기는 결과를 만든다. 재닛 그레이슨은 강조해서 말한다. "저는 절대 양보하지 않아요. 예전에는 양보했죠. 요즘은 저녁식사 후에 게임을 하겠다고 하면 허락하지 않아요." 하지만 퀸시는 계속 밀어붙이면 어느 시점에서 허락이 떨어질 것임을 알고 있다. 사실 퀸시가 정말 원하는 것은 엄마의 관심이다. 그래서 조르기가 통하지 않으면 떼쓰기로 넘어간다. 그렇게 재닛은 계속 아이와 입씨름을 하면서 그가 원하는 관심을 준다.

부모가 아이들에게 하는 잔소리는 누가 가장인지 알려주는 것이다. "내가 하지 말라고 하면 하지 말아야지!" 그러면서 올바르게 행동하는 법을 가르친다고 생각한다. 하지만 아이를 나무라고 통제하는 것은 효과가 없다. 관계를 악화시키고 집안 분위기만 흐려질 뿐이다.

재닛 그레이슨은 화가 나면 누구의 말도 들으려고 하지 않는다. 점점 목소리가 커지고 험한 말을 한다. 그녀는 야단을 치고 퀸시는 말대답을

## 부모의 죄책감은 백해무익하다

아이 중심의 시대를 사는 부모들은 뭔가에 죄책감을 느끼기 쉽지만, 특히 아이가 행동 문제나 학습 문제를 가지고 있을 때 심하게 자책한다. 그들은 이런저런 걱정에서 벗어나지 못한다. 아이를 위해 충분한 시간을 보내고 있는가? 너무 많은 시간을 보내고 있는가? 우리 집이 너무 어수선한가? 아이에게 너무 엄격한가? 이런 문제들이 일부 사실이라고 해도 죄책감을 갖는 것은 적절하지도 도움이 되지도 않는다.

간단히 말해 죄책감에 짓눌리면 어떤 문제가 있어도 해결하지 못한다. 보다 나은 접근법은? 주변을 둘러보고 어쩌다가 지금과 같은 상황이 되었는지 솔직하게 생각해보자.

한다. 결국 그녀는 아이를 자기 방으로 쫓아버린다.

"저는 분명 화를 자주 냅니다." 그녀는 고백한다. "그럴 때마다 제가 우리 아버지처럼 행동하는 것 같아요. 그는 형편없는 사람이었어요. 고등학생 때였어요. 아버지에게 제가 학교 운동부 팀장이 되었다고 했더니 아버지는 말했죠. '대체 뭘 보고 너를 뽑았다니?' 진심으로 하는 말이었어요. 내가 울면 엄살을 부린다고 야단을 쳤어요. 그런데 내가 아버지처럼 하는 거죠. 화를 내고 나면 아이에게 미치도록 미안해져요."

사실 재닛이 입을 다물어버리거나 발을 구르고 아이를 야단치거나 자신을 탓하는 것은 누구에게도 도움이 되지 않는다.

> 부모가 아이의 생각, 감정, 욕망, 행동을 통제할 수는 없다. 통제
> 할 수 있는 것은 우리 자신의 반응이다.

재닛은 머릿속에서 "나는 가장이고 모두 내 규칙에 따라야 한다"라고 말하는 소리가 들린다. 그녀는 아버지에게서 들었던 그 익숙한 후렴구를 따라하지 않도록 자신을 제어할 수 있어야 한다.

## 자기조절: '나'를 제어하기

지금까지 가족 안에 각자의 '나'가 있다는 사실을 여러 번 강조했다. 가족 구성원 모두가 관심과 이해와 존중을 받을 수 있어야 한다. 또한 각자는 자신의 '나'를 제어하고 가족이 하나가 되는 법을 배워야 한다. 가족은 협력하고 때로는 서로 양보할 줄도 알아야 한다. 내키지 않더라도 부탁을 들어주고 도움을 줄 수 있어야 한다. 개인적인 이해관계를 떠나 가족을 위해 시간과 에너지를 투자해야 한다.

필요할 때 '나'를 제어할 수 있는 능력을 자제력이라고 한다. 자제력은 가족을 사랑으로 인도하기 위해 단련해야 하는 근육으로, 개인의 성공은 물론 관계 내에서의 성공에도 필수적인 능력이며, 우리를 더 나은 사람이 되게 한다.

심리학자 로이 바우마이스터는 대학생들에게 건강과 재정 관리, 학업에 대한 자제력을 지도한 결과, 주어진 목표—규칙적인 운동, 현명한 소비, 공부하는 습관—를 달성했을 뿐 아니라 다른 부분에서도 자제력이

향상된 것을 발견했다. 바우마이스터는 학생들의 행동이 어떻게 달라졌는지 다음과 같이 설명한다.

> 그들은 담배를 줄이고 술을 덜 마셨다. 설거지를 하고 더 자주 세탁을 했다. 미루는 습관도 사라졌다. TV를 보거나 친구들과 어울리는 것보다 공부와 일을 우선시했다. 정크푸드를 줄이고 건강식을 먹었다. 일부 학생들은 감정 조절이 수월해졌다고 말했다.

이러한 결과는 그 참가자들이 스스로 책임지는 생활 습관을 갖게 된 것이라고 요약할 수 있다. 그들은 필요할 때 자신의 '나'를 제어할 수 있었다. 자제력은 목표를 향해 노력하고 시작한 것을 끝낼 수 있게 한다. 차례를 기다리고, 만족을 유보하고, 감정을 다스리고, 다른 사람들에게 귀를 기울일 수 있게 한다. 우리를 보다 나은 부모가 되게 한다.

물론 '나'를 제어하는 법을 배우려면 의식과 의지가 필요하지만 노력할 만한 가치는 충분하다. 자제력이 강한 사람은 불안감, 우울함, 편집증에 걸릴 확률이 낮다. 특정한 사람이나 물질에 집착하지 않고 스스로 즐기고 만족할 수 있다. 무엇보다 남을 비판하는 것을 자제한다면 좋은 관계를 유지할 수 있다.

다리아 윌커슨은 남편 콘래드와 신발을 사러 가는 것이 한때 고역이었다. 콘래드는 이것저것 고르다가 마음에 드는 것을 신고 가게 안을 서성이며 한참 걸어보고 나서는 점원에게 며칠 동안 생각해보고 결정하겠다고 말한다. 다리아는 더 이상 참지 못하고 폭발한다. "당신 지금 장난해요? 신발이 편하다고 했잖아요. 그리고 보기도 좋아요. 신발 한 켤레 사는 데 왜 그렇게 뜸을 들여요?"

하지만 이제 다리아는 남편의 '나'가 자신의 '나'와 다르다는 사실을 알고 있다. 그래서 그를 비판하거나 바꾸려는 생각을 자제한다.

마찬가지로 아이들과의 상호작용에서도 우리 자신을 제어할 필요가 있다. 라일라 로클리어는 조지나의 성적이 떨어졌을 때 딸의 입장에서 생각해보았다. 조지나는 열다섯 살이 되면서 예전보다 해야 할 일이 많아졌다. 플루트 연주 연습을 하고 육상 팀에서 달리기도 한다. 라일라는 딸을 야단치는 대신 함께 상의했다. "너는 어떤 학생이 되고 싶니? 성적이 나빠도 괜찮다면 나도 상관하지 않겠다. 하지만 성적을 잘 받고 싶다면 지금처럼 하면 안 될 것 같아."

우리는 라일라에게 물었다. "진심으로 그렇게 말했나요? 정말 성적이 떨어져도 괜찮다고 생각하세요? 아니면 애가 미안해하라고 그렇게 말한 것인가요?"

라일라는 진심이었다고 대답하며 말했다. "억지로 공부를 시킬 수는 없어요. 우리 아이는 예전보다 밖에서 보내는 시간이 많아졌어요. 기본적으로 착한 아이지만 내 마음대로 할 수는 없죠."

조지나는 엄마가 하는 말을 듣더니 생각해보겠다고 대답했다. 라일라는 조지나에게 언제라도 이야기를 들어주겠다는 말로 마무리했다.

우리 자신을 제어하는 것은 부모로서의 책임을 포기하는 것이 아니라는 사실을 기억하자. 부모는 아이들에게 인생의 안내자가 되어야 한다. 아이들이 새로운 아이디어와 경험에 접할 기회를 주고, 세상에 나가는 법을 배우는 동안 안전하게 지켜주어야 한다. 아이에게 책임을 조금씩 더 주면서 능력을 시험해보게 하자. 시행착오를 허락하자. 실패에서 배우도록 도와주자. 벌을 주는 것은 마지막 수단이 되어야 한다.

간단히 말해, 아이들을 감독하되 부모 마음대로 할 수 있다는 환상은 버려야 한다.

> 아이들의 어린 시절은 아이의 기질과 부모의 사랑과 지도가 함께 만들어내는 작품이라고 생각하자.

아이의 인생은 아이가 살아가는 것이다. 부모가 아이의 운명을 선택하거나 목표를 정해줄 수는 없다. 우리가 할 수 있는 것은 자제력을 가족의 가치로 삼는 것이다.

## 본보기를 보인다

부모가 하는 모든 행동은 아이들에게 본보기가 된다. 당신은 가게나 음식점에 가면 예의를 갖추고 상냥하게 인사를 건네는가? 아니면 종업원들을 무시하고 함부로 대하는가? 아이들은 부모를 보고 배운다. 다른 차가 끼어들었을 때 경적을 울리면서 욕하는가? 아니면 "무슨 일이 있는지 모르지만 무척 바쁜가보다"라고 말하는가? 집에서 언성을 높이거나, 배우자를 몰아세우거나, 화를 내는가? 아이들은 부모를 보고 배운다.

아이들은 생각한다. '우리 부모님을 봐! 막 화를 내고, 사람들을 함부로 대하고, 비난하고, 소리치고, 때리네? 나도 한번 해보자!' 하지만 우리 자신을 제어한다면 완전히 다른 메시지를 보낼 수 있다.

부모로서 보다 나은 모습을 보여줄 수 있는 방법을 소개한다.

자기조절이 항상 쉽지는 않다는 것을 인정한다. 어떤 부모도 완벽할 수 없다. 잘못과 허물을 인정하자. 당신의 어린 시절 이야기를 들려주자. "나는 수학 숙제를 좋아했지만 작문 숙제는 싫어했어. 그래서 계속 미루다가 급하게 하느라고 더 힘들었지." 신중하게 생각하고 행동하기 위해서는 노력이 필요하다는 것을 설명하자. 어떤 상황에서 과잉반응을 하게 되는지 이야기하자. "한번은 수리공을 불렀는데 이틀이나 지나서 온 거야. 정말 화가 나더라. 연락도 하지 않고 늦게 오니까 너무 화가 나서 하마터면 고함을 지를 뻔했어! 하지만 심호흡을 한 번 하고 '무척 바쁘셨나보군요'라고 말했지. 그리고 그에게 해명할 기회를 주었어."

힘든 과정을 헤쳐나가는 이야기를 들려준다. 보고서를 쓰거나 정원을 손질하는 일이 힘들거나 지루하거나 짜증스럽다는 것을 인정하자. "잔디는 아무리 잘라도 계속 자라는 것 같다!" 하지만 마침내 그 일을 끝냈을 때 얼마나 기분이 좋은지 덧붙이는 것을 잊지 말자. 다만 진실을 이야기해야 한다. 아이들은 당신의 속마음을 눈치챌 뿐 아니라 조종당하는 기분을 느낄 수 있다.

실망하거나 충격을 받았을 때는 심호흡을 한 번 하자. 우리 자신의 '나'를 제어하려고 노력하면 아이들과의 충돌을 줄이고 문제를 보다 공정하고 창조적이고 동정적으로 해결할 수 있다. 예를 들어 펠리시아 저메인은 계속해서 열두 살인 아들 러몬트를 재촉한다. "숙제는 어떻게 했어? 다 했니?" 그때마다 러몬트는 말한다. "네, 엄마. 지금 하고 있어요."

몇 시간 뒤 펠리시아는 러몬트의 숙제를 확인했다. 수학 문제 20개 중 3개밖에 풀지 못했고, 다른 숙제는 손도 대지 않은 상태였다. 펠리시아가

다그치자 러몬트는 눈물을 흘리며 '팬픽'*을 쓰다가 반나절을 보냈다고 고백한다. 펠리시아는 러몬트의 인터넷 사용 시간을 감독하고 있었지만, 그가 특정 사이트에 빠져 있다는 것은 알지 못했다.

그녀는 거의 폭발 직전이었다. 그녀의 도마뱀 뇌가 소리쳤다. '녀석이 나를 속였어? 나한테 거짓말을 했어!' 사실 아이가 사이버 공간에서 낯선 이웃을 방문하고 있다는 것을 알았을 때 놀라움과 두려움을 느끼는 것은 당연하다. 하지만 그녀는 아이를 야단치고 윽박지르는 대신 마음을 가라앉히고 현자의 뇌를 작동시켰다. 그러자 얼마 전 학교 상담사가 한 말이 기억났다. "이 나이대의 소년들은 입을 열 때마다 거짓말을 합니다."

"네가 오후 내내 쓴 것을 보여주겠니?" 펠리시아는 최대한 온화한 목소리로 말했다. 부정적 감정을 가라앉히고 나자 러몬트의 시각에서 상황을 이해할 수 있었다. 그가 쓴 글은 짜임새가 있고 상상력이 풍부했다. 분명 아이 스스로 원해서 온 정성을 다해 쓴 글이었다. 숙제를 하지는 않았지만 나쁜 짓을 한 것도 아니었다.

마침내 그녀는 말했다, "들어봐, 러몬트. 내 생각에는 두 가지 문제가 있구나. 하나는 네가 아직 숙제를 하지 못했다는 거야. 내일까지 끝내려면 시간 관리를 잘해야겠지. 둘째는 엄마에게 거짓말을 했다는 거란다. 한 번도 아니고 네 번이나 했어."

그녀는 진지한 어조로 실망감이나 분노를 숨기지 않고 솔직하게 이야기했다. "가장 나쁜 것은 네가 나의 신뢰를 잃었다는 거란다. 너를 다시 믿을 수 있으려면 시간이 얼마나 걸릴지 모르겠구나."

---

* 좋아하는 연예인을 주인공으로 상황을 재설정해서 온라인상에 글을 올리면 다른 사용자들이 읽고 댓글을 단다.

펠리시아가 사실을 있는 그대로 이야기했으므로 러몬트는 방어적이 될 수 없었다. 이제 공은 아이에게 넘어갔다. 신뢰를 회복하는 것은 아이가 하기에 달려 있었다. 그 이후로 러몬트는 숙제부터 하고 나서 다른 취미를 즐기게 되었다. 대부분의 아이들처럼 그는 엄마의 신뢰를 받고 싶어한다.

걷잡을 수 없는 상황이 되기 전에 행동을 중단하자. 아이와 충돌이 일어났을 때는 부모가 먼저 '나'를 진정시켜야 한다. 사라 그린이 딸의 사춘기 반항을 어떻게 처리했는지 기억하는가?(78쪽 참고) 그녀는 딸을 야단치거나 통제하려고 하지 않았지만 굴복하지도 않았다. 동정적이고 친절한 반응을 보여줌으로써 케이티의 감정이 사그라지게 했다. 결국 케이티는 엉뚱한 사람에게 화풀이를 하지 않고 자기 방에 들어가 스스로 감정을 다스릴 수 있었다.

타임아웃에는 적절한 설명이 필요하다. 마음을 진정시키기 위해 타임아웃을 할 때는 아이로 하여금 버려진 느낌이 들지 않게 하는 것이 중요하다. 나중에 다시 이야기하는 것이 서로에게 좋겠다고 차분하게 설명하자. "나는 잠시 ○○(요가, 명상, 음악 감상, 피아노 연주, 산책, 달리기, 뜨개질, 독서)를 하면서 마음을 가라앉혀야겠구나." 또한 아이에게도 생각할 과제를 준다. "이 문제를 어떻게 해결하면 좋을지 생각해보렴."

가족 체크인에서 화가 날 때 감정을 어떻게 다스릴 것인지에 대해 이야기하는 시간을 갖자. 361쪽의 보기를 참고해서 가족이 함께 생각해보고 각자 종이에 적는다. 아이가 글을 쓰지 못하면 받아 적는다. 충돌을 해결하는 방법에 대한 힌트를 얻을 수 있을 것이다.

화를 냈다면 사과한다. "미안하다"라고 말하는 것은 잘못을 인정하는

## 타임아웃을 할 때 아이에게 할 말 써보기

어떤 말로 타임아웃을 청할지 미리 글로 써보자. 글로 쓴 것과 정확하게 똑같이 말할 필요는 없다. 하지만 글로 써보면 나중에 생각해내기가 쉽다. 아래의 예를 참고로 하자.

나는 지금 화가 많이 나지만 폭발하고 싶지 않아. 너도 아마 화가 나 있겠지. 화가 날 때는 서로 대화를 하지 않는 것이 좋겠구나(네가 소리를 지르면 나도 같이 소리를 지르게 된단다). 화가 나는 것은 어쩔 수 없지만, 서로 다투게 되면 우리 관계가 나빠질 거야. 나는 방에 들어가서 마음을 진정시킬 테니, 너도 마음을 다스릴 방법을 생각해보렴. 그다음에 다시 이야기해보자. 서로에게 소리를 지르지 말고 귀를 기울이면서 말이야.

것일 뿐 아니라 상대방이 받은 상처와 충격을 이해하는 것이다. "설거지를 하지 않았다고 야단을 쳐서 미안하다. 내가 우리 집을 무서운 곳으로 만든 것 같구나."

주의할 점: 사과하는 것은 상대방에 대한 기대를 낮추는 것이 아니다. 우리 자신이 자제력을 잃은 것에 대해 사과하는 것이다. 한 주 동안 설거지를 하기로 했다면, 특별한 사정이 없는 한 해야 한다. 바쁘다는 핑계로 빠져나가려고 하면 안 된다. 다음번에는 야단치지 않고 책임을 상기시키는 방법을 생각해보자.

## 자제력은 저절로 생기지 않는다

메리 오도너휴는 어느 날 친구에게서 깜짝 선물을 받고 아무 말도 하지 않는 아들을 보게 되었다. 다섯 살인 아들은 고맙다는 인사는커녕 그 선물이 장난감이 아닌 티셔츠라는 것을 알고 실망하는 표정을 감추지 않았다. 주위에서 사람들이 "어때, 마음에 드니?"라고 묻자 맥 빠진 목소리로 겨우 한마디 했다. "고마워."

메리는 그때야 아들에게 진심으로 고마워하는 법을 가르친 적이 없었음을 깨달았다. 그녀는 그들 부부가 중요하게 생각하는 가치의 목록을 만들어서 아이들에게 분명하게 가르치기 시작했고, 『'고맙'고 말할 때는 진심으로 말하라(When You Say "Thank You" Mean It)』라는 책까지 출판했다.

메리의 목록에는 감사하는 마음과 함께 자존감, 존중심, 진정성, 동정심, 용서, 기쁨, 충실함, 평생 배우기, 내면의 힘이 포함되어 있다. 당신이 중요하게 생각하는 덕목의 목록은 그녀의 것과 다를 수 있다. 하지만 우리가 어떤 덕목을 중요하게 생각하든 간에, 자제력은 인생과 관계에서 성공하기 위한 조건으로 반드시 부모가 자녀들에게 가르쳐야 한다.

13세기 철학자이자 시인인 루미는 "지성인은 자제력을 원하고 아이들은 사탕을 원한다"라고 말했다. 아이들에게 자제력을 가르치는 것은 부모가 해야 할 중요한 일이다. 사실 아이들은 부모의 도움이 없으면 자제력을 배우지 못한다. '나'를 제어하는 능력은 저절로 생기는 것이 아니다. 부모가 가르치고, 지도하고, 그 결과를 경험할 기회를 제공해야 한다. 그렇다면 다음과 같은 전략이 필요하다.

연습을 시킨다. 부모가 아이들에게 자제력을 가르치지 않는다면 "진정해라", "차례를 기다려라", "나누어 가져라"라는 말들은 잔소리에 불과하다. 아이가 간식을 달라고 할 때 "잠시만 기다려"라고 말하고 기다리는 법을 가르치자. 처음에는 1분으로 시작해서 점차 시간을 늘려간다. "기다리는 동안 그림을 그리거나 블록 쌓기를 하는 것은 어때?"라고 제안한다. 관심을 돌리는 것은 나이와 관계없이 자제력을 배우는 중요한 전략이다. 잘 참고 기다리면 칭찬을 해주자. "투정부리지 않고 찾는 것을 도와줘서 고마워. 화를 내지 않으니까 금방 찾을 수 있었던 것 같지?"

떼를 쓰면 모른 척한다. 떼쓰기를 그만두게 하는 가장 확실한 방법은 관심을 보이지 않는 것이다. 트레이시는 아이들이 발을 구르고, 고함치고, 말대답하고, 머리를 부딪치는 행동을 하면 무시해버리라고 조언했다. 부모가 굴복하거나 야단치거나 미안해하면 아이는 점점 더 떼쟁이가 된다. 하지만 트레이시는 아직 감정을 다스리지 못하는 어린아이들에게는 타임아웃을 사용하지 않았다. 잘못된 행동은 용납할 수 없다는 것을 알게 하고, 또한 감정을 조절하는 능력을 배우게 해야 한다.

사람들 앞에서 아이가 떼를 쓸 때는 밖으로 데리고 나가는 것이 상책이다. 다른 방으로 가거나, 조용한 장소나 자동차로 간다. 눈을 마주치지 않도록 앞쪽을 보게 해서 무릎에 앉힌다. 아이가 아직 어려서 말을 알아듣지 못한다고 해도 차분하게 말한다. "네가 진정할 때까지 엄마는 아무 말도 하지 않을 거야." 논리적으로 설득하려고 하지 말자. 아이가 조용해지면 어떻게 행동해야 하는지 가르친다. "그건 토미의 트럭이야. 그것을 가지고 놀고 싶으면 억지로 빼앗지 말고 부탁을 해야 하는 거야. 그리고 절대 친구를 때려서는 안 돼." 금방 알아듣지는 못하더라도 꾸준히 가르치면 언젠가 부탁하고 나누고 기다리는 법을 배울 것이다.

어린아이들은 쉽게 관심을 돌리기 때문에 현장에서 데리고 나오는 방법은 대체로 효과가 있다. 안타깝게도 그레이슨 가족은 퀸시가 어릴 때 이런 조치를 취하지 않았다. 그러다보니 퀸시는 떼쓰기를 엄마의 관심을 끄는 전략으로 사용하게 되었다. ADHD 치료약은 집중력에 도움이 되지만, 오랜 임기응변식 육아로 인해 아이가 막무가내로 행동하는 버릇을 고쳐주지는 않는다. 그러면 어떻게 해야 할까? 무엇보다 부모가 먼저 마음을 다스려야 한다.

사실 그대로 이야기한다. 퀸시가 자신의 문제에 대해 알고 있느냐는 질문에 엄마는 대답했다. "아이에게 ADHD 진단에 대해 구체적으로 이야기해본 적이 없어요. 말하지 않는 편이 낫다고 생각해요." 만일 퀸시의 문제가 소아당뇨나 심장질환 같은 신체적인 질환이라고 해도 말하기를 망설였을까? 그런 증상들은 음식과 활동에 의해 영향을 받기 때문에 당연히 아이 자신이 알고 있어야 한다. ADHD 역시 마찬가지다.

특히 학습이나 행동 문제를 가지고 있다면 아이에게 사실대로 설명하고 적절한 지침을 전달해야 한다. 그리고 아이가 하는 행동에 대해 그때그때 피드백을 주면서 자제력을 배우게 해야 한다. 뉴욕의 언어병리학자린 해커는 "문제를 숨기면 부끄러운 것이 됩니다. 무엇보다 수치심을 갖지 말아야 합니다. 부모가 부끄러워하면서 아이를 설득할 수는 없습니다. 그래서 결국 나를 찾아오게 되는 것이죠"라고 말한다.

해커는 다음과 같이 결론을 내린다. "아이들은 대부분 자신에게 어떤 문제가 있고 그것을 바로잡을 수 있다는 것을 알면 안심합니다. 중요한 것은 아이가 그 문제를 결함으로 느끼지 않도록 하고, 어떤 어려움이 있어도 이해하고 지원해주는 가족이 있다는 것을 알게 해주는 것입니다."

퀸시는 집중력이 부족하고 충동적이어서 사회생활에도 문제가 있다. 누군가는 그에게 말해줘야 한다. "뭔가가 마음에 들지 않더라도 감정을 다스릴 줄 알아야 한다. 그렇지 않으면 사람들이 계속 너를 떠날 것이다."

퀸시가 보다 나은 선택을 할 수 있으려면 자신의 문제에 대해서 알아야 한다. 자각함으로써 자신의 머릿속에서 무슨 일이 일어나고 있는지 알고, 행동에 따른 결과를 볼 수 있어야 한다. 비디오 게임으로는 자기 자신을 돌아보고 자제력을 발휘하는 법을 배울 수 없다.

선행의 가치를 알려준다. 다른 사람들을 위해 행동하고 희생하는 것은 자제력으로 얻을 수 있는 가장 보람 있는 일이다. 아이가 누군가에게 호의를 베풀거나 도움을 주는 것을 보면 칭찬해주자. 친구에게 장난감을 빌려주거나, 형제의 운동경기나 음악회에 참석하거나, 생일 파티를 포기하고 친척 문병을 갈 때 어떻게 느끼는지 물어보자. 일상적인 대화 속에서 이타적인 행동과 작은 친절에 대해 이야기하자. "내가 감기에 걸린 것을 알고 캐럴 아줌마가 고맙게도 음식을 가져오셨구나", "요크 씨의 자동차 타이어에 구멍이 났을 때, 다행히도 아빠가 마침 그 주차장에 있어서 도와드릴 수 있었단다." 아이들과 선행을 함께하자. "드레이퍼스 댁에 갈 때 가져갈 과자 굽는 일을 좀 도와주겠니? 네가 같이 만든 것을 알면 무척 기뻐하실 거야."

자기희생에 대한 이야기를 들려주자. 한 엄마는 세 아들에게 허리케인 샌디가 지나간 뒤 수백 명의 자원봉사자가 편안하고 따뜻한 집을 두고 뉴욕과 뉴저지에 가서 복구 작업을 했다는 신문기사를 읽어주었다. 이런 일은 대수롭지 않아 보일 수 있지만, 계속하다보면 언젠가는 아이 마음속에 '나'를 제어하고 다른 사람들을 생각하는 습관이 자리를 잡을 것이다.

# 첨단기술이 아이들에게 주는 영향

1999년 이래 아이들의 전자매체 사용 실태를 추적해온 카이저 가족재단의 조사 결과를 보면, 요즘 아이들은 일주일에 53시간 이상 게임이나 인터넷을 하거나 TV를 보면서 보낸다. 컴퓨터, 태블릿 PC, 휴대전화, 게임기의 보급은 저널리스트 해나 로젠이 2013년에 '우리 시대의 신경증'이라고 말한 현상을 불러왔다. 부모들은 첨단기술이 아이들에게 주는 영향을 우려하고 있다고 로젠은 말한다.

부모들은 첨단기술과 관련해서 아이들이 올바른 길을 가고 있는지 불안해한다. 아이들이 평생 사용해야 하는 디지털 매체에 능숙해지기를 바라면서, 다른 한편으로는 그로 인한 부작용을 걱정하고 있는 것이다. 태블릿 PC는 잘만 사용하면 아이의 지능을 높여주고 로봇 공학 경쟁에서 승리하도록 도와주는 유용한 도구가 될 수 있을지 모른다. 하지만 부모들은 아이들이 사람의 눈을 마주치지 않고 아바타를 여자 친구로 삼는 창백하고 슬픈 존재가 되는 것을 두려워하고 있다.

물론 전자매체들이 가진 단점들이 있다. 하지만 부모들은 첨단기술의 발전을 이야기하면서 종종 최악의 경우를 상상한다. 심지어 아이들을 단속하는 경찰이 된다. 그러나 이러한 걱정은 지나칠 뿐 아니라, 세대 간의 갈등을 줄이는 데 도움이 되지 않는다. 보다 나은 접근 방법은 아이들이 매체를 적절하게 사용할 수 있도록 도와주는 것이다.

필요한 것은 두려움이 아닌 분석이다. 육아 전문가들도 양방향 첨단기술이 교육적인지, 아니면 위험한 것인지 대해 의견이 분분하다. 디지털 혁명은 우리가 즐기고, 생각하고, 소통하는 방식을 바꾸어놓았다. 하지만 전자매체를 사용해서 책을 읽거나, 할머니에게 이메일을 보내거나, 인터넷에서 정보를 검색하는 것은 비디오 게임에 몰두하거나 유튜브 동영상을 반복해서 돌려보는 것과는 다른 문제다. 적절한 기준을 세우기 위해서는 부모가 새로운 기술에 대해 알아야 한다.

부모 자신도 문제를 느끼고 있다고 솔직하게 고백한다. 만일 당신 자신이 온라인 게임이나 SNS를 하거나 일을 하면서 수시로 휴대전화를 확인한다면 직접 그 폐해를 느끼고 있을 것이다. 이런 문제는 따로 해결책이 없다. 첨단기술은 유혹적이므로 적절히 사용하려면 자제력이 요구된다. 한 엄마는 아이들에게 자신이 운전하다가 휴대전화에 손을 뻗으면 경고해달라고 부탁했다. 한 할머니는 손자에게 자신이 온라인으로 낱말 맞추기를 너무 많이 하고 있으며, 중요한 일을 끝내기 위해 몇 주일 동안 끊기로 했다고 고백했다. 사실 이것은 새로운 문제가 아니다. 우리도 어릴 때는 TV를 너무 많이 본다고 꾸중을 들으며 자랐다.

가족이 함께 배우자. 아이와 함께 컴퓨터 앞에 앉아 온라인에 접속해보자. 그리고 첨단기술이 주는 득실에 대해 토론해보자. 아이들이 유용하게 이용할 수 있는 사이트를 알아보고 정체불명의 사이트에 접속하지 않도록 주의를 준다. 인터넷에 개인 정보를 남기는 것과 관련된 위험성에 대해 이야기하자. 특정 사이트나 앱을 어떤 이유로 이용하는지 질문해보자. 우리의 목표는 하워드 라인골드가 '디지털 활용 능력'이라고 부른, 안전하고 현명한 소비를 위해 21세기가 필요로 하는 능력을 갖추는 것이다.

게임이나 인터넷 사용, TV 시청에 대한 분명한 규칙을 정한다. 2010년

카이저 가족재단에서 여덟 살에서 열여덟 살 사이의 아이들을 대상으로 조사한 바에 따르면, 아이들의 전자매체 사용 시간을 제한하는 가정은 전체의 3분의 1에 불과했다. 하지만 부모들에게 질문했더니 절반 이상이 제한하고 있다고 대답했다. 아이들과 부모들이 서로 다른 이야기를 하는 이유는 무엇일까? 아마도 일부 부모들이 규칙을 분명하게 적용하지 않기 때문일 것이다. 그래서 아이들은 규칙이 없거나, 적어도 타협이 가능하다고 생각하는 것이다.

마음 내키면 허락해주고 그렇지 않으면 그만 하라고 야단치는 대신, 분명한 규칙을 적용해야 한다. 당신은 아이들에게 전자매체 사용 시간을 얼마나 허락하고 있는가? 그 시간은 어떻게 정하는가? 가족 모두에게 똑같이 적용하는가? 일관되게 적용하는가? 모두가 규칙을 지키고 있는가? 카이저 가족재단의 연구에 따르면, 분명한 규칙이 있는 가정의 아이들은 규칙이 없는 가정의 아이들보다 전자매체를 하루에 거의 세 시간 적게 사용한다.

침실에서의 전자매체 사용을 금지한다. 어느 부부는 아홉 살인 아들이 잘 시간이 한참 지나서까지도 이불 속에서 비디오 게임을 하는 것을 알고 작은 전자기기 바구니를 만들었다. 그 가족은 바구니를 주방에 놓고 매일 밤 취침 한 시간 전에 가족의 모든 스마트폰, 아이패드, 게임기 같은 소형 전자기기를 넣는다.

감독을 게을리하지 않는다. 규칙을 정한 후에도 부모의 역할은 계속되어야 한다. 부모의 허락과 감독 없이 아이들이 사이버 공간을 배회하도록 해서는 안 된다. 수시로 접속 내역을 확인해보자. 아이들이 온라인에서 낯선 사람들과 어떻게 만나고 있는지 알아보고, 비밀번호를 마음대로 바꾸지 않도록 관리하자.

가족이 함께 즐긴다. 함께 영화를 본다. 차를 오래 타고 갈 때는 오디오 테이프를 듣는다. 훌륭한 소설이나 실화를 찾아서 함께 듣고 토론한다. 이야기에 귀를 기울이는 연습을 하면 집중력이 향상된다.

가족 체크인에서 전자매체 사용에 대해 토론한다. 합리적 사용에 대한 아이들의 의견은 아마 우리와 전혀 다를 것이다. 아이들의 생각을 들어보고 찬반 목록을 만들자. TV 화면에서 눈을 떼지 못하거나 문자를 보내기 바빠서 가족이 집에 들어와도 거들떠보지 않는 것에 대해 이야기해보자. 그런 경우, 어른이나 아이나 기분이 나쁜 것은 마찬가지다. 부모가 귀를 기울여주면 아이들은 진지하게 의견을 이야기할 것이다. 그리고 아이들 스스로 규칙을 만들면 좀 더 잘 지킨다.

도움을 청하자. 아이들은 대부분 첨단기술을 능숙하게 다루지만 부모들은 그렇지 못하다. 우리가 온라인상의 지시를 이해하지 못하거나, 이메일 첨부자료를 열지 못해서 쩔쩔매는 문제도 아이들은 척척 해결한다. 아이에게 도움을 청하면 그를 필요로 하고 사랑하고 존중한다는 메시지도 함께 전달할 수 있다.


## 아이의 공부가 또 다른 갈등을 불러오는가?

아이들에게 학교 공부란 세상에 태어나서 처음으로 고용주인 교사가 시키는 일을 하는 것이다. 그리고 그 일을 하기 위해서는 자제력이 필요하다. 요즘 많은 부모가 아이가 공부할 때 옆에서 자리를 지킨다. 어떤 집에서는 가족 모두가 아이의 공부를 위해 저녁 시간을 바친다.

어떤 부모들은 어쩔 수 없다고 느낀다. 다른 부모들도 그렇게 하고 있으며, 많은 학교에서 부모들이 참여하기를 기대한다는 것이다. 또한 아이가 학교 공부를 잘 따라가고 있는지 점검하는 방법이기도 하다. 문제는 그로 인해 부모와 아이의 관계가 흔들리고, 가정의 생태계에 파문이 일어나는 것이다. 만일 아이의 공부 때문에 가족 간에 갈등이 생긴다면, 그 이유를 생각해보아야 한다. 다음에 나오는 몇 가지 질문을 사용해보자.

어떤 방식으로 도움을 주는가? 부모의 참여가 아이의 학업 성적을 향상시키는지에 대한 연구는 확실하지 않다. 분명한 것은 부모가 너무 빨리 뛰어들어서 지나친 도움을 주면 아이가 자신감을 기를 수 없다는 것이다.

아이가 실제로 도움을 필요로 하는가? 부모가 옆에 앉아서 도와주어야 하는가, 아니면 단지 필요할 때만 도움을 주는 것으로 충분한가? 아이가 도움을 필요로 하는 것은 학업을 따라가지 못하고 있기 때문인가? 부모가 지나치게 개입하는 것은 아닌가? 한 엄마는 맞벌이를 하는 부모 밑에서 자란 기억을 떠올리면서 자신을 합리화한다. "우리 아이들에게는 제가 어릴 때 부모에게서 받은 것보다 더 많은 도움을 주고 싶습니다."

한 걸음 물러서서 귀를 기울이는가? 부모의 역할은 아이가 필요로 할 때 함께 토론하고 브레인스토밍을 하는 것이다. 답을 주지 말고 아이 스스로 다시 한 번 생각해서 해결할 수 있도록 하자.

어떤 식으로 도움을 주어야 할지 알고 있는가? 아이의 학습 태도에 문제가 있다면 담임교사와 상의해보자. 아이가 집에서 하는 행동은 학교에서 하는 것과 다를 수 있다. 아이의 장단점을 이해해서 가장 효과적인 학습 방식을 찾는 것이 중요하다. 특히 부모가 어떻게 해주면 좋을지 아이에게 물어보자. 어떤 방식이 가장 효과적인지, 부모가 언제 뒤로 물러나야 하는지 알아보자.

아이가 학교 공부 외에 무엇을 배우고 있는지 알고 있는가? 아이는 학교에서만 배우는 것이 아니다. 아이가 무슨 책을 읽고 있는지 알아보자. 저녁 식탁에서나 차 안에서, 또는 잠자리에서 질문하고 토론해보자. "요즘 『니임의 비밀(Mrs. Frisby and the Rats of NIMH)』을 읽고 있던데 어디까지 읽었니?" 당신의 어릴 적 경험담을 솔직하게 들려주자. "나는 오빠보다 한참 늦게 글을 배웠어. 하지만 일단 글을 읽게 된 후로는 책을 무척 좋아했지", "나는 아직도 덧셈을 잘 못한다."

출구 전략에 대해 생각해보았는가? 언제쯤이면 더 이상 도움을 주지 않아도 될까? 언제 아이가 혼자 어려운 문제를 끝까지 풀어낼 수 있을까? 한 아빠는 열두 살인 딸의 저녁 숙제를 매일 도와주고 있다면서 한숨을 내쉰다. "이제는 내가 옆에 앉아 있지 않으면 '외롭다'고 불평합니다." 그 아빠는 아마 너무 오래 기다렸을지 모른다. 아이가 스스로 해결하려는 의지를 보이면 곧바로 뒤로 물러서자. "알아요, 아빠. 가르쳐주지 않아도 돼요"라는 말은 아이 혼자 알아서 하도록 내버려둘 때가 되었다는 신호다.

만일 아이가 혼자 공부할 준비가 되지 않았다면 옆에 있는 시간을 조금씩 줄여가자. "이 문제들을 다 풀어봐. 그리고 나서 내가 살펴볼게." 조용한 곳에서 혼자 공부하는 버릇을 들이자. 그렇다고 몰래 방에서 빠져나가지 말고 솔직하게 이야기하자. "너는 이제 다 컸어. 숙제를 혼자 할 수 있고, 어려워도 포기하지 않는 것이 중요해. 엄마는 집안일을 하고 있을 테니, 내 도움이 필요하면 불러라."

다음 장으로 넘어가기 전에, 당신의 가정에서는 어떤 문제가 가족 간의 충돌을 일으키는지 생각해보자. 문제를 부정하지 말고 신속하게 해결하자. 아이들을 이해하고, 가족 모두가 자제력을 배우고, 관계를 깊게 하는 기회로 이용하자. 과잉반응을 자제하고 더 중요한 일을 위해 에너지를 아껴두자.

## 가족수첩: 아이와의 갈등을 어떤 식으로 해결하는가?

당신의 가정에서는 주로 어떤 일로 다툼이 일어나는지, 그 문제를 어떻게 해결할 수 있는지 생각해보자.

♥ 당신의 가정에서 언쟁과 불화가 일어나는 이유는 무엇인가? 목록을 만들어 각각의 항목 옆에 당신이 평소에 대처하는 방식을 적어보자.

♥ 다툼을 피하기 위해 양보하는가, 아니면 상대방을 비난하고 통제하려고 하는가? 다툼이 일어날 때면 죄책감이 드는가? 아니면 세 가지 모두인가?

♥ 충돌이 일어나면 가족 중심의 관점을 취하는가, 아니면 한 사람에게 비난의 화살을 돌리는가? 만일 후자라면 가족의 세 가지 구성요소가 각각 어떤 식으로 작용하는지 생각해보자.

♥ 당신의 자제력은 어느 정도인가? 만일 94~95쪽의 테스트를 해보지 않았다면 지금 해보자. 당신은 어떤 상황이나 하루 중 어느 시간에 가장 화를 잘 내는가? 차분하게 마음을 다스리기가 어려운가? 어떻게 하면 도움이 되는가?

♥ 아이들에게 자제력을 가르치고 있는가? 어떤 아이가 가장 많은 도움을 필요로 하는가? 아이들이 자제력을 배우는 데 당신이 어떤 식으로 방해하고 있는 것은 아닌지 생각해보자. 잠시 멈추어 속도를 늦추거나 차례를 기다리는 법을 배우도록 도와주자.

**12장**

# 시련을 극복하는
# 가족의 투지

인생의 성공 비결 중 하나는
장애물을 디딤돌로 만드는 것이다.

잭 펜

# 가족의 투지를 키워라

모든 가정에는 종종 변화의 바람이 불어와 생태계에 파문을 일으킨다. 어떤 파문은 더 큰 파도로 변한다. 힘든 시간을 어떻게 극복해내는가를 보면 그 가족이 얼마나 건강하고 서로 협력을 잘하는지 알 수 있다.

화목한 가정에도 나쁜 일들—암, 정신병, 중독, 장애, 우울증, 자살기도, 죽음—이 일어날 수 있다. R.E.A.L.을 갖춘 가족이 그러한 폭풍을 좀 더 수월하게 견뎌내는 이유는 '화목한 가족'을 위해 많은 생각과 시간, 노력을 투자하기 때문이다. 그들은 어떤 어려움을 만나도 꿋꿋이 헤쳐나간다. 삶이 힘들고 고달프며, 때로 속수무책이 되기도 한다는 것을 인정하지만 가족이 함께 노력한다. 그들은 시련을 겪으면서 더욱 강해진다.

우리는 앞에서 시련을 통해 배우는 여러 가족을 만나보았다. 푸르니에 가족은 엄마가 암에 걸렸지만 가족이 혼란에 빠지지 않을 수 있었다. 하이타워 가족은 가정형편이 급격하게 나빠졌을 때 삶에서 더 많은 것을 얻는 법을 배웠다. 구아리니-서스킨드 부부는 25년간의 결혼생활을 대부분 둘째 아이의 우울증과 싸우며 보내면서도 가족의 유대를 다질 수 있었다.

"우리 아이들은 서로 연락을 주고받으며 가깝게 지냅니다. 집에 오지 못하면 컴퓨터로 화상 통화를 해요." 카라가 설명한다. "만일 10년 전이었다면 우리가 잘하고 있다고 자신 있게 말할 수 없었을 겁니다. 하지만 가족의 상황은 계속 변화합니다. 크게 보면 모든 것이 잘 풀렸어요." 그들은 다행히 훌륭한 조언을 들을 수 있었고, 아이를 적절히 치료받게 할 수 있었다. 그럼에도 불구하고 힘든 시간이었다.

어려운 가정사를 솔직하게 이야기해준 것에 대해 감사하자, 카라는 말했다. "어떤 부모도 아이를 완벽하게 키울 수 없고, 어떤 아이도 완벽하게 행동할 수는 없어요. 하지만 우리 가족은 잘 견뎌냈어요. 예전과 비교해보면 지금은 아주 잘하고 있는 것 같아요."

이들 가족의 이야기에서 한 가지 공통점을 볼 수 있는데, 우리는 그것을 '가족의 투지'라고 생각한다.


## 투지에 관한 진실

사전에서 투지의 정의를 찾아보면 '불굴의 용기, 강인함, 결단력과 같은 개인적 특성'이라고 나와 있다. 개인의 투지에 대한 연구들은 또한 '장기간의 목표를 추구하는 끈기와 열정'이라고 정의한다. 투지는 인생의 성공을 보장하는 핵심적인 요인인 셈이다.

이러한 투지를 가족에게 어떻게 적용할 수 있을까?

투지를 가진 가족은 똘똘 뭉쳐서 공동의 목표를 함께 추구한다. 그들은 세상일이 항상 쉽지는 않으며, 예상치 못한 일들이 일어난다는 것을 알고 있다. 하지만 열심히 노력하고 인내하며, 필요하면 기대를 조정한다.

가족의 투지는 어떻게 나타나는가? 투지는 가족을 똘똘 뭉치게 만드는 힘이다. 어떤 가정에서는 충분한 정력과 의지를 가진 한 사람이 다른 가족을 이끌어간다. 예를 들어 홀어머니가 고군분투하며 슬럼가의 열악한 환경에서 아이들을 지켜낸다. 이혼 후에 어느 한쪽이 여전히 적대적으로 대하는 전 배우자의 협조를 받아 아이들을 보살핀다. 장애나 중병을 가지고 있는 아이가 성숙한 지혜와 포용력으로 오히려 가족에게 용기를 준다.

인생을 살아가는 데 있어서 투지는 특별한 재능이나 지능보다 중요한 능력이다. 연구를 보면 재능을 가진 사람이 반드시 성공하는 것은 아니다. 그보다는 의지가 강하고, 목표가 확실하고, 열심히 노력하는 사람이 최고의 자리에 오를 가능성이 높다.

투지를 가진 가족도 마찬가지다. 그들은 개인적으로 똑똑하거나 재능이 있는 것만으로는 한계가 있음을 알고 있다. 그들에게 가족이 의미하는 것은 그 구성원들이 성공하는 것보다 중요하다. 그들은 우승 메달이 아니라 성취에 의미를 둔다. 그들에게 벽난로 위의 트로피는 개인의 재능보다 스포츠 정신을 기리는 것이며, 은행에 저축되어 있는 돈은 더 잘살기 위한 수단이 아니라 열정과 노력의 결과물이다. 투지를 가진 가족은 무슨 일이 일어나도 더 큰 뭔가에 연결되어 있음을 느낀다. 그들은 함께 역경을 이겨낸다.

진실한 삶을 사는 가족에게는 투지가 있다. 그레그 펄먼의 말에서 이러한 투지를 느낄 수 있다. "우리 가족은 우리 자신의 가치관에 충실하기 때문에 다른 사람들이 뭐라고 하든 신경 쓰지 않습니다."

래니와 빌 앨런 부부는 열여섯 살인 피터, 열네 살인 카일, 열두 살인 톰, 열 살인 해나에게 항상 "너희는 너희 자신뿐 아니라 가족을 지켜야 하는 책임이 있다"라고 주지시킨다. 앨런 부부는 언제나 그들이 바라는 가족에 대한 분명한 그림을 가지고 아이들을 지도한다. "우리 가족은 진정성과 정의를 소중하게 생각한다고 아이들에게 항상 이야기합니다."

투지를 가진 가족은 더 큰 그림을 볼 수 있다. 그들은 가족이 힘을 합치면 어떤 어려움이나 시련도 헤쳐나갈 수 있음을 알고 있다. 가족은 그 자체로 보호할 가치가 있다고 여긴다.

정리하자면, 투지를 가진 가족은 다음과 같다.

- ♥ 건강하고 견고하다. 가족 구성원들은 훌륭한 대처 능력을 가지고 있으며, 분명하고 솔직하게 대화하면서 어떤 상황에서도 강한 정신력을 유지한다.
- ♥ 결단력이 있다. 그들의 집합적인 힘과 정력은 시련을 딛고 일어나 어떤 장애물도 넘어갈 수 있게 한다.
- ♥ '경영진'이 훌륭하다. 부부가 협조해서 가정 생태계의 균형이 유지되도록 관리한다. 한부모 가정도 마찬가지다.
- ♥ 가족이라는 의식이 있다. 가족이 가진 힘을 잊지 않는다. 서로에게 의지하고 도움의 손길을 내민다.

투지를 가진 가족이라고 해도 모든 불행에 면역이 되어 있는 것은 아니다. 분명 그들의 정직성, 친밀감, 자기 치유력, 끈기는 서로에게 도움이 되지만 불가피하게 일어나는 일을 예방하거나 적대적인 사회를 관대하게 만들 수는 없다. 가족이 곤경에 처했을 때 의식만으로는 해결할 수 없는 부분이 있다. 하지만 투지를 가진 가족은 적어도 그들 자신에게 솔직해질 수 있다.

투지는 역경을 딛고 일어서는 일종의 자기 치유력이다. 우리는 자기 치유력이 무엇인지 알고 있다. 하지만 가족의 경우 자기 치유력은 가족 구성원들의 개인적 상황과 가정형편에 따라 달라질 수 있다. 한 뉴질랜드의 가족 학자는 가족의 자기 치유력에 대한 연구를 검토하고 나서 "가족과 아이들을 상담하는 사람들이 풀지 못하는 영원한 수수께끼"라고 말했다.

다음 이야기들은 읽으면서 가족의 투지가 어떤 것인지 생각해보자. 가족마다 상황이 다르지만 공통점은 가족 구성원들이 똘똘 뭉친다는 것이다. 투지를 가진 가족은 아기 돼지 삼형제의 벽돌집처럼 늑대가 아무리 바람을 세게 불어도 무너지지 않는다.


## 건강하고 견고하다: 버뱅크 가족

가족 구성원들이 훌륭한 덕목을 갖추고 있고 가족관계가 건강하면 단합과 연결이 이루어진다. 그런 가족은 무슨 일이 닥쳐도 신념을 잃지 않는다. 가족의 정신적인 삶은 제도화된 종교와는 관계가 없다(96쪽 참고). 하지만 그들은 더 큰 뭔가에 속해 있는 느낌에서 용기와 희망을 얻는다.

홀리 버뱅크는 다섯 차례나 암을 이겨내고 이제 50대가 되었다. 그녀와 남편 롭은 아들 대니에게 일상생활과 엄마의 상태에 대해 항상 허심탄회하게 이야기해왔다. 대니의 눈높이에 맞추어 상황을 설명해주고, 그가 느끼는 감정을 이해할 수 있도록 도와주었다. 얼마 전에는 홀리가 6개월마다 받는 정기검진을 위해 세 사람이 함께 시카고로 갔다.

"제가 받고 있는 임상실험의 효과에 대해 의사와 함께 이야기하는 자리에 대니도 함께 있었어요. 그날은 금요일이었고, 그다음 날 우리는 카약을 타고 놀았죠." 대니는 보통 자기 전에 부모의 욕실에서 이를 닦는데, 그날 저녁에는 나타나지 않았다.

"아이의 방에 가서 무슨 일이 있느냐고 물었어요. 아이가 충격을 받은 것을 알 수 있었죠. '오늘은 우리 침대에서 같이 잘래?'라고 물었더니 선뜻 그러겠다고 하더군요. 대니는 걸음마를 시작한 이래 우리 침대에서 잔 적이 없었어요. 그런데 우리 가족이 안전하고 온전하다는 것을 확인하고 싶었던 거죠."

홀리는 대니에게 영원히 그의 곁에 있겠다고 약속할 수는 없지만, 건강하게 살기 위해 최선을 다하고 있다는 것을 보여주려고 노력한다. 얼마 전 대니는 어떤 암 환자가 건강지원단체에서 상을 받았다는 소식을 듣고 홀리에게 말했다. "엄마도 그 상을 받을 자격이 있어요. 암을 다섯 번이나 이겨냈잖아요."

바로 이전 세대만 해도 사람들은 암이라는 단어를 쉬쉬했다. 하지만 요즘에는 저녁 식탁에서 암에 대해 토론할 정도가 되었다. 아이들에게 짐을 지우는 것과 솔직하게 말해주는 것 사이의 경계가 모호하긴 하지만, 투지를 가진 가족은 어떤 어려움도 헤쳐나갈 수 있다는 믿음을 가지고 있다. 아이들에게 진실을 감추기보다는 마음의 준비를 하고 보다 성숙해질 수 있도록 도와주어야 한다.


## 결단력이 있다: 단젤로 가족

루비와 조지 단젤로는 일곱 살인 베서니와 다섯 살인 셰리를 키우고 있다. 루비는 베서니를 "귀가 잘 안 들리지만 훌륭하고 활기차고 씩씩한 아이"라고 묘사한다. 그녀는 베서니의 문제를 알았을 때 처음에는 힘들어했지만 시간이 지나면서 성숙한 마음가짐을 갖게 되었다고 덧붙여 말한다. 이것은 장애를 가진 아이를 키우는 부모들만이 이해할 수 있는 공통적인 경험이다.

베서니는 태어날 때부터 청력에 이상이 있었다. "저는 아기처럼 울었어요. 내 아이의 귀가 잘 들리지 않을 거라고는 상상도 하지 못했어요. 저는 종종 인생이란 여러 가지 기회와 경험에 열려 있는 문들을 지나가는 것이라는 생각을 했어요. 그런데 그 문들이 모두 닫혀버린 것 같았죠. 그 문들은 이제 영원히 열리지 않는 것일까? 우리 아이는 평생 음악이나 내 목소리를 듣지 못할까? 이런 생각이 들면서 정말 무서웠어요." 베서니는 2주일 뒤에 다시 받은 청력검사를 통과했지만, 루비는 마음 한구석이 여전히 찜찜했다.

베서니는 적극적이고 호기심이 많은 아이였다. "9개월에 말을 시작했는데, 어휘력이 뛰어나고 성격도 원만했어요." 하지만 돌아보면 석연치 않은 일들이 있었다. 베서니는 이름을 불러도 돌아보지 않을 때가 있었다. "때로 제 얼굴을 자기 쪽으로 끌어당겼는데, 지금 생각하면 제 입술을 읽으려고 그런 것이었어요." 그러다가 둘째 딸 셰리가 태어났다. 두 살이 된 셰리는 당시 네 살이었던 언니보다 말을 더 잘했다.

베서니는 새로 검사를 받았는데, 양쪽 귀의 청력이 50퍼센트 아래로 떨어졌다고 했다. 선천적인 문제라고 했다. "또다시 인생이라는 복도에 열려 있는 문들이 닫혀버린 거죠." 루비는 당시를 "하지만 이번에는 그 도전을 똑바로 직시하기로 했어요"라고 회상한다.

아이가 장애를 가지고 있다는 것을 처음 알게 되면, 부모는 당연히 큰 충격을 받고 선뜻 인정하지 못한다. 그럴 때 과잉반응을 하지 않으려면 성숙함과 투지가 필요하다. 부모가 먼저 자기 자신에게 솔직해지지 않으면 아이가 필요로 하는 도움을 줄 수 없다. 현실을 직시하고 다른 가능성을 찾아보아야 한다. 같은 문제를 가진 아이들의 부모들이나 전문가들을 만나 조언을 들어볼 수 있을 것이다. 또한 많은 아이가 심각한 문제를 극복하고 잘 자라는 것을 알면 위안을 받을 수 있다.

랜디는 그들 부부가 베서니를 독립적인 개인으로 생각했기 때문에 다소 수월했다고 덧붙인다. "네 살이 되면서 베서니는 자기주장을 아주 분명하게 했어요. 이미 뚜렷한 개성을 가지고 있었죠. 활발하고 외향적이고 똑똑한 아이예요. 청력 손상은 또 다른 특성일 뿐이죠."

지원단체들은 부모들에게 '청각장애'라고 부르지 말고 '특수한 조건'이라고 부르라고 조언한다. 언어가 우리의 생각을 제한하기 때문이다. 사실 어떤 사람도 한 단어로 정의할 수는 없다. 루비가 베서니에 대해 깨달은 것처럼, 사람은 누구나 수많은 자아로 구성되어 있다. 우리의 자아는 어디에 누구와 함께 있느냐에 따라 달라진다. 우리의 '나'가 가지고 있는 다양한 측면들은 능력/무능력과는 다른 문제이다. 모든 것을 잘하는 사람은 없다. 똑똑하다, 운동을 잘한다, 또는 귀로 듣지 못한다는 것은 한 가지 측면에 불과하다.

베서니가 학교에 입학할 나이가 되자, 루비가 해야 할 일들이 더 많아졌다. 베서니를 공립학교에 입학시키는 것은 "힘들고 지치는 과정"이었다고 루비는 말한다. 그녀는 관계자들과 만나는 동시에 스스로 느끼는 불안감을 다스려야 했다. "그 모든 일에 개인적인 감정을 개입시키는 것은 아이에게나 저 자신에게나 도움이 되지 않았어요. 이제 어떤 모임에 갈 때 저는 베서니의 엄마가 아니라 후원자로 참석합니다. 건의사항을 간단히 정리한 명단을 들고 가서 정식으로 제출하죠." 학교 관리자들과 교사들은 루비가 아이에게 얼마나 많은 노력과 시간을 투자하는지 알고 기꺼이 도움을 주고자 한다. "누군가에게 도움을 청하기 전에 제가 먼저 최선을 다하는 모습을 보여주려고 노력해요."

베서니가 1학년이 되었을 때 루비는 닫힌 문에 대해 더 이상 걱정하지 않게 되었다. "베서니는 자립할 수 있는 가능성을 보여주었어요. 우리 아이는 스스로 문을 열고 씩씩하게 걸어 나갈 거예요."

## '경영진'이 훌륭하다: 마르티네즈-갈런드 가족

로베르토 마르티네즈와 앨리슨 갈런드는 2005년에 이혼했다. "사람들은 항상 '누가 먼저 이혼을 제안했느냐'고 묻습니다. 그러면 제가 먼저 했다고 대답하죠. 하지만 문을 열고 나가는 사람이 항상 악당인 것은 아닙니다. 부부 갈등의 원인은 한 가지가 아니라 여러 가지가 복잡하게 얽혀 있어요."

"우리 두 사람은 이혼 가정에서 자라지 않았어요. 저는 주변에서 이혼한 사람을 거의 보지 못했죠." 그들은 7년 전에 결혼했다. 로베르토는 충격과 상처를 받았다고 인정한다. "아내가 이혼하자고 했을 때 타고 가던 자동차 바퀴가 떨어져나가는 느낌이었죠. 아이들을 어떻게 할 것인지, 제가 시간을 내어 아이들을 돌볼 수 있을지 걱정했습니다. 아내는 아이들을 나와 함께 돌보고 싶다는 뜻을 분명히 했어요." 두 아이 엘리와 미니는 당시 18개월과 48개월이었다.

"어릴 때 이혼 가정의 친구들에게 어떤 점이 가장 힘들었느냐고 물었어요. 최악은 부모가 계속 싸우거나, 부모 중 어느 한쪽을 더 이상 만나지 못하는 것이었다고 하더군요."

앨리슨은 아이들에게 상처를 주지 않고 이혼의 후유증을 최소화할 수 있는 방식을 원했다. "추한 모습을 보이고 싶지 않았습니다. 브루스 윌리스와 데미 무어처럼 살고 싶었지요. 거울에서 나 자신을 볼 수 있어야 했어요."

그녀는 각자 이혼 변호사를 앞세워 적이 되어 싸우기보다는 중재자를 고용하기로 했다. 중재자는 가족 전체를 위한 코치와 법률 고문 역할을 하는 변호사이다. 앨리슨과 로베르토가 다툴 때마다 그 중재자는 두 사람이 원하는 것은 새로운 형태의 가족을 만드는 것임을 상기시켰다.

이혼은 가정이 해체되는 것과 다름없다. 부모는 새로운 집으로 옮겨 가고, 아마 새로운 배우자와 살게 될 수도 있다. 두 사람은 아이들이 원하는 것을 염두에 두고 새로운 관계를 구축해야 한다. 그들은 더 이상 부부가 아니지만, 영원히 아이들의 공동 양육자이다. 어른들이 불안과 상처와 분노를 다스리지 못하면 아이들은 더 큰 혼란을 겪는다.

"다행히 우리는 이혼한 뒤에도 언제나 솔직하게 대화를 했습니다. 그것이 기초가 되었습니다." 로베르토는 아내를 잃었지만 아이들을 얻었다. 이혼 전에 그는 가족보다 일을 우선했다. "이혼은 저를 더 좋은 아빠로 만들었습니다. 아이들을 학교나 여가활동 장소에 데려다주면서 차 안에서 대화를 자주 합니다. 그 시간이 아주 즐겁죠."

그는 다른 이혼한 아빠들에게 "함께하는 시간이 많을수록 아이들과 가까워지고, 같이 있는 시간이 점점 더 즐거워집니다. 피곤하더라도 그렇게 해야 합니다"라고 조언한다.

로베르토와 앨리슨이 '가족'을 이야기할 때는 이제 여덟 살, 열한 살이 된 두 아이와 로베르토의 새 아내 소피까지 포함된다. 로베르토는 이혼하고 1년 만에 소피와 데이트를 시작했다.

아이들은 지금 양쪽 집에서 각각 일주일의 절반씩 보낸다. 그런 생활은 세 사람의 부모가 아이들이 무엇을 필요로 하는지 알고 있기에 가능하다. 어떤 문제가 있을 때마다 그들은 용기를 내어 솔직하게 대화하고, 상대방의 입장을 이해하며, 도마뱀 뇌에 지배당하지 않으려고 노력한다. "우리는 분명하고 솔직하게 대화하려고 노력합니다." 앨리슨은 말한다. "우리의 현대적인 가족이 아주 자랑스러워요. 아이들은 잘 자라고 있고, 가족이라는 개념에 대해 매우 개방적인 생각을 가지고 있어요."

## 가족이라는 의식이 있다: 몬태나-포터 가족

"우리 가족을 바라보며 제 오랜 꿈이 이루어진 것을 확인하곤 합니다." 서른네 살인 매슈 몬태나는 열두 살이 되던 생일에 촛불을 끄면서 아이들을 키우며 살게 해달라는 소원을 빌었다고 한다. "그 이후 매년 생일 때마다 같은 소원을 빌었어요. 아이들이 없으면 제 인생이 완전할 수 없다고 생각했죠."

하지만 그 소원은 또한 그를 슬프게 했다. 그는 20대에 커밍아웃을 하고 디자이너로 성공했지만, 혼자 아이를 입양하는 것은 엄두가 나지 않았다. 그러다가 개빈 포터를 만났는데, 첫눈에 그와 평생을 함께할 수 있겠다는 생각을 했다. 그들은 비슷한 배경과 인생관을 가지고 있었다. 하지만 '언젠가' 아이들을 키우겠다는 그의 생각에 개빈이 반대했다면 계속 만날 수 없었을 것이다.

개빈은 매슈와 처음 만나서 했던 대화를 기억한다. "저는 항상 아이들을 키우는 것에 대해 관심을 가지고 있었죠. 당시 동성 커플들은 어땠는지 몰라도, 저는 그 생각에 열려 있었어요."

동성 커플이 부모가 되기 위해서는 가족에 대한 의식이 더 확고해야 한다. 입양에 대한 한 연구는 다음과 같은 결론을 내렸다. "입양 절차가 까다로운 것은 예비 양부모들에게 오히려 장점으로 보인다. 그들은 아이를 입양하는 의도를 적어야 하는데, 그러면서 가족에 대한 비전, 종교, 훈육, 육아 철학에 대해 생각할 기회를 갖는다."

이런 이야기를 하는 이유는 매슈와 개빈이 동성 커플이라서가 아니다. 그들은 어떤 문제점이나 질병을 가지고 있지 않으며, 서로 사랑하는 유쾌하고 양심적인 남자들이다. 또한 개화된 시대를 살고 있다. 이 책이 출판될 즈음에 미국 대법원은 동성 결혼을 인정하는 역사적인 결정을 내렸다. 하지만 국가의 정책과 무관하게 일부 사람들은 계속해서 동성 부모들을 '비정상'이라고 생각할 것이다. 무엇보다 가족의 배경—국가, 도시, 마을, 동네, 학교—이 그들에게 호의적이지 않으면 일상생활조차 힘들어진다.

매슈와 개빈은 운이 좋았다. 그들은 7년을 함께 살면서 서로에 대해 확고한 믿음을 갖게 되었다. 두 사람은 각자 자신의 일을 열심히 하면서도 무엇보다 가족을 우선한다. 그들은 함께 의논하고 결정을 내리는 것을 편안하고 자랑스럽게 느낀다. 그들은 2009년 아들 게일린이 태어날 때 함께 있었고, 또 다른 아이를 입양할 계획을 가지고 있다. 그들이 사는 마을에는 다른 동성 커플들이 살고 있고, 그들을 지원해주는 가족들과 친구들이 있다.

그들은 모든 것이 더도 말고 덜도 말고 지금과 같기를 바란다. 하지만 미래에 어떤 일이 일어나도 흔들리지 않고 가족으로 살아가기 위한 능력과 추억을 차곡차곡 쌓아가고 있다. 그들은 머리와 가슴속에 간직한 가족의 그림을 지키기 위한 노력을 계속할 것이다. 게일린은 아직 어려서 많은 보살핌이 필요하다. 이제 두 사람이 해야 할 일은 아이에게 귀를 기울이고 가족의 이해 당사자가 되도록 가르치는 것이다. 이것은 쉬운 일이 아니지만, 가족의 투지가 있으므로 어떤 어려움도 이겨낼 수 있을 것이다.

"가족은 내 삶에서 정말 중요한 것이 무엇인지 알게 해줍니다." 매슈는 말한다. "일이나 다른 개인적인 문제로 힘들 때도 가족을 생각하면 모든 것이 잘될 거라는 믿음이 생기죠."

개빈은 그 말에 동의한다. "그래서 가화만사성이라는 말이 있는 겁니다."


## 단란한 가정에도 폭풍은 일어난다

우리는 한 치 앞을 내다볼 수 없으며, 언제 어떤 시련이 닥칠지 알지 못한다. 아마 가장 힘든 상황은 가족이 병에 걸리거나 장애를 갖게 되는 일일 것이다. 배우자가 심장 수술을 받거나 아이에게 어떤 장애가 있다는 것을 알았을 때는 무엇보다 무너지지 않고 버틸 수 있는 투지가 필요하다. 그럴 때 지켜야 할 몇 가지 중요한 규칙이 있다.

당장 조치를 취한다. 가족에게 어떤 문제가 생겼을 때는 너무 오래 기다리지 말자. 현실을 직시하고 조치를 취하자. 미룰수록 점점 더 힘들어질 뿐이다.

배워라. 정보를 구하고 다른 가족들을 만나보고 지원단체를 알아보자. 질문을 많이 하자. 경우마다 다르지만, 적어도 문제를 정확하게 알아야 도움을 받을 수 있다.

적절한 도움을 받는다. 같은 문제를 겪었거나, 직접 관련된 일을 하거나, 가정에서 돌보는 방법을 알려줄 수 있는 사람들을 찾아보자. 필요하면 여러 의사의 의견을 들어본다.

협조를 구한다. 전문가의 조언을 구하자. 가족이 함께하지 않는다면 적어도 치료에 방해가 되는 말이나 행동은 하지 못하게 하자.

솔직해진다. 공개적으로 이야기하자. 앞에서도 지적했듯이 아이들은 자신에게 어떤 문제가 있는지 알면 부모 말을 순순히 따른다. 어른들도 마찬가지다. 어떤 문제가 있는지 알아야 인정하고 노력할 수 있다.

평소처럼 대한다. 이해는 하되 동정하거나 책임을 면제해주지 말자. 특별대우는 아이의 발전을 지연시킨다. 또한 다른 형제들의 질투심을 일으킬 수도 있다. 특히 배우자의 경우에는 특별대우를 해주다가 지치면 원망하는 마음이 생길 수 있다.

관리하고 관찰하고 피드백을 구한다. 전문가에게 치료를 위임하는 것으로는 충분하지 않다. 집에서 할 수 있는 일을 알아보자. 가족 체크인을 가지고 상의해보자.

치료법을 조절한다. 아이들은 자라면서 약의 종류나 복용량을 조절할 필요가 있다. 어른도 체중이 늘거나 줄어들면 복용량을 바꿔야 한다. 또한 나이가 들면서 문제가 다른 형태로 나타나기도 한다.

최악을 상상하지 않는다. 얼마나 멀리, 또는 얼마나 빨리 갈 수 있는지에 대해 현실적으로 생각하자. 서두르지 말고 인내하면서 가족의 사랑과 지원에 대한 믿음을 갖자.

가족 전체를 바라보는 시각을 유지한다. 한 사람의 '나'를 위해 가족의 '우리'를 포기하지 않도록 하자. 각자 새로운 상황을 어떻게 받아들이는지 알아보자. 그로 인해 가족 간의 관계에 어떤 변화가 생겼는가? 가족이 곁에 있다는 것을 알고 자신이 가족에게 중요한 존재라고 느끼는 것은 치료에 큰 도움이 된다.

만일 가족 중에 누군가 현실을 인정하지 못하거나 죄책감을 가지고 있다면, 허심탄회하게 대화를 나누는 것이 중요하다. 힘든 시간을 이겨낼 수 있도록 가족이 서로 도와야 한다.

에필로그

# 폭풍우를
# 막아주는 피난처

우리의 삶은 찰나에 불과하다.
우리는 이 행성에 잠깐 머무는 방문객이며 손님일 뿐이다.
그렇게 짧은 시간을 서로 반목하면서 불행하게 보내는 것보다
더 어리석은 일이 있을까?
여기서 보내는 짧은 시간을 타인들과
교류하고 그들에게 봉사하면서 의미 있는 삶을 살도록 하자.

달라이 라마


함께 모이는 것이 시작이고,
함께 계속하는 것이 발전이며,
함께 일하는 것이 성공이다.

헨리 포드

## 가족이 좋다

"도움을 주는 것과 부담을 주는 것을 구분하는 경계는 어디인가? 친근하게 다가가는 것과 매달리는 것의 경계는?" 뉴욕 대학교의 언론학 교수이며 세 아이의 엄마인 메리 W. 퀴글리는 자기 블로그*의 '어바웃' 페이지에서 이렇게 묻는다. 메리는 그 블로그를 '새로운 육아 철학을 위한 GPS' 역할을 하도록 설계했다고 한다. "하루가 다르게 변화하는 세상 속에서 부모 자식 간의 연결은 점점 더 드물고 어려운 일이 되고 있다."

메리의 블로그에는 수시로 크고 작은 가정사와 관련된 소식, 관점, 조언이 올라온다. 2012년 11월 6일 메리는 "우리 블로그는 보통 자연재해를 다루지 않지만, 이번 주에는 무시할 수 없을 것 같다"라고 썼다.

메리는 '세기의 폭풍'이라고 불린 허리케인 샌디를 경험한 이야기를 자세히 기술했다. 노스이스트에서 가장 큰 피해를 입은 지역인 롱아일랜드의 집에서 메리는 남편과 딸과 함께 웅크리고 앉아 나무들이 쓰러지고 불꽃이 튀는 광경을 망연자실한 채 지켜보았다. 독립해서 생활하는 두 아들에게 전화를 걸었지만 연결이 되지 않았다. 9·11의 불길한 기억이 되살아났다. 뉴욕 대학교의 비상연락망에서 문자를 보내왔다. 다운타운 맨해튼의 기숙사에는 전기가 끊기고 학생들은 밖에 나가지 말라는 지시가 내려졌다고 했다. 메리는 "어두운 방에 갇혀 있을 자녀와 연락이 닿지 않는

---

\* Mothering21.com

많은 부모들"의 안타까운 심정을 직접 경험했다.

화요일 아침이 밝았을 때, 퀴글리 가족은 다행히 심각한 피해를 입지 않았지만 많은 이웃은 그렇지 못했다. 한 노부부는 지난해 딸 부부가 사는 집이 허리케인 아이린의 직격탄을 맞았는데, 이번에는 자신들이 사는 집이 무너졌다고 하소연했다.

일주일 후 세대 간의 상호작용에 비상한 관심을 가지고 있는 메리는 가족 전체에 초점을 맞춘 렌즈를 통해 그 여파를 바라보았다.

우리 구역에서만 여섯 집이 피해를 보았다. 집을 잃은 젊은 부부는 이제 얼마 동안 그들의 부모와 함께 살아야 한다. 60대의 할머니는 아들 내외가 집수리에 전념할 수 있도록 손자 둘을 쌍둥이 유모차에 태우고 하루에도 몇 번씩 밖으로 나간다. 옆집에는 지난 목요일에 출산한 딸이 남편과 세 아이를 데리고 와 있다. (……) 위기를 겪으면서 가족의 유대는 점점 깊어지고 있다.

메리는 계속해서 가족의 친절과 관용을 보여주는 예들을 소개했다. 한 노부부는 인근 마을에 있는 딸네에서 신세를 지기로 했다. 메리의 한 친구는 사촌 부부와 그들의 다섯 아이들에게 집을 개방했다.

한 이웃은 성난 바닷물에 잠겨버린 롱비치의 해변 마을에 사는 친척들을 받아들였다. 충격에 휩싸인 친척들에게 피난처를 제공하는 것은 쉽지 않은 일이다. 게다가 언제 상황이 정리될지 알 수 없었다. 롱비치의 집을 수리하기까지 몇 달이 걸릴 수도 있었다.

"하지만 가족이잖아요." 메리의 이웃은 말한다. "가족 좋다는 것이 뭐겠어요."

## 다른 가족들과 함께하다

자연재해는 사람들에게서 선의를 이끌어낸다. 재난은 사람들을 단결하게 만든다. 예를 들어 2011년 겨울에 사전트-클라인 가족이 사는 노스이스트 마을에 눈보라가 치면서 전기가 끊어졌다. 예상치 못한 정전은 슈퍼마켓과 편의점을 포함해 마을 전체를 마비시켰다. 가족들은 찬장을 탈탈 털어야 했다. 나흘째 정전이 계속되자 쌍둥이 남매 세스와 레이철은 동네를 돌면서 문을 두드리기 시작했다. 그들은 열세 살 때부터 신문배달이나 이웃집 정원일을 해서 용돈을 벌었다. 동네가 온통 눈과 얼음으로 뒤덮이자, 그들은 누가 시키지 않았는데도 차도에 쌓인 눈을 삽으로 퍼내고 떨어진 나뭇가지들을 치웠다. 중노동을 마친 후 집에 돌아가서는 핫초콜릿을 마시며 친구들과 머리를 맞대고 이웃에 도움을 줄 수 있는 다른 방법을 궁리했다.

레이철은 친구 애슐리와 함께 이번에는 메모장을 들고 집집마다 찾아다니며 물었다. "내일 아침에 먹을 수 있는 커피와 도넛 주문을 받고 있어요. 주문하시겠어요?" 세스는 집에서 도넛을 만들 재료를 준비했다. 그는 중학교 때부터 가족을 위해 빵을 구웠다. 아빠와 함께 마당에 만들어놓은 오븐은 장작을 때는 것이어서 요긴하게 사용할 수 있었다.

다음 날 아침 아이들은 새벽부터 보온병과 갓 구운 시나몬 도넛을 들고 배달에 나섰다. 그들은 자발적으로 도움의 손길을 내밀었다. 어릴 때부터 부지런한 생활 습관과 다른 사람들을 생각하는 법을 배운 그들은 그렇게 하는 것을 아주 자연스럽고 당연한 일이라고 생각했다.

래니와 빌 앨런은 아이들과 함께 근처 교회와 자매결연을 맺은 맥더피 미션에서 봉사를 해왔다. 빌은 맏아들 피터를 데리고 미시간에 가서 화재로 소실된 집들을 복구하는 일을 했다. 열세 살인 세스는 동네에서 휠체어 경사로를 만드는 일을 도왔다. 특별한 재주가 없어도 할 수 있는 일은 얼마든지 있다고 빌은 말한다. "토네이도가 지나간 뒤 저는 아들들과 함께 잔해를 치우러 갔고, 막내는 집에서 샌드위치를 만들었죠."

봉사를 하면서 배우는 교훈의 결과는 종종 다른 곳에서도 나타난다. 피터의 축구 팀 코치를 하는 빌은 얼마 전 경기에서 그의 팀이 9대 0으로 앞서고 있던 때를 떠올렸다. 운동을 잘하는 피터는 얼마든지 한 골 더 넣을 수 있었는데도 다른 선수에게 공을 패스했다. "경험이 없는 선수에게 득점 기회를 주는 것은 훌륭한 스포츠맨십이죠. 제가 그렇게 하라고 말한 적은 없습니다. 아이 스스로 그렇게 하는 거죠."

선량한 시민의 한 사람으로서 주위 사람들에게 도움을 주는 일에 참여하면 품성이 길러지고, 자제력이 생기고, 마음이 열릴 뿐 아니라 더 행복하고 건강해진다. 자원봉사에 대한 연구를 보면, 타인을 돕거나 약자의 권리를 위해 싸우는 것이 우리 자신을 치유하는 데 효과가 있음을 알 수 있다. 그리고 실제로 더 건강하게 오래 산다.

스탠퍼드 대학교 명예교수이며 심리학자인 필립 짐바르도의 연구를 보면, 자원봉사를 하는 사람들은 기회가 왔을 때 영웅적인 행동을 할 가능성이 세 배 더 높은 것으로 나타났다. 폭풍이 지나간 뒤 도넛과 커피를 배달하는 10대 아이들처럼, 그들은 기회가 있으면 언제라도 타인들을 도울 준비가 되어 있다.

우리의 시간과 재능을 기부하기 위해 반드시 어떤 단체를 통해야 하는 것은 아니다. 사람들과 소통하면서 마음을 열고 베푸는 것은 건강한 삶을 사는 비결이다.

# 가족은 마을 전체를 필요로 한다

40대 중반의 미용사인 브레아 헤론은 '아이를 키우기 위해서는 마을 전체가 필요하다'는 신조를 가지고 있다. 어떤 사람들은 브레아가 트로이의 아빠인 앤서니와 동거와 별거를 반복하는 것을 의아해하고, 트로이가 홀어머니 밑에서 자란다고 생각하기도 한다. 하지만 브레아는 개의치 않는다. "아이를 키우면서 저 혼자 하는 일이 많은 것은 분명합니다. 그렇다고 해서 트로이가 홀어머니 밑에서 자라는 건 아니에요. 우리 세 사람은 한 가족입니다. 우리 아이도 잘 알고 있어요. 저는 아이에게 부모가 따로 산다고 해도 우리는 한 가족이라고 말해요."

브레아는 가족의 영역을 넓히기 쉬운 직업을 선택했다. 그녀의 가게(많은 미용실과 이발소가 그렇듯이)는 사람들의 왕래가 잦은 마을 광장의 가로수 길에 위치해 있다. 자질구레한 공예품들과 트로이의 어릴 적 사진들로 꾸며진 그 가게는 트로이에게 제2의 집이나 다름없다. 트로이는 아기였을 때 그곳에 오는 손님들 손에서 이리저리 옮겨다니며 방긋방긋 웃어주었고, 좀 더 자라서는 싱크대 옆에 놓인 긴 의자에 누워 있거나 비디오 게임을 하거나 숙제를 하다가 이따금 고개를 들어 어른들의 질문에 대답을 해주곤 했다.

열네 살이 된 트로이는 예전만큼 자주 미용실에 오지 않는다. 하지만 미용실에 오는 손님들은 언제나 그 가족의 이웃이나 다름없다. 트로이를 특별히 사랑하는 몇몇 사람들은 그의 비공식적인 이모와 삼촌이 되었다. 트로이는 몇 년 전 갑자기 세상을 떠난 미용사인 세스에 대해 이따금 이야기한다. 세스는 트로이를 사랑했고, 두 사람은 각별한 사이였다. 다른 미용사인 토니가 임신했을 때도 트로이는 앙증맞은 아기용품을 보면 "저거 사서 토니에게 갖다주자"라며 엄마를 졸랐다. 이제 트로이는 토니가 낳은 아이의 삼촌 역할을 하고 있다.

브레아는 트로이가 어른들과 스스럼없이 지내는 것을 다행으로 여긴다. "사람들은 각각 그에게 특별한 뭔가를 줍니다. 따뜻한 말 한마디라도 아이에게 도움이 될 수 있어요. 저는 홈스쿨링에 찬성하지 않아요. 아이들은 사람들과 만나서 어울려야 해요. 그래야 사람들과 대화하고 서로 돕는 법을 배우죠."

가족의 영역을 확대하는 사회적 네트워크를 구축하기 위해 노력하는 부모들이 증가하고 있다. 바쁘게 생활하다보면 다른 가족은 고사하고 우리 가족의 일정을 맞추기도 힘들다. 하지만 루비 단젤로의 말처럼, 소시민도 많이 모이면 놀라운 일을 이루어낼 수 있다. 루비는 청각장애협회 일원으로 해마다 청각장애자 가족들을 후원하는 대회에 참가하고 있다.

닐과 안드레아 고렌플로는 결혼서약에 사회 참여 의지를 포함시켰다. 닐은 사회적이고 정치적 이상에 초점을 맞추는 신개념의 온라인 일간지 「셰어러블넷(Shareable.net)」의 발행인이다. 고렌플로 부부는 또한 그들의 생각을 행동으로 실천한다. "우리는 사회에 참여하는 가족이 되기를 원합니다." 그들은 이제 네 살인 아들로 하여금 일찌감치 많은 사람과 만나게 해서 사회적 경험을 쌓고 공감 능력을 배우게 하고 있다.

> 우리가 다른 사람들을 생각하면 그들도 우리를 생각한다. 그러면서 사람들 사이의 연결이 어떤 물질적인 보상보다 값지다는 사실을 알게 되고, 더욱 이해가 깊고 용감하고 따뜻한 사람이 된다.

고렌플로 부부는 다른 가족들과 생각과 자원을 함께 나누고 있다. 그들은 아들이 우주의 중심이 아닌 보다 큰 전체의 일부가 되기를 바란다. "아이 위주로 생활하면 가족들이 서로 연결될 수 없습니다"라고 닐은 말한다. 그들은 다른 세 가족과 함께 아이들을 돌보고 있다. 다소 번거로울 수 있지만, 생각이 같은 사람들을 만나면 어렵지 않다.

"아이들을 공동으로 돌보는 방법은 우리가 지금까지 다른 가족들과 함께 해온 것 중 최고의 아이디어였습니다. 돈도 절약할 수 있고, 우리 가족을 위한 작은 마을이 만들어집니다. 제가 아내와 외출할 때는 친구들이 와서 우리 아이를 돌봐주죠."

고렌플로는 그의 온라인 잡지에 종종 가족들을 위한 새로운 아이디어와 정보를 제공한다. "현대 사회는 가족을 등한시하는 것 같습니다. 우리는 경제성장, 일, 돈보다 가족을 우선해야 합니다. 무엇보다 가족은 다음 세대를 생산하죠. 무엇을 하든지 가족에 도움이 될 수 있어야 해요."

## 패밀리 위스퍼링 프로젝트

이 책을 시작하면서 우리는 모든 것이 가족에서 시작되고 끝난다는 이야기를 했다. 우리는 가족 안에서 서로 이해하고 존중하고 관계하는 법을 배운다. 가족 안에서 어른들은 정서 지능과 자제력을 연마하고, 아이들은 감정을 다스리고 행동을 제어하는 법을 배운다. 대의를 위해 희생하는 법을 배운다. 가족은 폭풍우를 막아주는 피난처다.

이 책은 가족의 '우리'를 돌보는 것을 목표로 하고 있다. 가족은 그 구성원 모두가 이해 당사자가 되고, 무엇보다 관계를 중시하며, 특히 가정의 생태계에 새로운 파문이 일어날 때 각자의 '나'를 보살펴야 한다. 여기서 제시한 사례들, 주의사항, 전략을 기억한다면 가족 모두가 행복하고 관대하고 적극적인 훌륭한 시민이 될 수 있을 것이다.

많은 것을 소화해야 할 것이다! 당신에게 적절한 내용을 취하자. 그레첸 루빈은 자신의 경험을 바탕으로 쓴 책 『무조건 행복할 것(*Happiness Project*)』에서 우리의 삶을 바꾸는 방법을 소개한다. '패밀리 위스퍼링 프로젝트' 역시 우리의 삶을 더 나은 방향으로 바꾸는 방법이다. 다시 말하지만, 눈송이가 모두 다른 모양을 하고 있듯이 모든 가족은 다 다르다. 이 책에서 소개한 훌륭한 가족들도 모든 것을 잘하지는 않는다. 중요한 것은 인내심을 가지고 최선을 다하는 것이다.

모든 가족은 시련, 기쁨, 고통, 실망, 사랑, 원망, 때로는 비극을 경험한다. 어떤 가족도 완전하지는 않다. 발전하는 과정에 있을 뿐이다.

이 책에 나오는 정보와 아이디어를 이용해서 당신의 패밀리 위스퍼링 프로젝트를 설계해보자. 가족 중심 사고력 테스트(411~412쪽)를 해보면 당신이 어느 정도 가족 중심의 사고를 하는지 알 수 있을 것이다. 그리고 패밀리 위스퍼링 프로젝트에 얼마나 많은 시간과 에너지를 투자할 것인지 결정하자. 이 프로젝트는 가족의 일과를 점검하는 것으로 출발해서 끝난다. 가족 모두가 적응해야 하는 어떤 특별한 변화를 계기로 삼을 수 있다. 아니면 지금까지 속으로만 끙끙 앓던 고민을 털어놓는 것으로 시작할 수도 있다. 아니면 어떤 고질적인 문제를 좀 더 가족 중심의 사고방식을 취해서 해결하는 것을 목표로 할 수도 있다.

패밀리 위스퍼링은 다른 사람들—개인이나 커플—과 함께할 수 있다. 일정이 바쁘면 한 달에 한 장씩 읽고 토론을 한다. 1년에 걸쳐 주민센터나 커피숍, 혹은 집에서 모임을 갖는다. 함께하면 서로 힘과 위안을 얻을 수 있고, '3요소 시점'에서 바라보는 가족 중심의 사고를 유지하기가 좀 더 쉬울 것이다. 일단 서로 친해지고, 이 책의 기본적인 생각을 소화하고 나면 더 많은 사람을 초대할 수 있다. 예를 들어 5장 '배우자 및 친인척들과의 관계'를 읽을 때는 부모들이나 형제들도 불러서 함께 토론할 수 있다. 특히 가족 체크인에 대해 읽고 토론할 때는 아이들을 포함시킬 수 있다. 마지막 모임에서는 화목한 가정을 위해 많은 생각과 노력을 투자한 것을 축하하자.

패밀리 프로젝트가 지난 일을 돌아보며 후회하는 시간이 되지 않도록 하자. 과거에 다른 선택을 했더라면 어떻게 되었을지는 아무도 알 수 없다. 우리가 통제할 수 없는 사건들이 일어나서 모든 것이 달라졌을 수도 있다. 게다가 과거는 되돌릴 수 없다. 트레이시는 언젠가 일기에 이렇게 썼다.

우리가 함께하는 시간이 얼마나 될지는 알 수 없다. 중요한 것은 오늘 나에게 일어나는 일이다.

패밀리 프로젝트는 어떤 방식이 되거나 지금 당신의 가족을 위해 현명한 결정을 하게 해줄 것이다. 그 목적은 아이들의 재능과 개성을 살려주는 것과 그들로 하여금 가족의 일부로 느끼게 하는 것, 아이들을 보호하는 것과 그들 스스로 탐험하게 하는 것, 매일의 욕구를 충족시켜주는 것과 다른 가족들을 돕는 것 사이에 균형을 맞추는 것이다.

어느 것 하나 쉬운 일은 없지만 우리 자신을 지구촌 가족의 일원으로 생각하면 균형을 맞추기가 좀 더 수월할 것이다. "빨리 가기를 원한다면 혼자서 가라. 멀리 가기를 원한다면 함께 가라"는 아프리카 속담이 있다. 만일 모든 사람이 자신의 패밀리 프로젝트에 생각과 에너지를 투자한다면, 이 세상은 더 살기 좋은 곳이 될 것이다.

만일 모든 사람이 자신을 지구촌 가족의 이해 당사자로 느낀다면 세상이 어떻게 될지 상상해보자. 교사, 심리치료사, 법률가, 사업가, 재계 거물, 의사, 이혼 변호사, 영적 지도자, 정치가, 정책 입안자, 그리고 가족들과 아이들에게 영향을 주는 사람들이 모두 R.E.A.L.을 갖춘다고 상상해보자. 그들이 모든 가족을 위해 책임감을 가지고 일한다면, 이 세상이 어떻게 될지 상상해보자. 그들이 공감 능력을 발휘해서 엄마, 아빠, 아이들의 입장을 이해한다면, 이 세상이 어떻게 될지 상상해보자. 그들이 진정성을 가지고 어려움에 처한 가족들을 돕기 위해 나선다면 이 세상이 어떻게 될지 상상해보자. 그리고 그들이―그리고 우리 모두가―시종일관 사랑으로 인도한다면, 이 세상이 어떻게 될지 상상해보자.

인식은 변화를 가져온다. 10년 전 트레이시 호그는 베이비 위스퍼링의 개념을 소개하면서 초보 부모들에게 속도를 늦추고 침착해지라고 조언했다. 심호흡을 한 번 하고 아이에게 필요한 것이 무엇인지 생각하라고 가르쳤다. 패밀리 위스퍼링은 가족 전체에 그와 같은 방식으로 접근하는 것으로 시작한다. 우리가 하는 말, 행동, 속도가 가족에게 어떤 영향을 주는지 인식하자. 그리고 일단 마음을 먹었으면 당장 시작하자. 마지막으로, 모든 가족은 저마다 나름의 고충이 있다는 것을 기억하자.

## 트레이시 호그의 딸 사라의 추모글

# 베이비 위스퍼의 유산

어머니를 잊을 수 없다. 그녀는 내가 건너다니는 다리다.

로버타 윔스

우리 엄마를 만났던 사람은 누구나 그녀가 더없이 따뜻하고 편안하고 애정 넘치는 사람이었다고 기억한다. 엄마 주위에서는 어느 누구도 소외감을 느끼지 않았다. 그녀는 항상 가족 모두가 대화에 참여하도록 격려했다. 내가 동생과 말다툼을 하면 상대방 입장에서 생각해보도록 중재했다. 엄마는 우리에게 대화와 소통이 성공적인 관계의 핵심이라고 가르쳤다.

엄마는 가족이 화목해야 아이들이 건강하게 자랄 수 있다고 믿었다. 엄마는 대부분 영유아를 보살폈지만, 또한 복잡미묘한 가족관계에 관심을 기울여야 한다고 생각했다. 그녀는 무엇보다 가족을 중시했고, 가족 모두가 각자 의견을 제시하고 존중받을 수 있는 가정환경을 창조할 수 있도록 도우려 했다.

또한 우리가 어디에 있든 가족을 만들 수 있다고 생각했다. 우리는 공동체 안에서 우리가 선택한 '가족'이라고 불리는 사람들과 지낸다. 하지만 몸은 멀리 떨어져 있다고 해도 가족은 항상 마음의 고향이다! 우리는 가족에 뿌리를 내리고 있다. 사랑과 신뢰 위에 수립된 가족관계는 우리를 발전하게 하고, 든든한 기초와 소속감을 준다.

엄마는 항상 "너도 가정을 꾸리게 되면 알 거야"라고 말했다. 독립해서 살아보고서야 그 말의 의미를 이해할 수 있었다. 아직 엄마가 되지는 않았지만, 곧 그렇게 되기를 희망한다. 그동안 나는 자신의 가족을 위해 온갖 희생을 마다하지 않는 부모들을 볼 수 있었다.

내 동생과 나는 엄마가 하던 일과 유산으로 남은 가르침을 매우 자랑스럽게 여긴다. 엄마가 많은 가족을 도와주었다는 것, 엄마의 목소리가 계속 살아 있다는 것은 아주 멋진 일이다.

많은 사람이 엄마의 지혜를 인정하고 활용하고 있어서 기쁘다. 베이비 위스퍼링은 세월이 흘러도 변하지 않는 전통이 되었다. 가족에 대한 책을 쓰고 싶어 했으니, 엄마도 분명 이 책을 매우 자랑스러워할 것이다. 그동안 엄마가 쓴 훌륭한 책들을 마무리하는 멋진 피날레가 될 것이다.

사라 피어 호그

## 감사의 말

우리가 성공하기까지 다른 사람들의 충성, 도움 격려가
큰 힘이 되었다는 것을 충분히 인식하면 또 다른 사람들에게
그런 선물을 전달하고자 하는 욕망이 생긴다.
감사하는 마음은 우리 자신이 도움을 받을 만한 가치가
있다는 것을 증명해 보이도록 자극하는 강력한 원동력이다.

윌퍼드 A. 피터슨

작고한 트레이시 호그에게 깊은 감사의 마음을 전한다. 그녀의 정신은 항상 나와 함께 있을 것이다. 베이비 위스퍼링은 그녀의 유산이다. 그녀는 내가 자신에게서 배운 베이비 위스퍼링을 가족 전체에 적용하는 방법을 발견할 것이라고 믿었다. 그녀는 패밀리 위스퍼링이라는 용어를 사용한 적은 없지만 분명 마음에 들어할 것이다.

또한 트레이시의 가족이 보내준 성원에 감사한다. 트레이시의 맏딸이며 우수 학생인 사라와 트레이시를 빼닮은 둘째 딸 소피, 트레이시의 형제인 존 호그와 미셸 글래드힐, 어머니 헤이벨 딕슨, 그중에서도 꿋꿋하게 여가장의 자리를 지키고 있는 트레이시의 외할머니 낸에게 감사드린다.

2004년 11월 마지막 통화에서 나는 트레이시에게 전 세계의 '베이비 위스퍼러 엄마들'이 그녀를 보내주지 않을 거라고 말했다. 내 짐작이 맞았다. 그들은 페이스북과 트레이시의 웹사이트에 남아 있는 채팅방(www.

babywhispererforums.com)에서 정보를 공유하고 있다. 그 엄마들(그리고 소수의 아빠들)은 진정한 의미의 공동체를 창조했다. 몇 사람은 자녀가 사춘기가 되도록 10년 넘게 매일 글을 올리면서 초보 부모들에게 도움을 주고 있다! 그들은 충성스러운 대사들처럼 베이비 위스퍼링의 핵심 원칙들을 실천하고 가르치는 임무를 수행하고 있다. 트레이시는 자신의 일을 대신해주는 그들에게 감사할 것이다. 나 역시 그들에게 감사하며, 또한 이 책을 쓰면서 온라인과 전화 또는 스카이프를 통해 나눈 그들과의 대화에서 큰 도움을 받았다. 그들의 이야기를 내가 제대로 전달했기를 바란다.

기꺼이 옛날 기억을 들려준 트레이시의 이전 고객들과 지난 2년에 걸쳐 자신들의 삶을 들여다볼 수 있도록 허락해준 엄마, 아빠, 아이들에게 감사한다.

많은 친구들과 전문가들이 이 책에 대한 열정을 함께했고 가족에 대한 통찰을 제공해주었다. 그들의 의견, 아이디어, 연구가 없었다면 이 책은 세상에 나오지 못했다.

모든 필자에게는 팀이 필요하다. 20년 넘게 나의 뉴욕 에이전트로 일해온 에일린 코프에게 다시 한 번 감사한다. 그녀는 이 책을 기획하고 진행하면서 언제나 내가 하는 일을 지원해주었다. 뛰어난 편집자일 뿐 아니라 친구로서 자신의 가족 이야기를 들려준 그리어 헨드릭스, 열정적이고 유용한 편집 아이디어와 방향을 제시해준 메건 스티븐스, 내가 필요할 때마다 도움을 구하는 사이먼앤슈스터의 세라 캔틴에게 감사한다. 동료 작가인 질 파슨스 스턴은 필요할 때마다 훌륭한 공명판이 되어 나 자신을 돌아보게 해주었다!

특히 이 책에 대해 나의 '우리'—고향과도 같은 가족과 친한 친구들—

에게 감사한다. 내가 누구를 말하는지 알 것이다. 당신들의 사랑과 관심은 나의 길을 밝혀준다. 내가 어디에 있건 당신들은 내 마음속에 있다.

멜린다 블로우
노샘프턴/맨해튼/마이애미/파리

# 가족 중심 사고력 테스트

"우리 가족의 영웅은 우리 가족이야. 우리는 함께하니까."

매니, 〈모던 패밀리〉

우리는 가족을 가장 먼저 생각해야 한다. 건강한 가족이 건강한 사회를 만든다. 지역, 관심사, 필요에 의해 연결된 가족들의 네트워크를 만들 수 있다면 더 좋을 것이다. 하지만 그 모든 것은 각자의 가정에서 시작된다.

이 책을 읽고 당신이 얼마나 가족 중심의 사고를 하게 되었는지 마지막으로 테스트해보겠다. 당신의 점수를 아는 것과 더불어, 이 책에서 읽은 것을 다시 한 번 생각해보게 될 것이다. 이 테스트를 복사해서 가족이 함께 해보자('가족 체크인'에서 할 수 있다).

다음 각각의 항목에 1에서 5까지 점수를 매긴다. 1은 '전혀 그렇지 않다', 5는 '거의 항상 그렇다'를 의미한다.

1. 우리는 어려운 일이 있을 때 서로 협력한다.
2. 우리는 서로를 개인으로 존중하고 지원한다.
3. 우리는 아이 중심이 아닌 가족 중심이다.

4. 우리는 서로에게 귀를 기울이고 배운다.

5. 문제가 생기면 누구를 탓하는 것이 아니라 다음번에 더 잘하는 법을 배우는 기회로 생각한다.

6. 현실을 부정하지 않는다. 주어진 상황을 있는 그대로 인정한다.

7. 어른들뿐 아니라 아이들도 가사와 가정 관리에 참여한다.

8. 정기적으로 가족이 함께하는 일과와 의식을 갖는다.

9. 가족이 함께하는 좋은 추억을 남긴다.

10. 서로 다툴 수도 있고, 나쁜 일이 일어날 수도 있다는 것을 인정하고 부정적인 감정에 사로잡히지 않는다.

11. 가족이 함께하는 프로젝트를 실시한다.

12. 서로 다르기 때문에 더 건강한 가족이 될 수 있다는 것을 이해한다.

13. 가족의 가치관을 알고 있다.

14. 모두가 가정의 생태계에 균형을 유지하기 위해 열심히 노력한다.

15. 우리가 속한 사회와 더 나아가 지구촌을 생각한다.

16. 함께 머리를 맞대고 해결책을 찾는다. 개인의 문제는 가족 모두의 문제다.

17. 최선을 다하지만 반드시 최고가 될 수는 없다는 것을 이해한다.

18. 필요할 때 친척들과 지인들에게 도움을 청한다.

19. 개인적인 목표를 추구할 때도 옆에서 지원해주는 가족이 있다는 것에 감사한다.

20. 다른 가족들과 사회에 도움의 손길을 내밀고 소외된 사람들을 지원한다.

만일 80점에서 100점 사이에 있다면 당신은 이미 가족 중심의 사고를 하고 있으며, 가족 모두에게 도움이 되는 방향으로 가고 있다. 20점에서 40점 사이에 있다면 당신도 모르게 가족보다는 아이들에게 초점을 맞추고 있을 것이다. 아니면 아마도 최근에 어떤 변화를 겪은 후 완전히 회복되지 않은 상태에 있을 수 있다. 중간 점수가 나왔다면 앞으로 얼마든지 개선될 여지가 있음을 의미한다.

# 가족 중심 사고를 위한 12가지 핵심 질문

우리는 전작에서 육아 문제를 해결하는 것은 탐정이 수사를 하는 것과 같다고 설명했다. 부모들이 아이의 행동에 "이유가 없다"고 말하면, 트레이시는 "그렇지 않아요. 적절한 질문을 하지 않기 때문에 답을 찾지 못하는 것입니다"라고 말했다.

다음은 『베이비 위스퍼 골드』에 나오는 '12가지 핵심 질문'을 가족 전체에 적용할 수 있도록 응용한 것이다. 부부 갈등이나 형제들의 다툼이 일어나거나, 전자매체 사용이나 숙제 문제로 입씨름하게 될 때 다음과 같은 질문을 해보자.

1. 배우자나 아이가 어떤 발전 단계에 접어들면서 그 자신이나 가족관계에 변화가 생겼는가? (그가 보여주는 새로운 발전이나 행동이 당신의 기대와 어긋나는가? 아니면 당신의 마음에 들지 않는가?)
2. 일과가 바뀌면서 가족이 함께하는 시간이 많아지거나 적어졌는가?

3. 가족 중 누군가 다이어트를 하거나 수면 패턴에 변화가 생겼는가?

4. 가족 중 누군가 집이나 밖에서 새로운 활동을 하고 있는가? 그렇다면 그것은 가족의 '우리'에 어떤 영향을 주고 있는가?

5. 가족 중 누군가 학교나 직장이 바뀌었거나, 따돌림을 당하거나, 업무량이 증가하는 등의 문제를 겪고 있는가?

6. 가족 중 누군가 평소보다 밖에서 보내는 시간이 증가했는가? 여행을 하고 있는가?

7. 가족 중 누군가 수술이나 질병, 사고(경미한 경우라고 해도)에서 회복 중에 있는가?

8. 가족 중 누군가 유난히 바쁘거나 정서적으로 힘든 시간을 보내고 있는가?

9. 가족 간의 갈등이나 이직, 이사, 죽음 등과 같은 가족과 가족관계에 영향을 줄 만한 사건이 있는가?

10. R.E.A.L.을 갖추고 서로를 대하는가? 아니면 본의 아니게 가족 모두에게 영향을 주는 부정적인 행동을 강화하고 있는가?

11. 친척이나 친구 같은 외부의 어떤 관계에 의해 영향을 받고 있는가?

12. 가정이나 학교, 이웃이나 사회, 국가, 세계와 같은 배경이 직접적이거나 간접적으로 어떤 영향을 주고 있는가? 주변 환경의 영향으로 인해 가정생활이나 가족의 관점에 어떤 변화가 생겼는가?

# 참고 문헌

우리는 이 책을 쓰면서 대인관계를 연구하는 학자나 기자가 쓴 가족에 대한 논문들과 가족 구성원으로서의 개인적인 경험을 기록한 글들을 참고로 했다. 다음은 이 책에서 인용한 아이디어들과 이야기들의 출처가 되는 책들과 기사들의 명단이다.

Baumeister, Roy. *Willpower: Rediscovering the Greatest Human Strength*. Penguin Books, 2012.

Bronson, Po, and Ashley Merryman. *Nurture Shock: New Thinking About Children*. Twelve. 2009.

Clarke, Jean, Connie Dawson, and David Bredehoft. *How Much Is Enough?: Everything You Need to Know to Steer Clear of Overindulgence and Raise Likeable, Responsible and Respectful Children*. Da Capo Press, 2003.

Covey, Steven. *The 7 Habits of Highly Effective People*. Free Press, 2004.

Cowan, Carolyn Pape, and Phillip Cowan. *When Partners Become Parents: The Big Life Change for Cuples*. Routledge, 1999.

David, Laurie, and Kirstin Uhrenholdt. *The Family Dinner: Great Ways to Connect with Your Kids, One Meal at a Time*. Grand Central Life & Style, 2010.

Davidson, Cathy N. *Now You See It: How Technology and Brain Science Will Transform Schools and Business for the 21st Century*. Penguin Books, 2012.

Druckerman, Pamela. *Bringing Up Bébé: One American Mother Discovers the Wisdom of French Parenting*. Penguin Press, 2012.

Duke, Marshall P. "The Stories That Bind Us: What Are the Twenty Questions?" *Huffington Post*, March 23, 2013. http://www.huffingtonpost.com/marshall-p-duke/the-stories-that-bind-us-_b_2918975.html.

Feiler, Bruce. *The Secrets of Happy Families: Improve Your Mornings, Rethink Family Dinner, Fight Smarter, Go Out and Play, and Much More*. William Morrow, 2013.

Gibbs, Nancy. "The Growing Backlash against Overparenting." *Time, November* 30, 2009. http://cdn.optmd.com/V2/62428/415005/index.html?g=Af////8=&r=www.time.com/time/magazine/article/0,9171,1940697,00.html.

Gottman, John. *Ten Lessons to Transform Your Marriage*. Three Rivers Press, 2007.

Guernsey, Lisa. *Screen Time: How Electronic Media—from Baby Videos to Educational Software—Affects Your Young Child*. Basic Books, 2012.

Hendrix, Harville, and Helen LaKelly Hunt. *Making Marriage Simple*. Harmony Books, 2013.

Hightower, Corbyn. *When Life Gives You Crabapples, Make Something Somewhat Palatable*. Kindle Books, 2011. http://www.amazon.com/dp/B004TNGLFM.

Hochschild, Arlie. *Time Bind: When Work Becomes Home and Home Becomes Work*. Holt Paperbacks, 2001.

Honore, Carl. *Under Pressure: Rescuing Our Children from the Culture of Hyper-Parenting*. Harper One, 2009.

Johnson, Sue. *Hold Me Tight: Your Guide to the Most Successful Approach to Building Loving Relationships*. Piatkus Books, 2011.

Kahneman, Daniel. *Thinking, Fast and Slow*. Farrar, Straus and Giroux, 2011.

Kashdan, Todd. *Curious? Discover the Missing Ingredient to a Fulfilling Life*. William Morrow, 2009.

Kohn, Alfie. *Unconditional Parenting: Moving from Rewards and Punishments to Love and*

*Reason*. Atria, 2006.

Konigsberg, Ruth Davis, "Chore Wars." *Time*, August 8, 2011. http://www.time.com/time/magazine/article/0,9171,2084582,00.html.

Koslow, Sally. *Slouching toward Adulthood: Observations from the Not-So-Empty Nest*. Viking, 2012.

Langer, Ellen. *Counterclockwise: Mindful Health and the Power of Possibility*. Ballantine Books, 2009.

Lareau, Annette. *Unequal Childhoods: Class, Race, and Family Life*. University of California Press, 2011.

Lerner, Harriet. *Marriage Rules: A Manual for the Married and the Coupled Up*. Gotham, 2012. *The Dance of Connection: How to Talk to Someone When You're Mad, Hurt, Scared, Frustrated, Insulted, Betrayed, or Desperate*. William Morrow, 2002.

Levine, Madeline. *The Price of Privilege: How Parental Pressure and Material Advantage Are Creating a Generation of Disconnected and Unhappy Kids*. Harper Perennial, 2008.

Marano, Hara Estroff. *A Nation of Wimps: The High Cost of Invasive Parenting*. Harmony Books, 2008.

Milardo, Robert M. *The Forgotten Kin: Aunts and Uncles*. Cambridge University Press, 2010.

Mogel, Wendy. *The Blessing of a Skinned Knee: Using Jewish Teachings to Raise Self-Reliant Children*. Scribner, 2008.

Moret, Jim. "Still to One on Our 30th Anniversary." Huffington Post, May 22, 2012. http://huffingtonpost.com/jim-moret/still-the-one-on-our-30th_b_1536867.html?ncid=wsc=huffpost-cards-image.

Morgan, Jay. *Fingerpainting in Psych Class: Artfully Applying Science to Better Work with Children and Teens*. iUniverse, 2010.

Newman, Susan. *The Case for the Only Child*. HCI, 2011.

O'Donahue, Mary. *When You Say "Thank You," Mean It*. Adams Media, 2010.

Pennebaker, James. *The Secret Life of Pronouns: What Our Words Say about Us*. Bloomsbury Press, 2013. *Writing to Heal: A Guided Journal for Recovering from Tranuma & Emotional Upheaval*. New Harbinger, 2004.

Pink, Daniel. *Drive: The Surprising Truth about What Motivates Us*. Riverhead Books, 2011.

Pranis, Kay. *The Little Book of Circle Processes: A New/Old Approach to Peacemaking*. Good

Books, 2005.

Quigley, Mary. "Surviving Sandy." Mothering 21, November 6, 2012. http://mothering21. com/2012/11/06/surviving-sandy/.

Rabinor, Judith Ruskay. *Befriending Your Ex: Making Life Better for You, Your Kids, and, Yes, Your Ex*. New Harbinger Publications, 2013.

Rainie, Lee, and Barry Wellman. *Networked: The New Social Operating System*. MIT Press, 2012.

Rheingold, Howard. New *Smart: How to Thrive Online*. MIT Press, 2012.

Rosen, Hannah. "The Touch Screen Generation." *Atlantic Monthly*, March 20, 2013. http://theatlanticmonthly.com/magazine/archive/2013/04/the-touch-screen-generation/309250.

Rubin, Gretchen. *Happier at Home: Kiss More, Jump More, Abandon a Project, Read Samuel Johnson, and My Other Experiments in the Practice of Life*: Harmony, 2012. *The Happiness Project: Or, Why I Spent a Year Trying to Sing in the Morning, Clean My Closets, Fight Right, Read Aristotle, and Generally Have More Fun*. Harper Perennial, 2011.

Savage, Dan. *The Commitment: Love, Sex, Marriage, and My Family*. Plume, 2006.

Schnarch, David. *Passionate Marriage: Keeping Love and Intimacy Alive in Committed Relationships*. Norton, 2009.

Seligman, Martin. *Authentic Happiness: Using the New Positive Psychology to Realize Your Potential for Lasting Fulfillment*. Free Press, 2003.

Skenazy, Lenore. *Free-Range Kids, How to Raise Safe, Self-Reliant Chidren (without Going Nuts with Worry)*. Jossey-Bass, 2010.

Solomon, Andrew. *Far from the Tree: Parents, Children, and the Search for Identity*. Scribner, 2012.

Steiner-Adair, Catherine. Ed. D., and Teresa H. Barker. The *Big Disconnect: Protecting Childhood and Family Relationships in the Digital Age*. HarperCollins, 2013.

Stinnet, Nick, and John Defrain. *Secrets of Strong Families*. Little, Brown and Company, 1986.

Taffel, Ron. *Childhood Unbound*. Free Press, 2010. *Nurturing Good Children Now* (with Melinda Blau). Golden Guides from St. Martin's Press, 2000.

Tannen, Deborah. *I Only Say This Because I Love You: Talking to Your Parents, Partner, Sibs, and Kids When You're All Adults*. Random House, 2002.

Warner, Jennifer. *Perfect Madness: Motherhood in the Age of Anxiety*. Riverhead Books, 2006.

Weil, Liz. *No Cheating, No Dying: I Had a Good Marriage, Then I Tried to Make It Better*. Scribner, 2012.

Willet, Beverly. "Pause in the Name of Love." Huffington Post, December 3, 2010. http://www.huffingtonpost.com/beverly-willet/pause-in-the-name-of-love_b_790637.html.

Wilson, Timothy D. *Redirect: The Surprising New Science of Psychological Change*. Little, Brown and Company, 2011.

## 옮긴이의 말

가족처럼 우리에게 다양하고 복잡한 감정을 불러오는 존재가 이 세상에
또 있을까? 심리학이 말해주지 않더라도 우리는 가족과 보낸 어린 시절
의 경험이 우리 내면에 얼마나 깊숙이 자리 잡고 있는지 안다.

부모의 사랑은 그들이 세상을 떠난 후에도 우리가 세상을 헤쳐나가고
어려움을 견딜 수 있는 힘이 된다. 또한 형제들은 장성해서 멀리 떨어져
살고 있어도 어린 시절을 함께했던 날들의 추억에서 위안을 얻는다. 가족
관계는 평생을 두고 아쉬움, 원망, 죄책감, 후회, 상처를 남기기도 한다.
우리 주변에서도 부모로부터 차별을 받았다고 느껴서 가슴에 못이 박힌
사람들을 흔히 보게 된다.

가족은 우리의 의지와 무관하게 어떤 식으로든 연결되어 있다. 그래서
가족이 든든한 지원군이 되지 못하면 오히려 커다란 짐이 되어 우리를 짓
누르게 된다. 또한 어린 시절 가족에게서 거부당한 경험은 자기 정체성과
자존감에 상처를 입어 독립적인 인격으로 성숙하지 못하게 한다.

가족은 서로에게 끈끈한 친밀감을 가지고 있지만, 또한 그 때문에 부담감과 피해의식을 느끼거나 원망하는 마음을 품기 쉽다. 가족 간의 문제는 대부분 이러한 이중적인 감정에서 비롯된다. 가족을 우리 자신과 동일시할 정도로 당연하게 여기기 때문에 상대방에게 주는 것보다 더 많은 것을 받기를 기대하고, 그들과의 관계를 소홀히 하는 것이다. 가족끼리는 잘못을 해도 당연히 이해해줄 것이라고 생각해 대수롭지 않게 여기고, 회피하거나 방치한다. 하지만 시간이 가면 가족 간의 문제가 저절로 해결될 것이라고 생각하는 것은 안이하고 위험한 발상이다.

이 책은 부모들에게 현재 가족관계에 어떤 문제가 있는지, 가정이 어떻게 운영되고 있는지 평가할 수 있게 도와주고, 가족을 구성하는 요인들을 이해함으로써 문제를 해결할 수 있는 구체적이고 실용적인 방법들을 제시하고 있다.

'베이비 위스퍼' 시리즈를 빼놓고는 이 책을 이야기할 수 없다. 베이비 위스퍼의 기본 원칙은 아기와 엄마를 모두 배려하는 합리적인 중도를 취하고, 개인적인 상황을 고려해서 융통성 있는 육아 일정을 수립하는 방식에 있다. 우리의 생활방식이 각자 다르듯이, 모든 아기와 엄마에게 일률적으로 적용되는 육아법은 있을 수 없다. 화목한 가정을 꾸리는 것도 역시 마찬가지다.

이 책이 추구하는 목표는 가족 모두가 자기실현을 향해 갈 수 있도록 서로에게 애정 어린 지지를 보내는 관계를 맺도록 하는 것이다. 아이들은 그러한 가족관계 안에서 올바른 인격을 형성하고, 개별적이고 독립적인 사회인으로 성장할 수 있다. 궁극적으로 우리 아이들에게 행복한 가정을 만들어주는 것보다 더 훌륭한 육아법은 없을 것이다.

『베이비 위스퍼』의 공저자인 트레이시 호그가 이른 나이에 세상을 떠났다는 소식에, 여러 권의 책을 통해 그녀의 활기차고 다정다감한 성품을 접한 역자로서는 적잖은 충격과 아쉬움을 느낄 수밖에 없다. 이 책을 통해 많은 부모들이 베이비 위스퍼의 육아 철학을 다시 한 번 되새기는 것과 동시에 가족관계를 점검하고 발전시키는 방법을 배우는 시간을 가질 수 있기를 바란다.

2015년 1월

노혜숙

사랑하는 우리 가족을 위한

# 가족수첩

## 베이비위스퍼 패밀리편

## 가족수첩 준비하기

트레이시는 새로운 가정을 방문해서 일과를 수립하거나 어떤 문제를 해결할 때마다 부모들에게 관찰한 것을 기록하게 했다. 진행 과정을 추적하기 위한 목적도 있지만, 습관에 대한 인식을 높이기 위한 것이기도 했다. 여기서도 독자들에게 가족수첩을 준비해서 다음과 같이 하기를 제안한다.

♥ 『베이비 위스퍼: 패밀리편』에서 한 질문에 대한 답을 적는다.

♥ 가족에게 초점을 맞춘 뒤 새로 보고 느낀 것을 기록한다.

♥ 전과 다른 방법이나 변화를 시도하려는 목표와 마음가짐을 적는다.

기록을 하면 의도가 분명해지므로, 새로운 방향을 향해 움직이기가 수월해진다.

## 당신의 가족은 어떤 모습인가?

일주일 동안 하루에 한두 번씩 당신의 가족을 객관적인 눈으로 바라보면서 보이는 대로 기술해보자. 가족의 가치관, 함께하는 활동, 문제점에 대해 각각 10개 이상의 형용사나 관용구로 표현해보자. 생각나는 대로 자유롭게 표현하면 된다.

♥ 가족의 가치관   우리 가족은 어떤 윤리의식을 가지고 있는가? 무엇을 중요하게 생각하는가? (예: 종교생활, 리더십, 경쟁, 선행, 돈, 절약, 외모, 잘 먹는 것, 규칙, 자립심 등)

---
---
---

♥ 가족의 활동   우리 가족은 어떤 활동을 좋아하는가? 언제 행복하게 느끼는가? 가장 아름다운 추억은 무엇인가? 재충전이 필요할 때 주로 무엇을 하는가? (예: 야외활동, 운동, 영화, 여행, 해변 산책, 악기 연주, 사회봉사, 책읽기, 여행, 집에서 함께 노는 것, 자원봉사, 함께 요리하는 것 등)

---
---
---

♥ 가족의 단점   우리 가족의 아킬레스건은 무엇인가? (예: 한 사람이 모든 것을 관리한다. 각자 알아서 한다. 함께하는 시간이 부족하다. 속마음을 털어놓지 않는다. 부담을 준다. 자주 다툰다. 함부로 행동한다. 친구나 가까이 사는 친척이 없다. 우유부단하다. 융통성이 없다. 각자 너무 바쁘다 등)

---
---
---

## 3요소 시점을 통해 바라보기

1장에서는 가족의 가치관, 활동, 문제점에 대해 생각해보았다. 이제 시야를 확대해서 개인, 관계, 배경이라는 세 가지 요소가 가족에게 어떤 식으로 작용하는지 생각해보자. 저녁식사 직전이나 일요일 아침식사 같은 가족이 모두 모이는 시간에 어떤 요소가 어떤 식으로 개인의 행동과 반응에 작용하는지 생각해보자.

### 개인

당신 가족의 구성원들을 열거해보자. 함께 생활하거나 가사를 도와주는 사람까지 포함한다. 예를 들어 당신이 직장에서 일하는 동안 아이를 돌봐주는 시어머니, 공동 양육을 하는 전남편, 주말에 방문하는 의붓자녀가 있을 수 있다. 그다음에는 '3요소 시점을 통해 한눈에 보기'(48쪽 참고)에 나오는 질문을 참고해 그들의 성격, 과거, 현재 상태를 몇 가지 단어나 관용구를 사용해서 기술해보자. 그들은 가족 드라마에서 각자 어떤 역할을 하고, 어떤 영향을 주고 있는가? (이 연습은 어디까지나 당신의 생각을 이야기하는 것이다. 가족 구성원들은 각자 다른 생각을 가지고 있을 것이다.)

### 관계

부부, 부모와 자식, 형제, 친인척, 친지 사이의 관계들은 당신 가족에게 어떤 영향을 주는가? 어떤 관계가 가장 좋다고 느끼는가? 어떤 관계를 가장 어렵게 느끼는가? 어떤 관계에 문제가 있는가?

## 배경

당신의 가족은 거주지를 포함해서 어떤 환경에서 지내고 있는가? 밖에서 일어나는 일들이나 시대적 환경은 당신의 가족에게 어떤 영향을 주는가? 현재의 문화는 어떤 영향을 주는가? 대중매체가 전달하는 메시지와 이미지는 어떤 영향을 주는가?

---

## 3요소

때로는 세 가지 요소 중 한 가지가 중심 무대를 차지할 수 있다. 예를 들어 아이가 아프거나, 엄마가 실직을 하거나, 관계의 문제(부부간의 갈등 등)가 생길 수 있다. 또는 어떤 배경(당신이 다니는 회사가 합병을 하거나, 아이들의 등교 시간이 변경되는 경우)의 변화가 가족 모두에게 영향을 미칠 수 있다. 당신의 가족에게 지금 어떤 일이 일어나고 있는가? 세 가지 요소 중 하나가 좀 더 중요하게 작용하고 있는가? 전에도 어느 한 가지 요소가 전면에 부각된 적이 있었는가?

---

## 당신 가족은 얼마나 R.E.A.L.한가?

모든 가족은 세 가지 구성 요소가 저마다 특별한 조합을 이루고 있다. 화목하고 행복하고 사랑이 넘치는 가족들도 R.E.A.L.이 작용하는 방식은 모두 다르다. 우리는 각자 과거의 경험, 오래된 믿음, 특별한 조건과 과제를 안고 가족이라는 항아리 안에 담겨 있다. 당신의 가족은 R.E.A.L.의 네 가지 덕목을 어떻게 보여주고 있는가?

♥ 당신과 배우자는 책임감이 강한가? 아이들에게 가사 분담을 시키는가?

_____

_____

_____

_____

_____

♥ 당신은 아이들에게 공감을 보여주고 가르치고 있는가? 한 아이에게 특별히 더 많은 공감을 표시하는가? 공감을 동정심과 혼동하는가?

_____

_____

_____

_____

_____

_____

♥ 당신은 가족 모두와 진정성을 가지고 대화를 나누는가? 어떤 말을 하는지, 어떤 어투를 사용하는지 생각해보자.

_____

_____

_____

_____

♥ 당신은 말과 행동이 일치하는가? 당신의 가족은 진실한 삶을 살고 있는가?

_____

_____

_____

_____

_____

♥ 당신은 매일 최선의 모습을 보여주기 위해 노력하는가? 자기조절의 본보기가 되고 있는가? 신앙을 가지고 있는가? 자애와 용서와 관용을 실천하고 있는가?

_____

_____

_____

_____

_____

_____

**당신의 관계 명단에는 누가 포함되는가?**

배우자, 자녀, 전 배우자, 부모 등을 포함해 가장 가까운 가족 명단을 만들어보자. '관계를 위한 10가지 질문'에 대한 설명과 예를 읽어본 뒤 당신의 가족 중 누군가를 생각하면서 질문해보자. 이 명단에는 형제자매, 삼촌, 조부모, 사촌, 친구, 친척도 추가할 수 있다. 더 나아가 직장 상사, 베이비시터, 가정부, 친한 친구와의 관계에 대해서도 생각해보자.

## 우리 가족은 서로 무엇을 주고받는가?

가족과의 관계에서 당신은 무엇을 주고 무엇을 받는지 생각해보자. 특히 어떤 문제로 충돌하고 있을 때 다음과 같은 질문을 해보면 어떤 변화가 필요한지 알 수 있을 것이다.

♥ 확인한다　나는 그와 함께 있을 때 어떤 사람인가? 그는 나와 함께 있을 때 어떤 사람인가? 그와의 관계에서 나는 어떤 특성, 가치관, 욕망, 태도를 보여주는가? 그는 나에게 어떤 모습을 보여주는가? 우리는 함께 어떤 상황을 만들어내고 있는가?

♥ 성찰한다　그의 눈에 비친 나는 어떤 모습인가? 내 앞에서 그는 어떤 사람이 되는가?

♥ 배운다  그와의 관계에서 나는 어떤 정보/지식/능력을 얻고 있는가?
나는 그에게 무엇을 주고 있는가?

♥ 새로움  그는 나를 새로운 경험으로 안내하는가? 나는 마음을 열고 그
에 대해 알고자 하는가?

♥ 감정적 지원  그가 나를 응원하고 있다고 느끼는가? 나는 그를 응원
하고 있는가? 그는 내 말을 들어주는가? 나는 그의 말에 귀를 기울이
는가?

**T.Y.T.T. 연습**

가족과 어떤 문제가 있을 때 "나 자신에게 솔직해지자"라는 주문을 외워보자. 128~129쪽에 나오는 지시를 단계적으로 따라하면서 새롭게 알게 된 사실을 적어보자. 이제 다음과 같은 질문에 답할 수 있을 것이다.

♥ 이 상황은 상대방에 대해 무엇을 알려주는가?

_____

_____

_____

_____

♥ 이 상황은 나에 대해 무엇을 알려주는가?

_____

_____

_____

_____

_____

♥ 나는 상대방을 조종하려고 하는가?

_____

_____

_____

_____

♥ 나는 책임감, 진정성, 공감을 보여주고 있는가? 사랑으로 이끌고 있는가?

♥ 최근에 나와 상대방에게 어떤 변화가 있었는가?

♥ 이 상황은 나를 불안하게 만들고, 내 과거를 상기시키고, 현재에 대한 두려움을 불러오는가? 미래에 대한 불안을 느끼게 하는가?

## 배우자와의 관계에 대한 질문

'균형 바로잡기'(146쪽 참고) 표를 보면서 부부가 지금 어떤 상태에 있는지 확인하고, 서로, 협조하는 관계를 유지하기 위해 무엇을 할 수 있는지 생각해보자. 만일 부부관계가 냉전 상태 또는 교전 상태를 향해 가고 있거나 어느 한쪽에 너무 오래 머물러 있다면, 다음과 같은 질문을 해보자.

♥ 나는 왜 불행하다고 느끼는가? 부부가 함께하는 시간이 부족한가? 혹은 배우자에게 그저 짜증이 나는가? 섹스를 하지 않는가? 혹은 자신만의 시간이나 열정, 사생활이 없는 것은 아닌가? 이런 불행한 기분이 당신의 마음을 닫게 하거나 도망가고 싶게 만드는가? 혹시 무언가가 두려운 것은 아닌가?

♥ 나는 어떤 역할을 하고 있는가? 항상 잔소리를 하면서 상대방을 괴롭히는가? 아니면 희생자 역할을 하고 있는가? 불편한 진실을 회피하는가? 사랑과 충성을 확인하기 위해 계속 추궁하는가?

♥ '나'를 지키는 것이 힘들게 느껴지는가? 배우자가 너무 고압적인가? 아니면 자청해서 순교자 역할을 하고 있는가?

_____

_____

_____

♥ 부부가 함께하는 일에 흥미를 잃었는가? 관계의 균형을 맞추기 위해 최선을 다할 의지가 있는가? (그를 배우자로 선택해서 지금까지 관계를 유지하고 있는 이유를 생각해보면 도움이 될 것이다.)

_____

_____

_____

_____

♥ 배우자보다 다른 사람들에게 의지하고 있는가?

_____

_____

_____

_____

♥ 이런 불균형한 상태로 얼마나 오래 버틸 수 있을 거라 생각하는가?

_____

_____

_____

## 그 사람과의 합의는 아직 유효한가?

말로 표현하든 아니든, 성인들 사이에는 일종의 '거래'가 오간다. "당신에게는 내가 있고, 나에게는 당신이 있다"거나 "나는 당신과 함께 지내지만 절대 당신처럼 되지는 않겠다"는 식의 거래가 맺어진다. 하지만 개인적인 상황은 계속 변화한다. 따라서 수시로 그 사람과의 거래를 '재평가'할 필요가 있다. "그 거래는 아직 유효한가?" 부부관계를 포함해서 다른 친척들이나 장기적인 관계에서도 이따금씩 다음과 같은 질문을 해보자.

♥ 시간이 흐르면서 나에게 어떤 변화가 생겼는가? 만일 내가 예전과 달라졌다면 그와의 관계는 어떻게 진행되고 있는가? 나는 그에게 진실한 모습을 보여주고 있는가?

_____

_____

_____

♥ 언젠가 그와의 관계에서 얻고자 했던 것은 여전히 나에게 중요한가? 지금 우리에게는 처음 만났을 때나 더 젊었을 때와 다른 종류의 상호작용이 필요하지 않은가?

_____

_____

_____

♥ 그는 보통 나의 기대에 부응하는가? 그에게 계속 실망을 느낀다면 나의 기대가 비현실적인지도 모른다. 나는 그를 있는 그대로 보고 있는가?

_____

_____

_____

**준비 시간에 대한 질문**

♥ 약속 시간이나 등교 시간을 관리하는 사람이 따로 있는가? 한 사람이
모든 일정을 기록하고, 전화를 하거나 문자를 보내 협조를 구하는가?
아니면 부부가 역할 분담을 하고 있는가? 어느 한쪽이 화를 내고 원망
하는가? 준비가 소홀해서 다툼이 일어나는가?

♥ 아이들이 계획에 참여하는가? 아이들이 잘 따르는가?

♥ 가족 모두의 활동과 최근의 환경 변화(병, 학교 문제, 출산, 수입의 변화,
이사) 가능성을 염두에 두고 계획을 세우는가?

♥ 가정생활에 규칙과 체계가 잡혀 있는가?

♥ 집에 돌아오면 코트와 가방을 거는 옷걸이나 장비를 보관하는 장소가 따로 있는가?

♥ 눈에 띄는 곳에 메모지를 놓아두는가? 가족이 그러한 도구들을 실제로 이용하는가?

♥ 준비물 챙기는 일은 아침에 하는가, 아니면 전날 밤에 하는가?

♥ 식사 준비는 누가 하고, 필수품 쇼핑은 누가 하는가?

♥ 도시락은 한 사람이 맡아서 준비하는가, 아니면 각자 자기 것을 준비하는가?

♥ 모든 일정을 기록하는가, 아니면 각자 기억에 의지하는가? 기록할 때는 가족 모두가 볼 수 있는 달력을 이용하는가?

♥ 부부가 아이들의 약속과 일정을 관리하는 책임을 분담하고 있는가?

♥ 숙제, 연습 또는 다른 개인적인 활동으로 인해 가족이 함께 보내는 시간이 부족한가?

---

♥ 휴대전화로 서로 연락을 주고받는가? 계획이 바뀌면 누가 전화를 하는가?/누가 전화하는 것을 잊어버리는가? 누가 계획 변경을 허락하는가?

---

♥ 휴대전화와 인터넷 사용에 대한 규칙이 있는가?/규칙을 지키는지 확인하는가?

---

♥ 부모를 제외하고 가족의 하루를 구성하는 다른 사람은 누구인가?(예: 베이비시터, 학원 선생님, 친구, 다른 집 부모, 조부모, 친척 등)/계획할 때 그들을 고려하는가?

---

♥ 주기적으로 돌아오는 생일이나 명절, 개학, 휴가 같은 행사로 인해 생활 패턴이 흐트러지는 것을 느낀 적이 있는가? 그런 시간을 예상하고 계획하는가?

---

**기상 시간에 대한 질문**

♥ 아침에 만나면 어떤 식으로 상호작용을 하는가? 서로 반갑게 아침인사
를 나누는가?

_____

_____

_____

♥ 누구의 신체 시계가 자동으로 울려 스스로 일어나는가? 알람이 필요한
사람은 누구인가? 당신이 배우자/아이들을 깨우는가, 아니면 그들이
당신을 깨우는가?

_____

_____

_____

♥ 깨워야 일어나는 사람은 누구인가? 일어나자마자 편안하게 대화를 하
는 사람은? 뭔가를 먹거나 샤워를 하기 전까지 아무 말도 하지 않는 사
람은?

_____

_____

_____

_____

♥ 모두가 스스로 알아서 준비를 하는가, 아니면 잔소리를 하고 화를 내야 하는가?

_____

_____

_____

♥ 기상에 대한 규칙이 있는가? 예를 들어 옷을 입고 식사를 해야 하는가? 아니면 각자 자기 방식으로 준비하고 집에서 나가는가?

_____

_____

_____

♥ 아침 기상에서 개인적인 기질이 어떤 식으로 드러나는가?

_____

_____

_____

♥ 기질의 문제를 예상하고 대처하는가, 아니면 그러려니 하고 참고 지내는가?

_____

_____

_____

♥ 아이들이 물건, 공간, 부모의 관심을 차지하려고 다투는가?

_____

_____

_____

♥ 아침 시간을 즐겁게 해주는 것은 무엇인가? 잠을 좀 더 자야 하는가? 부모의 개입을 줄이거나 늘려야 하는가? 문제가 일어나지 않도록 피해가는 방법이 있는가?

♥ 아침 시간을 우울하게 만드는 것은?

♥ 아침에 TV를 보거나 컴퓨터하는 것을 허락하는가? 허락한다면, 어떤 규칙이 있는가? 얼마나 오래 볼 수 있고, 언제 볼 수 있는가? 모든 준비(옷 입기, 씻기, 아침식사 등)를 마치고 나서 볼 수 있도록 하는가?

♥ 최근 기상 시간에 어떤 변화가 있었는가? 침대를 바꾸거나, 중학생 아이가 혼자 알아서 일어나거나, 부모의 일정이 바뀌는 것 같은 변화가 있지는 않았는가? 그러한 새로운 변화가 가족 모두에게 어떤 영향을 주었는가?

---

---

---

---

---

♥ 하루를 시작하는 아침 시간에 대해 마땅치 않은 부분이 있는가? 있다면 자세히 적어보자.

---

---

---

---

---

♥ 잘하고 있다고 생각하는 부분은?

---

---

---

---

## 아침식사 시간에 대한 질문

♥ 식탁을 차리고 가족이 모두 앉아서 함께 식사를 하는가, 아니면 각자 준비되는 대로 먹는가?

---

---

---

---

♥ 아침 식탁에 각자 앉는 자리가 있는가? 자신도 모르게 당신의 부모가 하던 방식대로 하고 있는가? 아니면 의도적으로 그렇게 하고 있는가? 그 이유는 무엇인가?

---

---

---

---

---

---

♥ 누가 요리를 하는가? 누가 도와주는가? 모두 같은 음식을 먹는가, 아니면 각자 다른 음식을 주문하는가? 아이들이 식사 준비를 돕는가, 아니면 차려주는 것을 먹기만 하는가?

---

---

---

---

♥ 식사를 하면서 대화를 하는가? 예를 들어 그날의 일정이나 영양(설탕이
들어간 시리얼은 먹지 마라. 단백질은 어느 정도 먹어야 한다)과 식습관(너는
이번 주 내내 와플만 먹는구나)에 대한 이야기를 하는가?

--------

--------

--------

--------

♥ 모두 식사를 제대로 마치고 나가는가, 아니면 음식을 남기거나 끼니를
거르는 것을 허락하는가? 어른은 그 규칙에서 예외로 하는가?

--------

--------

--------

--------

♥ 아이들에게 먹은 그릇을 치우게 하는가? 아이들이 잘 하고 있는가?

--------

--------

--------

--------

♥ 당신이 생각하는 이상적인 아침식사는 어떤 모습인가(음식이 아닌
경험)?

--------

--------

--------

**역할 전환 시간에 대한 질문**

♥ 가족이 매일 학교나 일터로 나가는가? 각자 어떻게 이동하는가?

---

---

---

♥ 역할 전환 시간은 대체로 수월하게 넘어가는가? 그렇지 않다면 어떤 문제가 있는가? 집에서 나오기가 힘든가? 그 원인은 무엇인가? 계획 성이 부족한가? 모두 허둥지둥하는가, 아니면 한 사람이 문제인가?

---

---

---

---

♥ 출퇴근 시간이 힘든 이유는 무엇인가? 전철을 놓치거나, 길이 막히거나, 가족의 방해가 있는가? 출퇴근 시간을 가정과 직장을 오가며 마음의 준비를 하는 시간으로 사용하고 있는가?

---

---

---

---

♥ 집에서 일한다면 친구와 커피를 마시거나, 체육관에 가거나, 산책을 하는 것처럼 전환에 도움을 주는 의식을 하고 있는가? 아니면 곧바로 다음 해야 할 일에 착수하는가?

---

---

---

---

♥ 집 안에 따로 작업 공간을 가지고 있는가? 아니면 그러한 공간이 필요하다고 느끼는가? 정신적인 전환을 위해 무엇을 하는가? 다른 가족들은 당신의 작업 공간을 존중하는가, 아니면 종종 당신의 책상이 식탁으로 바뀌는가?

---

---

---

---

♥ 부모 중 한 사람이 아이들을 학교에 데려가는가? 다른 부모들과 카풀을 하거나 교대로 아이들을 실어다주는가?

---

---

---

---

♥ 부부가 함께 출근한다면, 그 시간에 가족 문제를 상의하고 그날 있을 일에 대해 이야기하고, 두 사람이 서로 연결하는 시간으로 이용하는가?

<br>
<br>
<br>
<br>

♥ 아이들을 학교에 데려다주면서 어떤 대화를 나누는가? 주로 부모가 이야기를 하는가, 아니면 아이들이 이야기하는 편인가? 부모는 뭔가를 상기시키고 지시하고 지도하는가? 그날 학교에서 보내는 시간을 위해 마음의 준비를 하도록 도와주는가? 집으로 돌아올 때는 집에 가서 해야 할 숙제나 심부름, 특별한 손님맞이, 또는 간식이나 집안일에 대해 이야기하는가?

<br>
<br>
<br>
<br>
<br>

♥ 최근 가족 구성원들의 역할 전환 시간에 어떤 변화가 있었는가? 그 변화는 가족 모두에게 어떤 영향을 주었는가?

<br>
<br>
<br>

**다시 만나는 시간에 대한 질문**

♥ 가족이 만날 때 상대방을 어떻게 대하는가? 따뜻한 인사말을 나누는가? 냉정하거나 무심하거나 사무적으로 대하는가? 매일 같은 식으로 서로를 대하는가, 아니면 조금씩 달라지는가?

♥ 가족이 집에 돌아오면 어떤 식으로 애정을 표시하는가? 상관하지 않고 하던 일을 계속하는가?

♥ 객관적으로 볼 때 당신 자신이 어떻게 하고 있다고 생각하는가? 당신이 집에 돌아오면 가족이 어떻게 하는가? 다른 일에 정신이 팔려 있는가, 아니면 진정으로 관심을 보여주는가?

♥ 가족이 당신에게 무관심한 태도를 보이면 이의를 제기하는가? 왜 그런 태도를 보인다고 생각하는가?

_____

_____

_____

_____


♥ 가족의 귀가 시간이 일정치 않아서 일과에 방해가 되는가? 아빠나 운동을 하는 큰아이가 식사 시간 중간에 귀가하는 경우, 이것을 자연스럽게 받아들이는가?

_____

_____

_____

_____

_____


♥ 형제, 부모와 아이, 부부가 만나는 모습에서 가족의 동맹 관계를 볼 수 있는가? 그런 모습에서 걱정이나 기쁨, 놀라움을 느끼는가?

_____

_____

_____

_____

_____

**돌보는 시간에 대한 질문**

♥ 가족을 돌보는 시간이 얼마나 되는가? 노부모를 돌보는 책임을 지고
 있는가?

---

---

---

♥ 누가 돌보는 일을 하는가? 배우자가 함께하는가, 아니면 따로 도와주
 는 사람이 있는가? 육아 문제가 부부 갈등의 원인이 되고 있는가?

---

---

---

♥ 사람을 고용해서 도움을 받고 있는가? 그렇다면 그 비용은 가족 예산
 에서 어느 정도를 차지하는가?

---

---

---

♥ 돌보는 일이 '매우 지친다'에서 '매 순간이 즐겁다'까지 중 어느 수준에
 있는가?

---

---

---

♥ 아이나 노부모를 돌보는 시간에 다른 일을 같이 하고 있는가?

---

---

♥ 아이를 돌보는 책임을 함께하는 사람이 있는가? 책임 분담은 대체로 원활하게 진행되고 있는가, 아니면 시간이나 방법 문제로 갈등이 있는가?

---

♥ 아이가 좀 더 많은 관심을 필요로 하는 재능이나 문제를 가지고 있는가?

---

♥ 아이들의 형제관계는 이 시간에 어떤 영향을 주는가? 형제 사이가 좋은가, 아니면 경쟁을 하는가? 부모가 중재를 하는가, 아니면 알아서 해결하도록 내버려두는가?

---

♥ 돌보는 시간과 관련해서 지난 1년 동안 어떤 변화가 있었는가? 지난 5년 동안에는 어떤 변화가 있었는가?

---

♥ 아이들이 자라면서 또 다른 것을 요구한다면(예를 들어 퇴근해서 숙제를 도와주어야 한다면) 그것은 가족의 일과에 어떤 영향을 주는가?

---

## 가사 관리에 대한 질문

♥ 가사 분담을 놓고 가족 간에 전쟁을 벌이고 있는가? 아니면 누가 무엇을 하는지에 대한 합의가 이루어졌는가? 만일 가족이 가사를 돕고 있다면 어떤 식으로 분담하고 있는가?

♥ 식사 후에 누가 식탁을 치우는가? 누가 설거지를 하고 식기세척기에 그릇을 넣는가? 누가 설거지가 끝난 그릇을 정리하는가? 청소는 가족이 분담하고 있는가? 청소를 시키고 감독하는 사람이 있는가?

♥ 가사 문제로 다툼이 있다면, 무엇이 문제인가? 한 사람이 다른 사람보다 더 많이 하고 있다고 느끼는가? 실제로 그러한가?

♥ 부부 중 한 사람이 가사에 대해 더 엄격한 기준을 가지고 있는가? 다른 쪽이 일하는 방식을 못마땅해하는가?

♥ 가족 중 한 사람이 가사를 도맡아서 하고 있다면, 그것은 분쟁을 피하기 위해서인가, 자청해서인가? 아니면 어쩔 수 없어서 하는가?

♥ 아이들이 가사를 돕고 있는가? 시키지 않아도 잘하는가, 아니면 계속 상기시키고 잔소리를 해야 하는가? 아이들이 더 많은 일을 해야 한다고 생각하는가?

♥ 가사 관리를 위해 사람을 고용하는가? 그것은 가족을 위해 좋은 해결책인가? 그만한 경제적인 여유가 있는가?

## 저녁식사 시간에 대한 질문

♥ 주로 어떤 음식을 준비하는가? 요리는 어떤 식으로 하는가? 요리를 즐기는가? 가족이 함께 식사하는 모습을 보면 기분이 좋은가? 아니면 식사 준비를 하는 것이 힘들게 느껴지는가?

_____

_____

_____

_____

_____

♥ 가족이 함께 저녁을 먹는 것의 중요성을 강조하는가? 일주일에 몇 번 저녁을 함께 먹는가? 함께 저녁식사를 하지 못한다면 이유는 무엇인가?

_____

_____

_____

_____

_____

♥ 음식에 대한 불평을 줄이기 위해 여러 가지 음식을 준비하는가, 아니면 주요리 하나로 모두 먹게 하는가?

_____

_____

_____

♥ 저녁을 먹기 전에 기도를 하는가? 모두가 자리에 앉을 때까지 기다렸다가 식사를 시작하는가? 식사 예절을 지키는가? 아이들이 버릇없는 행동을 하면 야단을 치거나 식사 중간에 나가게 하는가?

_____

_____

_____

_____

♥ 저녁 식탁을 대화를 위한 장소로 이용하는가? 서로의 말에 귀를 기울이는가? 어른이나 아이나 다 같이 자신에 대해 이야기하는 시간을 가지고 있는가?

_____

_____

_____

_____

♥ 자유롭게 대화를 주고받는가, 아니면 한 사람씩 돌아가면서 이야기하는가? 그날 있었던 일을 이야기하는가, 아니면 어떤 주제에 대해 토론하는가? 대화를 이어가는 특별한 전략을 사용하는가?

_____

_____

_____

_____

_____

♥ 저녁식사를 서둘러 끝내는가? 즐거운 기분으로 식사를 하는가, 아니면 감정적인 부담을 느끼는가? 왜 그런 분위기가 조성된다고 생각하는가?

---

---

---

---

---

---

♥ 음식과 관련된 어떤 문제가 있는가? 아이가 편식을 하거나 잘 먹지 않는가? 음식을 뒤적거리거나 너무 늦게 먹거나 남기는 것에 대해 야단을 치는가? 누군가 다이어트를 하고 있는가? 건강에 나쁘다고 생각하는 음식이나 식재료(설탕과 같은)는 식탁에 올리지 않는가?

---

---

---

---

---

---

## 자유 시간에 대한 질문

♥ 평일의 자유 시간을 가족이 함께 보내는가, 각자 따로 활동하는가? 각자 자신만의 장소를 찾아가는가? 그렇다면 그들은 무엇을 하러 가는지 이야기하는가, 아니면 조용히 사라지는가?

♥ 가정에서 전자매체는 어떻게 사용하고 있는가? 부모의 허락을 받고 사용하는가, 아니면 언제라도 켤 수 있는가? 규칙이나 제한이 정해져 있는가? 게임, 인터넷, 휴대폰, TV 시청을 하나로 묶어서 관리하는가, 아니면 TV와 다른 전자매체를 분리해서 관리하는가? 아이들에게 적용하는 규칙이 있는가? 어른들도 그 규칙을 지켜야 하는가?

♥ 가족 구성원들 중 짝을 지어서 단둘이 보내는 시간이 있는가? 한쪽에서 주로 불러내는가? "15분 후에 축구 경기 하는데 같이 볼래?", "그러지 말고 우리 레고로 집짓기 하자." 그러면 다른 한쪽이 기꺼이 수락하는가, 아니면 한참 구슬려야 하는가?

♥ 가족이 게임, 스포츠, TV 시청과 같은 활동을 함께하는가? 가족이 함께하는 활동이 있는가? 각자 따로 활동해도 가족의 연대감을 느끼는가? 각자 하는 일은 다르지만 서로 소통하고 관심을 갖는가?

♥ 부모는 집안일을 하고, 아이들 숙제를 도와주고 재우는 일로 저녁 시간을 보내는가? 이 문제로 부부가 서로 다투는가? 자기 시간을 뺏기는 것에 대해 누가 더 많이 불평하는가?

♥ 가족과 함께 시간을 보내지 못하는 것 때문에 화가 나는가? 그러한 아쉬움을 "가족이라고 해도 만나기가 어렵구나"와 같이 말로 표현하는가? 이 문제에 대해 대화를 해본 적 있는가?

## 취침 시간에 대한 질문

아이들

♥ 아이들이 어릴 때 긴장을 풀고 잠자리에 들 수 있도록 도와주었는가?
  일관된 취침 의식을 했는가? 아이들이 자기 위안을 배워서 스스로 잠
  이 들었는가?

---

---

♥ 지금 예측 가능한 취침 의식을 하고 있는가? 취침 시간에 아이들은 어
  떤 모습을 하고 있는가? 책을 읽거나, 바짝 붙어 있거나, 대화를 나누
  거나, TV를 보거나, 다투는가?

---

---

♥ 대개 일정한 시간에 잠자리에 드는가? 아이가 두 명 이상이라면 모두
  같은 시간에 잠을 자는가? 취침 시간은 어떻게 결정하는가?

---

---

♥ 취침 시간에 문제가 있는가? 그 문제는 얼마나 지속되고 있는가? 이유
  는 무엇인가? 문제를 해결하려고 시도한 적이 있는가? 아이들의 수면
  문제가 부모의 수면을 방해하고 있는가?

---

---

♥ 아이들이 밤새 충분히 자는가? 아이들이 잠을 못 자면 어떤 문제가 생기는가?

_____

_____

_____

♥ 부부가 아이들의 취침 시간에 대해 같은 생각을 가지고 있는가? 아니면 아이들의 취침 시간 문제로 언쟁을 하는가? 한 사람은 제시간에 재우려고 하는데, 다른 사람은 불을 끈 후에도 아이들의 요구를 들어주는가?

_____

_____

_____

## 부부

♥ 부부는 같은 시간에 잠자리에 드는가?

_____

_____

♥ 하루를 돌아보고 친밀감을 다지는 의식을 하는가?

_____

_____

♥ 부부가 자신들의 이야기를 하는가, 아니면 아이들에 대해 이야기하는가?

_____

_____

♥ 매일 사랑을 나누지 않는다고 해도 키스나 애무, 포옹으로 친밀감을
  표현하고 있는가?

---

♥ 화난 채 잠든 적이 있는가? 그런 일이 종종 있는가? 화해를 하고 잠자
  리에 들어야 한다는 규칙을 가지고 있는가? 그 규칙은 잘 지키는가?

---

♥ 밤에 깨지 않고 자는가? 자다가 깨면 일어나서 무엇을 하는가?

---

♥ 수면 문제가 있다면, 그것은 오래된 습관인가? 아니면 결혼 이후나 부
  모가 된 후에 생긴 문제인가?

---

♥ 잠을 충분히 자는가?

## 우리 가족은 주말을 어떻게 보내는가?

"우리 가족이 좋아하는 것은 무엇인가?"라는 질문에 대한 답을 가족수첩에 써보자.

♥ 운동을 하는가? 가족의 가치관에 맞게 보내고 있는가? 주말에는 가족의 특별한 단점이 드러나는가?

_____

_____

_____

_____

_____

_____

♥ 주말이 즐겁다면 정확히 무엇 때문인가? 주말을 잘 보내는 것은 어떤 것인가?

_____

_____

_____

_____

_____

_____

_____

_____

♥ 주말을 망치는 것은 무엇인가? 출장, 일정, 개인 시간 부족? 아니면 가족이 다 함께 주말을 보내지 못하는가?

♥ 일요일에 먹는 팬케이크, 정기적인 가족 외출, 양가 부모들과의 저녁 식사 등 가족을 연결하는 주말의 전통이 있는가?

♥ 주말에는 의식적으로 휴식을 취하는가?

## 우리 가족의 일과는 어떠한가?

앞에서 설명한 10가지 시간대와 주말에 대해 읽고 나서 생각나는 것
이 있으면 적어보자.

♥ 이 연습을 하면서 당신의 가족에 대해 새롭게 알게 되었는가? 또는 이
　미 알고 있는 것을 확인할 수 있었는가?

_____

_____

_____

_____

_____

♥ 당신의 가족에 대해 어떤 생각이 드는가? 걱정스러운가, 안심이 되
　는가?

_____

_____

_____

_____

_____

♥ 앞으로 다르게 하고 싶은 부분들이 있다면 어떤 것인가?

_____

_____

_____

_____

## 우리 가족은 서로를 어떻게 대하고 있는가?

최근에 당신 가정에서 일어난 가족 드라마를 다시 돌려보면서 거기에 출연하는 배우들을 관찰해보자.

♥ 각자의 '나'는 어떻게 하고 있는가? 당신은 끌려가는 기분이 드는가?
　그의 행동이 당신 내면의 어떤 감정이나 기억을 불러오는가?

♥ 가족의 자원을 놓고 경쟁하고 있는가? 예를 들어 누군가에게 가족의
　시간과 관심이 필요한가? 그는 당신이 줄 수 있거나 주고자 하는 것보
　다 더 많은 것을 요구하는가?

♥ 가족 중 누군가가 무시당하고 있는가? 이런 일이 그에게 자주 일어나는가?

<br>

♥ 앞으로 가족과 부딪치는 일이 생기면 당신 자신에게 위와 같은 질문들을 해보자. 하고 싶지 않다면 그 이유가 무엇인지 생각해보자. 너무 번거롭게 느껴지는가? 다른 가족에게 너무 화가 나는가? 후자라면 가사 전쟁의 초기 단계에 있을지도 모른다(258쪽 '가사 전쟁은 어디까지 와 있는가' 참고).

## 가족 시간 일지에 기록하기

가족 시간 일지를 기록할 때 다음 질문에 답하는 것으로 가장 귀한 자원인 시간을 어떻게 보내고 있는지 알아보자.

♥ 만일 외부인이 당신 집에 들어온다면 그는 어떤 광경을 보게 될까? 가족 구성원들이 각자 자기 일을 하고 있을까? 두 사람이 함께 뭔가를 하고 있을까? 가족이 모두 함께하고 있을까?

_____

_____

_____

_____

_____

_____

♥ 두 사람이(어른과 어른, 어른과 아이, 아이와 아이) 일대일로 시간을 보내는가? 그들은 주로 무엇을 하는가? 그 시간은 두 사람에게 어떤 영향을 주는가? 형제끼리 자주 싸우는가? 부부가 서로 본체만체하는가?

_____

_____

_____

_____

_____

_____

_____

♥ 집에 돌아오면 쌓인 피로와 스트레스를 풀고 있는가? 휴식 시간은 어떻게 보내는가? 함께 또는 혼자서 보내는가? 아이들뿐 아니라 어른들도 휴식을 취하고 있는가?

_____

_____

_____

_____

_____


♥ 어떤 놀이를 하면서 보내는가? 각자, 두 사람씩, 또는 가족이 함께? 보통 잘 어울려 노는가, 아니면 종종 싸움으로 끝나는가?

_____

_____

_____

_____

_____


♥ 게임이나 인터넷을 하거나 TV를 보는 시간이 얼마나 되는가? 전화 통화는 얼마나 하는가? 이런 활동들은 가족에게 어떤 영향을 주는가? 전자매체 사용에 대한 규칙이 정해져 있는가?

_____

_____

_____

_____

_____

## 당신 가족의 '우리'는 다음 네 가지 조건을 갖추고 있는가?

♥ '우리'는 그 구성원들을 소중히 여기는가? 가족 모두가 서로에게 소중한 존재라는 것을 알고 있는가? 개인의 '나'를 있는 그대로 존중하고 인정하는가?

 

 

 

 

 

 

♥ '우리'를 돌보고 있는가? 모두가 함께 '우리'를 보호하고 발전시키기 위해 노력하는가?

 

 

 

 

 

 

 

♥ '우리'는 공정한가? 가족의 자원, 특히 돈과 시간을 신중하게 사용하고
공정하게 나누고 있는가?

---
---
---
---
---
---
---

♥ '우리'를 사랑하는가? 가족이 함께 보내는 시간을 계획하고, 작은 기쁨
을 나누며 연결하는 순간에 주목하고 중요한 행사를 기념하는가? '우
리'는 그 구성원들을 언제라도 따뜻하게 맞이해주는 장소인가?

---
---
---
---
---
---
---

만일 당신 가족이 이 네 가지 필요조건에 부합하지 못하는 부분이 있다
고 느끼면 계속해서 읽어보자.

**현실 감각 점검**

'아이들이 할 수 있는 것'의 목록을 읽었으면 다음 질문에 솔직하게 대답해보자. 당신의 사고방식이나 감정이 아이들이 가사에 참여하지 못하게 방해하고 있지는 않은지 생각해보자.

♥ 아이들의 능력을 과소평가하고 있는가?

_____

_____

_____

♥ 시간이 걸리더라도 아이들이 새로운 능력을 배울 수 있도록 지켜보는가?

_____

_____

_____

♥ 당신 내면의 무언가가 아이들이 할 수 있는 것을 하지 못하게 방해하는 것은 아닌가? 그 이유는 당신의 어릴 적 기억 때문인가? 아이가 너무 빨리 자라는 것 같아서 두려운가? 아이에게 집안일을 시키면 나쁜 부모가 된 것처럼 느끼는가?

_____

_____

_____

**무엇이 문제인가?**

당신 가족의 가사 전쟁은 어느 정도 진행되었는가? 다음 질문에 답을 해 보면 당신 자신의 태도와 믿음이 가족의 가사 분담을 방해하고 있는 것은 아닌지 알게 될 것이다.

♥ 당신과 배우자는 의견이 잘 맞고 서로 협조하고 있는가? 당신은 맡은 역할을 성실하게 수행하고 있는가, 아니면 단지 불평하고 남의 탓을 하고 있는가? 만일 주어진 일을 하지 않거나 충분히 하고 있다고 느낀다면 '내가 가사를 도맡아서 하는 이유'(69쪽 참고) 또는 '내가 가사에 좀 더 참여하지 않는 이유'(72쪽 참고)에서 했던 대답을 다시 살펴보자. 그리고 T.Y.T.T.(130쪽 참고)를 사용해 곤경에서 벗어나자.

♥ 일과를 수시로 재평가하고 필요하면 조정하는가? 가족의 일과는 '나'와 함께 '우리'의 욕구를 수용하고 있는가?

♥ 아이들을 가정 운영에 참여시켜야 한다는 믿음을 가지고 있는가?

54

## 변화는 항상 가족 전체의 문제다

'변화: 3요소 시점으로 바라보기'를 참고해서 다음의 질문에 답해보자.

♥ 가족 구성원 각자에게 무슨 일이 일어나고 있는가? 누가 힘든 시간을
  보내고 있는가?

_____

_____

_____

♥ 우리 가족의 관계는 어떤 상태인가? 가족 외 사람들과의 관계를 고려
  하는 것을 잊지 말자.

_____

_____

_____

♥ 외부의 영향으로 인해 우리 가족에게 어떤 다른 문제가 일어나고 있
  는가?

_____

_____

_____

♥ 전에도 같은 문제가 있었는가? 그렇다면 더 이상 모른 척해서는 안 된다.

_____

_____

## 균형을 확인한다

당신 가족이 최근에 겪은 변화를 생각하면서 다음과 같은 질문에 답해보자.

♥ 우리 가족은 그 변화를 인정했는가? 한두 사람이 힘든 시간을 보냈는
가? 각자의 '나'를 고려해서 변화에 대처했는가?

_____

_____

_____

♥ 외부적인 요인에 의해 가족 안에서 어떤 다른 일이 일어나고 있는가?
우리는 아직 팀으로 함께 협력하고 있는가? 집안 분위기가 전보다 나
빠졌는가?

_____

_____

_____

♥ 그로 인해 우리 가족에게 필요한 뭔가가 부족해졌는가? 시간이나 돈이
부족한가? 부모의 관심이 다른 곳에 있는가? 가족이 의지할 수 있는
친척이나 사회적 지원 제도가 있는가? 가정의 생태계를 오염시키는
다른 문제들이 있는가?

_____

_____

_____

_____

**부정적 감정 점검하기**

당신 가정에 어떤 변화가 일어나고 있는가? 어떤 일이 가족이 느끼는 긍정적 감정과 부정적 감정의 비율에 영향을 주는가? 가족 모두를 염두에 두고 답해보자.

가족수첩에 긍정적 감정과 부정적 감정의 목록을 쓰고, 8~12시간에 걸쳐 한 시간에 한 번씩 어떤 분위기가 지배적인지 살피면서, 그 순간 가족의 감정 상태에 가장 잘 부합하는 감정에 표시해보자.

♥ 당신의 어린 시절의 가족과 지금 당신의 가족은 어떻게 다른가? 감정 표현을 두려워하거나 꺼리는가?

♥ 긍정적으로 느낄 때가 부정적으로 느낄 때보다 적어도 세 배 넘는가? 그렇지 않다면 계속해서 읽어보자. 당신이 할 수 있는 일들이 있을 것이다.

**현자의 뇌 불러오기**

방해받지 않을 수 있는 조용한 시간을 마련하자. 부모와 형제를 포함한 가족 명단을 만들고 한 사람씩 생각하면서 다음과 같이 연습해보자. 여러 번에 나누어서 해도 좋다. 당신과 가장 자주 부딪치는 사람부터 시작하자.

1. 최근에 그 사람에게 느낀 부정적 감정을 생각한다.

2. 눈을 감고 심호흡하면서 현자의 뇌를 불러낸다. 상대방의 관점에서 상황을 바라본다.

3. 눈을 뜬다. 계속 상대방의 입장이 되어 다음 질문에 답해보자.

♥ 과거의 어떤 경험을 그 상황에 대입시킨 것은 아닌가?

_____

_____

_____

_____

♥ 어떤 감정을 느끼고 무슨 생각을 했는가?

_____

_____

_____

_____

♥ 어떤 부분이 가장 편안했는가? 또 가장 불편했던 부분은?

---
---
---

4. 그 밖에 생각나는 것들을 적어보자. 상대방 입장에서 생각해보는 것을 심리학자들은 '관점 바꾸기'라고 부른다.

---
---

5. 일주일 동안 기다렸다가(만일 다시 그 사람과 부딪치는 일이 생기면 좀 더 빨리 한다) 당신이 쓴 것을 읽어보자. 그에 대해 새로운 이해가 생겼는 가? 그를 있는 그대로 인정하는 것이 좀 더 수월해졌는가? 그를 용서 하거나, 사과를 하거나, 좀 더 친절하게 대해야겠다고 생각하는가?

---
---
---

당장 어떤 결과가 나타날 것이라고 기대하지는 말자. 이 연습을 하는 목적은 현자의 뇌를 사용하는 것이다. 오래된 상처는 금방 치유되지 않는다. 용서하려면 몇 년 걸릴 수도 있고, 때로는 영원히 불가능할 수도 있다. 하지만 적어도 이해하고 인정할 수는 있다.

## 우리 가족은 어떤 연합을 이루고 있을까?

다음은 연구자들이 사용하는 방법이다. 예를 들어 당신 가족이 100달러를 어떻게 사용할 것인지 의논한다면, 그 결정에 누가 가장 많은 영향력을 미치는지 관찰하는 것이다. 다음번 가족 체크인에서 유사한 질문을 해보자. 그리고 어떤 식으로 결정이 내려지는지 주목해보자.

♥ 누가 상황을 지휘하는가? 아이들이 주도하는가? 부부인가? 아니면 한 쪽 부모인가?

_____

_____

_____

_____

♥ 모두의 제안을 들어보는가?

_____

_____

_____

♥ 분명한 형제간의 연합이 존재하는가?

_____

_____

_____

_____

_____

♥ 부모는 아이들의 의견을 고려하는가, 아니면 듣는 척만 하고 무시해버리는가?

♥ 한 아이가 제안했을 때, 보통 누가 그의 의견에 동의하는가? 누가 누구에게 동의하는지 보면 가족의 연합을 짐작할 수 있다. 하지만 말만 들어서는 모든 것을 알 수 없다. 한 연구에서는 많은 가족들이 아빠를 결정권자로 지목했지만 비디오테이프에 녹화된 것을 보면 그렇지 않다는 것을 알 수 있었다. 아이들의 의견에 좀 더 귀를 기울이고 지지해준 엄마가 실질적인 결정권을 가지고 있었다.

## 아이와의 갈등을 어떤 식으로 해결하는가?

당신의 가정에서는 주로 어떤 일로 다툼이 일어나는지, 그 문제를 어떻게 해결할 수 있는지 생각해보자.

♥ 당신의 가정에서 언쟁과 불화가 일어나는 이유는 무엇인가? 목록을 만들어 각각의 항목 옆에 당신이 평소에 대처하는 방식을 적어보자.

_____

_____

_____

_____

_____

_____

_____

♥ 다툼을 피하기 위해 양보하는가, 아니면 상대방을 비난하고 통제하려고 하는가? 다툼이 일어날 때면 죄책감이 드는가? 아니면 세 가지 모두인가?

_____

_____

_____

_____

_____

_____

_____

_____

62

♥ 충돌이 일어나면 가족 중심의 관점을 취하는가, 아니면 한 사람에게 비난의 화살을 돌리는가? 만일 후자라면 가족의 세 가지 구성요소가 각각 어떤 식으로 작용하는지 생각해보자.

♥ 당신의 자제력은 어느 정도인가? 만일 94~95쪽의 테스트를 해보지 않았다면 지금 해보자. 당신은 어떤 상황이나 하루 중 어느 시간에 가장 화를 잘 내는가? 차분하게 마음을 다스리기가 어려운가? 어떻게 하면 도움이 되는가?

♥ 아이들에게 자제력을 가르치고 있는가? 어떤 아이가 가장 많은 도움을 필요로 하는가? 아이들이 자제력을 배우는 데 당신이 어떤 식으로 방해하고 있는 것은 아닌지 생각해보자. 잠시 멈추어 속도를 늦추거나 차례를 기다리는 법을 배우도록 도와주자.

**시련에 대해 가족 중심으로 생각하고 있는가?**

만일 가족 중 누군가 병에 걸렸다면 그것을 가족의 문제로 보는가? 그에게 죄의식을 느끼는가? 가족 중심의 사고로 전환하는 것은 언제라도 늦지 않다. 당신 자신에게 다음과 같은 질문을 해보자.

♥ 위에서 열거한 규칙 중 몇 가지를 지키고 있는가? 어떤 규칙을 따르지 않는 이유는 무엇인가? T.Y.T.T.를 사용해서 문제가 무엇인지 알고 조치를 취해야 한다.

♥ 과거에 했던 말이나 행동 또는 서둘러 내린 결정에 대해 후회하고 있는가? 무엇 때문에 그런 식으로 행동했는가? 죄의식? 두려움? 평화를 바라는 마음?

♥ 다음번이나 아니면 지금부터라도 다르게 행동할 수 있는가? 구체적으로 생각해보자. 그에게 더 많은 관심을 주어야 하는가? 당신 자신의 관계를 돌볼 필요가 있지 않은가? 당신이 필요로 하는 것을 얻기 위해 (학교, 병원, 직장에서) 좀 더 적극적으로 주장해야 하지 않는가?